広島県神石高原町の伊勢村文英さんは、無農薬無化学肥料の野菜づくりを続けてきた。野菜づくりを始めた頃、どうしてもにんじんがうまく発芽せず、古老に聞くと、あわ、きびと混植せよという。やってみると、みごとににんじんが育った。それ以来、さまざまな混播、混植の方法を試してきた。

（撮影　赤松富仁、本文50頁からの記事もご覧ください。）

混植、混作で作物が育つ

井原豊さん（兵庫県太子町、故人）は、「野菜作りの基本は混植だよ。作物の相性をうまく生かせば、病気も虫もこないし、生育もいいぞ」と語り、自分の野菜づくりに、積極的に混植を取り入れていた。

（撮影　赤松富仁、倉持正実、小倉隆人、本文六八頁からの記事もご覧ください。）

なすの定植。にんにくの葉をまわりに置いて、ストチュウ散布で虫除け。切株を置くだけでも効果がある。

なすやきゅうりの株間にニラを混植。

なす畑とかぼちゃ畑の間に、ねぎを間作する。「どうせねぎを作るんなら虫よけを兼ねて植える」

麦マルチで完熟かぼちゃ

春播きのマルチムギ。生えた麦がそのままかぼちゃの敷きわらがわりになってくれる。麦踏みしているところ。（5月13日）

（5月19日）

麦の上を這うかぼちゃ。葉が小さく、つるは過繁茂にならない。うどんこ病、炭そ病も出ない。（6月25日）

昨年は長雨で麦の葉がかぼちゃに貼りついたりして、肌が汚れたものの、店にならべてみるとこれが大評判。長雨で食味が悪いかぼちゃしか世間にはない中、黄色が濃くて、肉厚で、じつに美味しい。「これはやはり、麦のせいだな」と井原さん。

1.5～3kgの完熟果が、1株に4～5個。長雨でも腐らない。

畑のあちこちにねぎを間作。

すいか、きゅうり、かぼちゃの定植のときも、にんにく、玉ねぎの葉をまわりに置く。

にんにく、玉ねぎの茎葉は、捨てないで、畑のあっちこっちにばらまいておく。虫もこないし、地温を下げる効果もある。

水菜とねぎの間作。

ねぎ―にんじん―ねぎの間作。

まわりのなすが成り止まるなか、まだまだ稼りつづけられる疎植なす。「梅雨中からたくさん実ったなすでも、真夏にちぎれにゃ稼げまへん」消費者が一番食べたい真夏までちぎれるなすは、株間1m、うね幅3mの2条植え。（7月23日）

家庭菜園の混作

多品目を少量作付ける家庭菜園では、混作、輪作が基本となる。作物の相性や、生長を予想しながら、組合せを工夫するのも楽しい。組合せや輪作の順番がうまくいくと、びっくりするくらい生育がよくなる。

（撮影　本田進一郎）

そら豆とアブラナ科野菜は相性がよいようだ。最終的にからし菜と山東菜は高さ2.5m、そら豆は1.5mほどに達し、びっくりするくらい生育がよかった。

ねぎとそら豆の混植。一般に、ねぎと豆類は相性が悪いと言われる。試しに植えてみたが、問題なくよく育つ。

日当たりが悪い右端の一株にだけ、アブラムシがつき、他のそら豆には広がらない。アブラムシは栄養状態の悪い植物や部位に、集中的に集まる性質があると思われる。

一株のそら豆にだけ、アブラムシが集中的についた。

右手前から、植え付けたばかりのじゃがいも、リーフレタス、そら豆、からし菜、じゃがいも、山東菜、横にねぎ、そら豆、ねぎ、じゃがいもの順。中央は花が咲き始めた花桃。

水口さんのスイートコーン畑。収穫60日前に、土寄せによる除草作業を止め、尿素を反当り10kgほどふると、雑草が旺盛に生長を始めた。そして、最終的にメヒシバとイヌビユのイネ科雑草だけになった。

雑草緑肥で土づくり

昔からの古老の言い伝えの中に、「夏の畑耕しゃ裸地は貧となる」というのがある。夏に畑を裸地にしたり、除草のために何度も耕耘すると、地力が消耗して収穫が上がらなくなるという意味だ。水口文夫さんは、スイートコーンの収穫のあとに、茎や葉を片付けるのも面倒だし、片付けたあとにわざわざ緑肥の種を播くのはさらにバカバカしいと思った。そこで、肥料をふって雑草をわざと生やし、スイートコーン残渣といっしょにすき込んでしまえば、雑草を緑肥にできるのではないか…と考え実践してみた。

（撮影　赤松富仁、本文一二四頁からの記事もご覧ください。）

かつての除草の手入れが行き届いたスイートコーン畑。

水口文夫さん

1m四方に生えている雑草を刈り取ってみた。ほとんどがイヌビユとメヒシバで、スベリヒユが少し。畑に繁茂するとやっかいなスベリヒユは、日陰になるせいか横に広がることができずヒョロヒョロと上に伸びている。

ハンマーナイフモアをかける水口さん。ハンマーナイフモアは下のような刃を持ち、硬い草の茎葉でもこなごなに砕いてしまう。

右の写真のように、天日で2〜3日乾燥させてからすき込む。

スイートコーン、メヒシバ、カボチャのつる、大根葉を生で土中に入れたものと、乾燥させてから土中に入れたものを1週間後取り出して変化を見てみた。生で土中に入れたもの(右)は腐敗して、悪臭がする。乾燥させてすき込んだもの(左)は、白くカビがまわり、発酵がすすんでいる。こうなっていれば、もう後作の種を播いても問題はない。

生の緑肥をすき込んだ場合(右)と、乾燥緑肥をすき込んだ場合(左)の発芽試験をコカブでしてみた。乾燥させてすき込んだほうが、生育がよい。

ロータリーですき込む。

雑草緑肥あとのブロッコリーはみごとなできばえ。雑草緑肥を続けて3年くらいたつと、畑の排水性が断然よくなってくる。水口さんは堆肥よりも植物自体をすき込んだほうが、土の団粒化がすすみやすいのではないかと考えている。

軒端でもろこしを干す　南会津郡只見町（撮影　千葉寛『聞き書　福島の食事』）

焼畑の輪作と文化

日本でも戦前までは、岩手県軽米地方、白山麓、四国山地、九州山地などで、焼畑農耕が続けられてきた。焼畑農耕は、林を焼いたあとの畑で数年間、雑穀と豆類を輪作し、その後は松林や雑木林に数十年間戻す。輪作の原点ともいえる農法である。

（本文一三八頁からの記事もご覧ください。）

山仕事に行く姿　上北郡七戸町（撮影　千葉寛『聞き書　青森の食事』）

やつまた（しこくびえ）とやつまただんご　三好郡東祖谷山村（撮影　小倉隆人『聞き書　徳島の食事』）

干してあるひえの穂　那賀郡木頭村（撮影　小倉隆人『聞き書　徳島の食事』）

たわわに実るあわは、下北の人々の命の糧。下北郡東通村（撮影　千葉寛『聞き書　青森の食事』）

刺子の袖なしにももひき、わらじばき、かがぼうしを頭に、曲げわっぱに詰めた弁当を分け合って。笠はつま折り笠、かごはてんごという。夏の土用がすぎると、かな焼畑にかぶとそばを播く。余ってもいいから、小豆の間にも大根を播いておく。東田川郡朝日村（撮影　千葉寛『聞き書　山形の食事』）

急峻な畑には茶、きび、里芋などがつくられる。磐田郡水窪町（撮影　千葉寛『聞き書　静岡の食事』）

左上から、とうろく豆、錦豆、花豆。左下から、黒かき豆、八升豆、三度豆。右端、なべはらし豆。大豆や小豆は、田あぜやとうきび畑の間作、焼畑などに植える。上浮穴郡久万町（撮影　千葉寛『聞き書　愛媛の食事』）

ささげもぎ　大野郡白川町（撮影　千葉寛『聞き書　岐阜の食事』）

赤かぶの煮もの（左）と煎りつけ　東砺波郡平村（撮影 千葉寛『聞き書　富山の食事』）

こば（焼畑）でとれる糸巻大根　児湯郡西米良村（撮影 岩下守『聞き書　宮崎の食事』）

冬から春の朝の食事　納豆おろし、かぶの漬物、ひえ飯、干し菜汁。九戸郡軽米町（撮影　千葉寛『聞き書　岩手の食事』）

春の夕食　たくあん、かぶらの煮しめ、わらびの酢のもの、いい、あざみの味噌汁。石川郡白峰村（撮影　千葉寛『聞き書　石川の食事』）

きびの加工と食べ方　きび、ひき割り、はなご、きびめし、はなごかい、こんこ。高岡郡梼原町（撮影　千葉寛『聞き書　高知の食事』）

焼畑への火入れ　児湯郡西米良村（撮影　岩下守『聞き書　宮崎の食事』）

人類の農耕の歴史は一万年以上とされているにもかかわらず、作物と土の関係は、わからないことだらけだ。ある作物の種を畑にまくと、非常によくできるときがあるかと思えば、ほとんど育たない場合もある。また、栽培し始めて二、三年はうまく育つが、その後は生育が劣ってしまうこともよくある。ふつう、前者の場合は、土が合わないとか、土がやせていると言われ、後者の場合は、いや地、連作障害などと呼ばれる。ところが、四十年以上も同じ作物を、同じ畑で連作する篤農家も少なくない。

害虫の発生についても同じだ。一般には、害虫が発生したために生育が劣ったといわれるが、本当は生育が劣った植物にだけ集中的に害虫が発生しているにすぎないとも考えられる。要するに、詳しい自然のメカニズムは何もわかっていないに等しい。

昔からの古老の言い伝えの中には、長年の栽培の歴史の中で、人類が経験的につかんできた自然のメカニズムが隠されていることが多い。土が合わないとか、やせ地と言われる畑でも、ある種の作物同士を組み合わせて混作したり、輪作したりすると、きわめて生育がよくなり、病害虫もほとんど発生しないことがある。

本書は、月刊『現代農業』、『日本の食生活全集』そして『農業技術大系』から、古今東西の混作、混植、輪作の知恵を、最先端の研究の成果も併せて収集しました。

昔は、輪作の重要な作物として、雑穀が栽培されてきた。農家の軒先に吊るされた白あわ、きび、もろこし。奈良県大塔村（写真　木俣美樹男氏）

目次

農家が教える　混植・混作・輪作の知恵

病害虫が減り、土がよくなる

カラー口絵

Part 2 輪作、緑肥が栽培の基本

レイアウト・組版 ニシ工芸株式会社

著者所属は、原則として執筆していただいた
当時のままといたしました。

Part 1
混植、混作、間作で作物をつくりやすく

長野市でいちごを栽培する善財幸雄さんは、アブラムシの被害に悩まされていた。にんにくを、いちごのうねに混植したところ、農薬でも対処しきれなかったアブラムシがほとんど発生しなくなったという。(74頁からの記事もご覧ください)

混植・混作

一緒に植えると、とくに病気や虫が減る組み合わせ

1種類の作物で埋めつくされた畑よりも、いろいろなものが植わっている畑のほうが病害虫にやられにくいよー。土着天敵や根のまわりの菌もいろんな種類が増えるからね。作物どうしのアレロパシー（他感作用）も影響するよ
混植・混作

■ネギとスイカやメロン（ウリ科）

つる割れ病が激減

根が白く太くなって、吸収力もアップ。スイカの品質もアップ

ネギの根から分泌される有機物をエサに、シュードモナス・グラジオリ菌が根圏に増殖、ウリ類のつる割れ病菌を抑える

■ バジルとトマト
アブラムシなど害虫を撃退

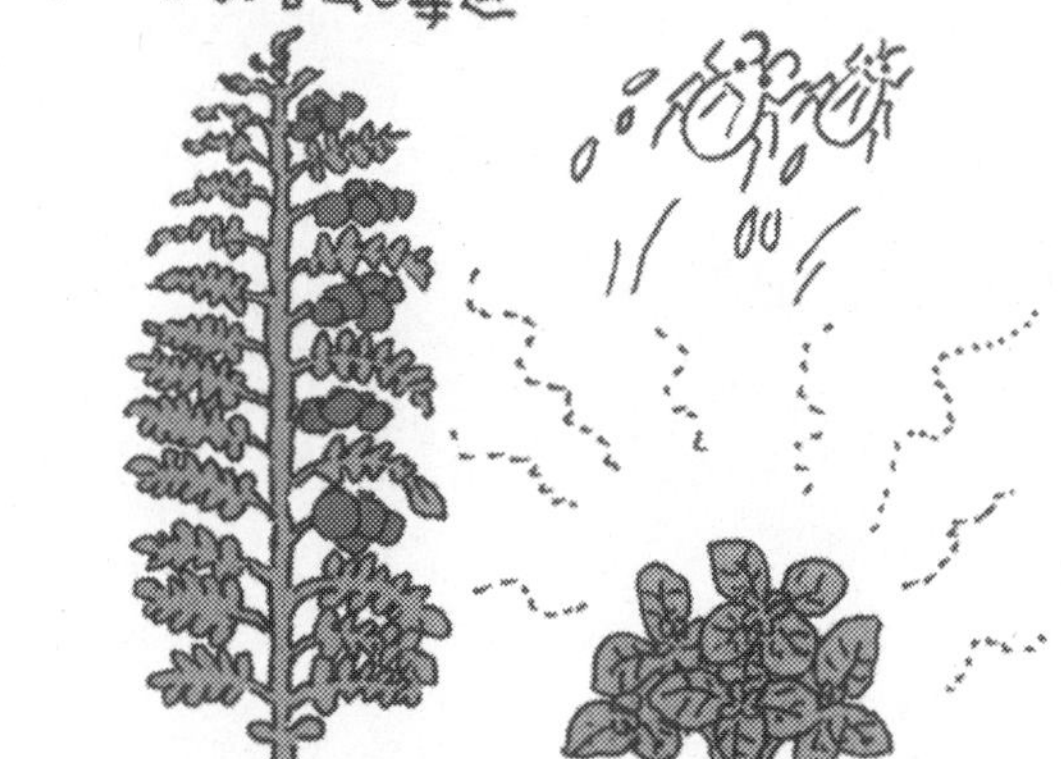

生育促進作用もある。バジルとトマトなど、料理で相性のいい組み合わせは畑でも相性がいい

■ ラッカセイとキュウリ
センチュウに効果大

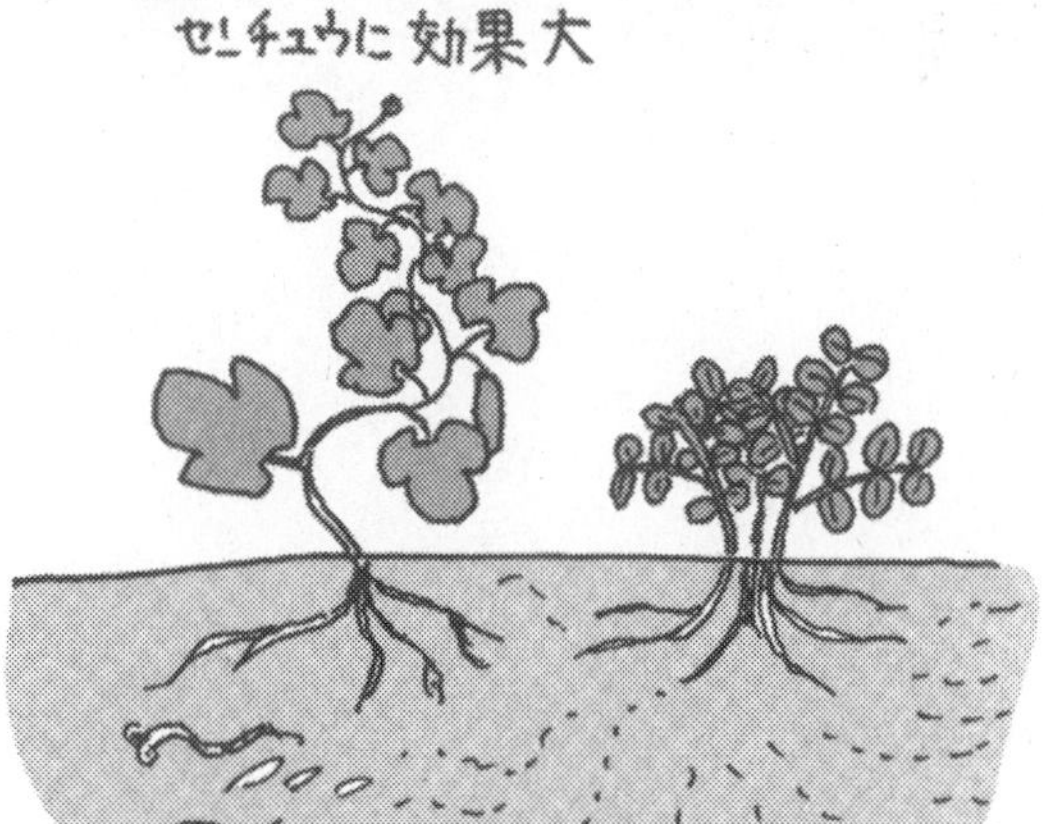

ラッカセイの根に入ったセンチュウは死んでしまうらしい

（絵・高橋伸樹）

バンカープランツ

ソルゴーのおかげで、
農薬ほとんどなしでこ
んなにピカピカのナス
がとれたー

作物とバンカープランツを一緒に植えるのも、おおまかにいえば混植の一種だけど、なかでもとくに、天敵のエサを増やしたり、天敵のすみかとなる作物をバンカープランツとよぶんだ。ナス畑のまわりのソルゴーは、バンカープランツの代表選手だね

ソルゴーにはアブラムシがたくさんつくが、これはイネ科だけにつくムギクビレアブラムシで、ナスには絶対につかない。だけど、このアブラムシをねらって土着天敵がたーくさん集まってくる。この天敵たちが、やがてナス畑へも移動

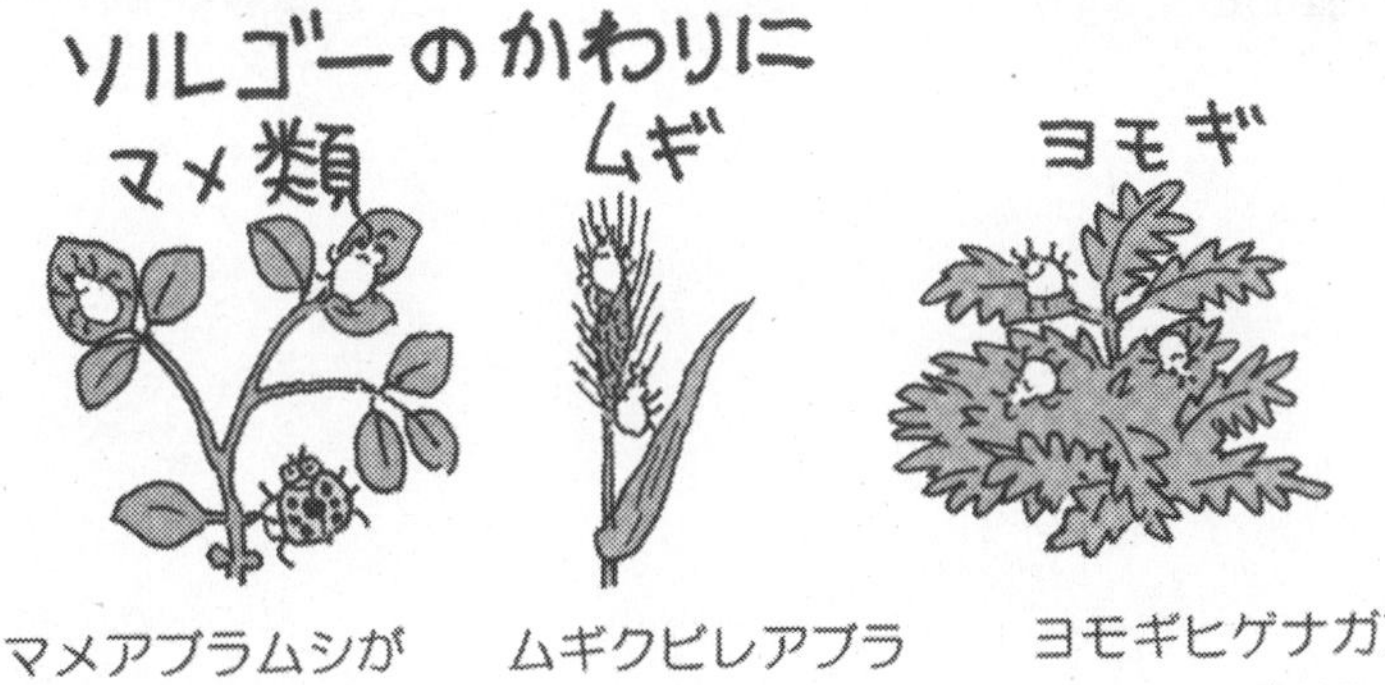

マメアブラムシが増える**→アブラバチ、テントウムシ他**、いろんな天敵をよぶのにいい

ムギクビレアブラムシが増える**→アブラバチ、ヒメハナカメムシ**などをよぶのにいい

ヨモギヒゲナガアブラムシが増える**→テントウムシ、ヒメハナカメムシ**などをよぶのにいい

（絵・高橋伸樹）

知って得する
コンパニオンプランツ大集合!!

まずはおなじみ ネギ・ニラ混植

作物どうしの相性は、
なかなかバカにできないのだ。
病気も虫も勝手に減って、どんどん生育のよくなっちゃうコンパニオンプランツ（共栄作物）を知っていれば、すごく楽しく混作・輪作できる。これはまさに先人の知恵。——今回は今までの『現代農業』に掲載されたものなどを一堂に集めて、コンパニオンプランツ大集合!!

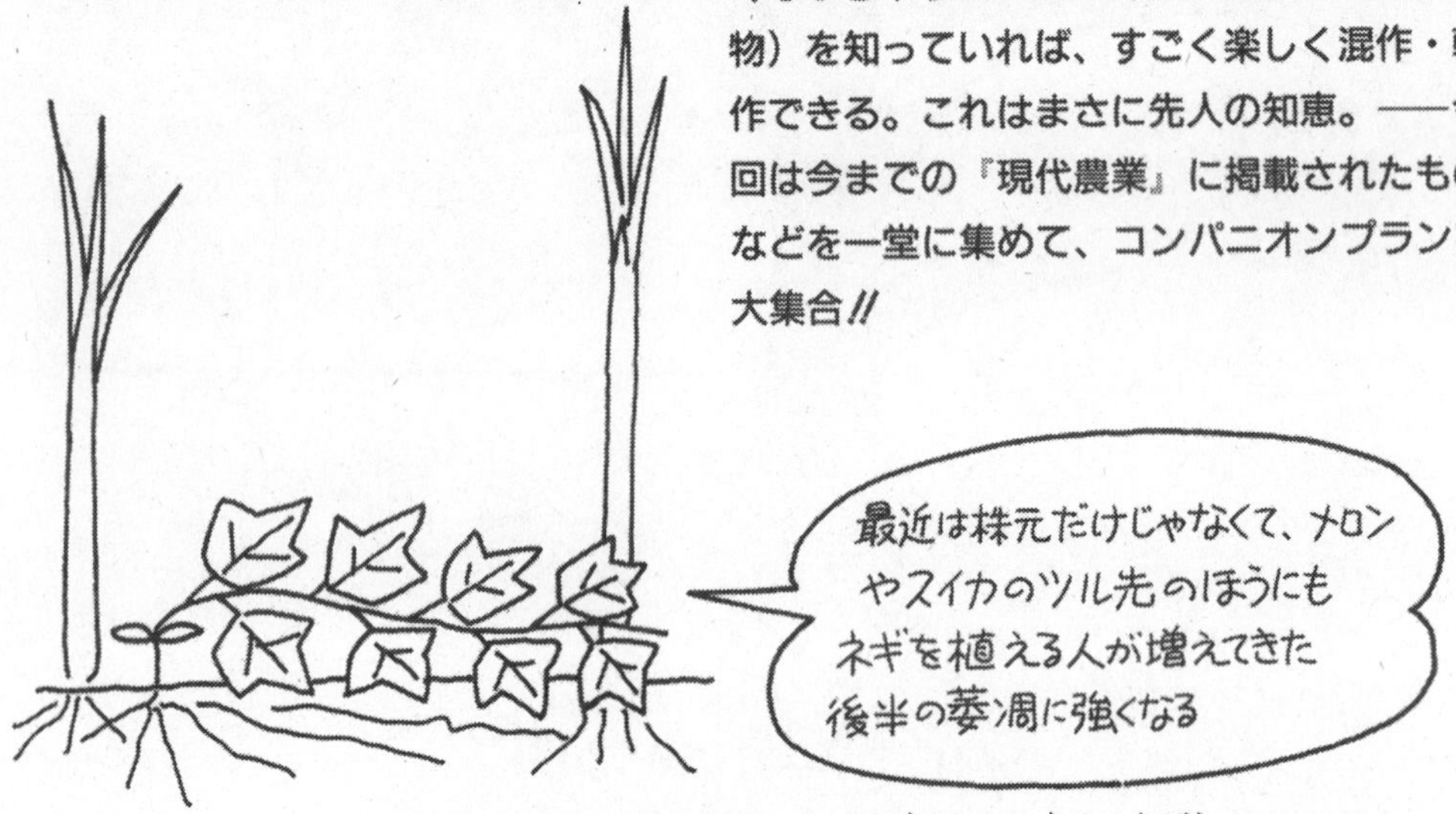

最近は株元だけじゃなくて、メロンやスイカのツル先のほうにもネギを植える人が増えてきた
後半の萎凋に強くなる

浅根型のネギは浅根型のウリ科作物（キュウリ、ユウガオ、メロン、スイカ）と相性がいい

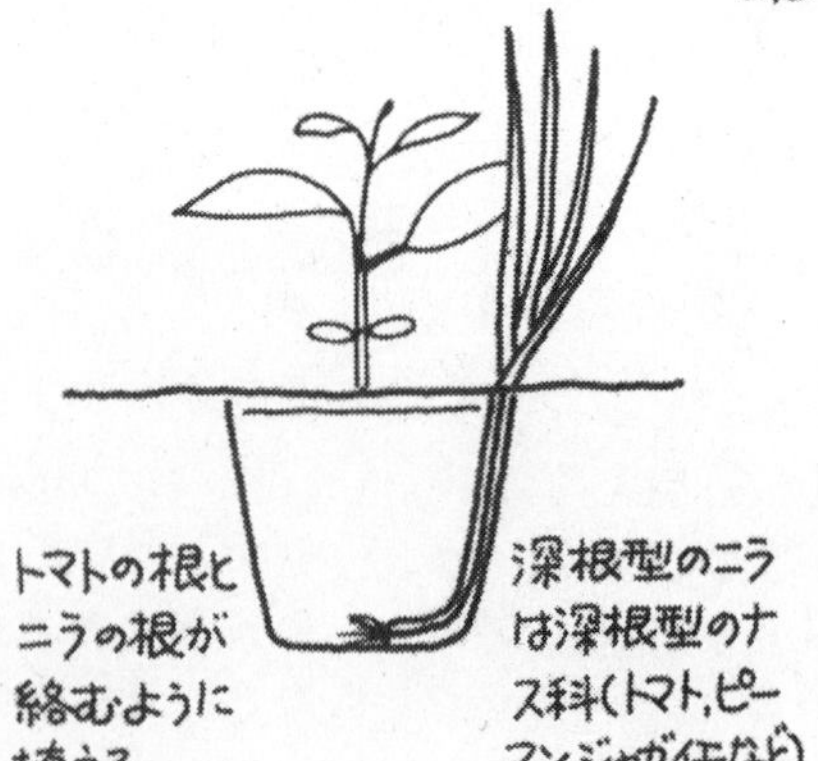
トマトの根とニラの根が絡むように植える
深根型のニラは深根型のナス科（トマト、ピーマン、ジャガイモなど）と相性がいい

ネギ・ニラ混植が効果を発揮する病気

トマトかいよう病、トマト半身萎ちょう病、トマト萎ちょう病、キュウリつる割病、スイカつる割病、ユウガオつる割病、ホウレンソウ萎ちょう病、ナス半身萎ちょう病、イチゴ萎黄病、ユリ立枯病、キュウリ立枯病、アスパラガス立枯病、ダイズ立枯病、ダイコン萎黄病、コンニャク乾腐病、ニラ乾腐病、ラッキョウ乾腐病、タマネギ乾腐病、シウンビジウム腐敗病、サボテン腐敗病、デンドロビウム腐敗病など

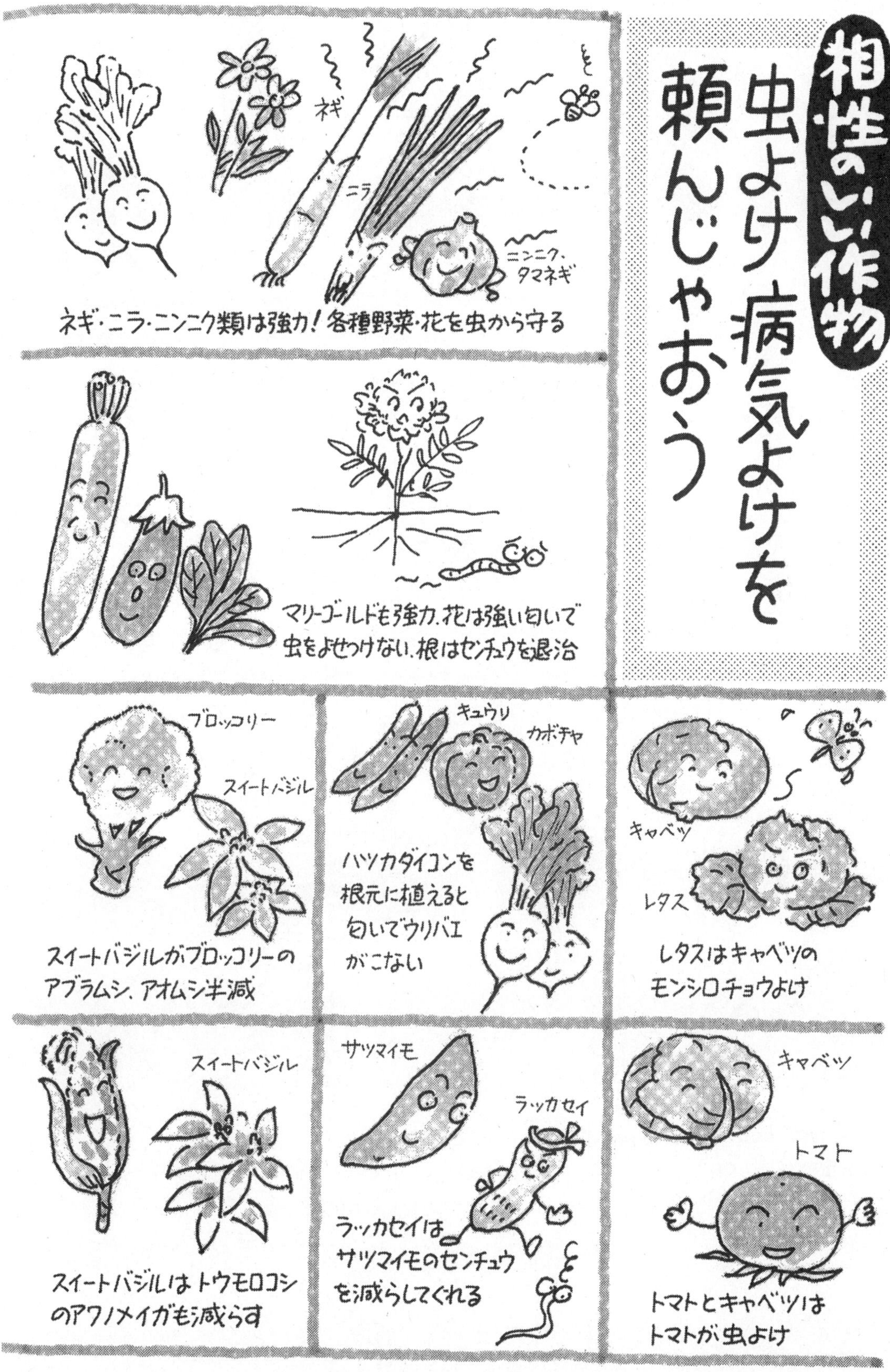
相性のいい作物
虫よけ病気よけを頼んじゃおう
ネギ
ニラ
ニンニク、タマネギ
ネギ・ニラ・ニンニク類は強力！各種野菜・花を虫から守る
マリーゴールドも強力。花は強い匂いで虫をよせつけない。根はセンチュウを退治
ブロッコリー
スイートバジル
スイートバジルがブロッコリーのアブラムシ、アオムシ半減
キュウリ
カボチャ
ハツカダイコンを根元に植えると匂いでウリバエがこない
キャベツ
レタス
レタスはキャベツのモンシロチョウよけ
スイートバジル
スイートバジルはトウモロコシのアワノメイガも減らす
サツマイモ
ラッカセイ
ラッカセイはサツマイモのセンチュウを減らしてくれる
キャベツ
トマト
トマトとキャベツはトマトが虫よけ

作物の相性いかして混作♥輪作

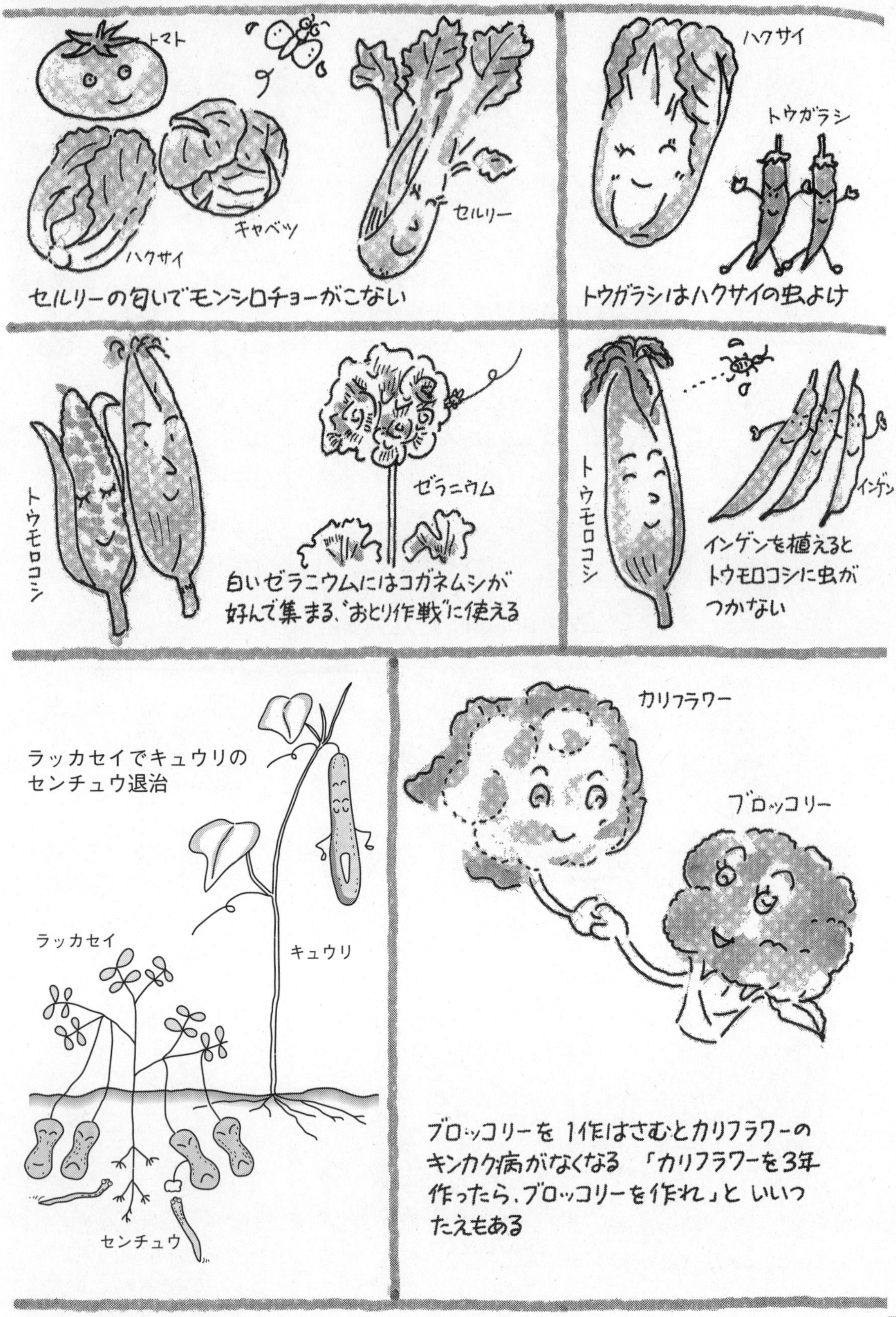

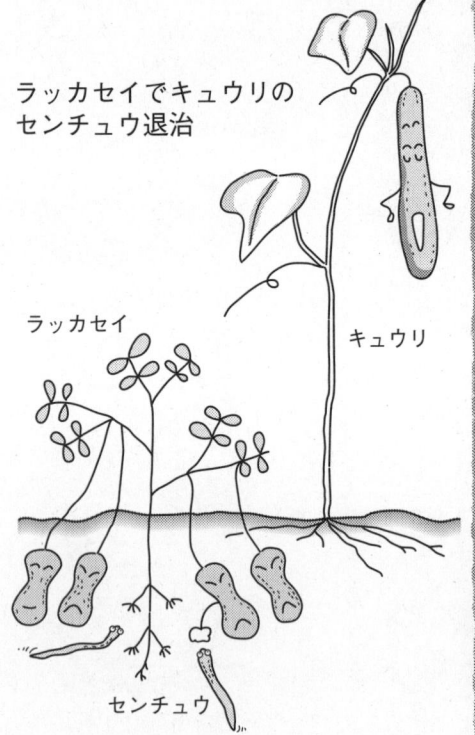

トマト
キャベツ
ハクサイ
セルリー
セルリーの匂いでモンシロチョーがこない
ハクサイ
トウガラシ
トウガラシはハクサイの虫よけ
トウモロコシ
ゼラニウム
白いゼラニウムにはコガネムシが
好んで集まる、〝おとり作戦〟に使える
トウモロコシ
インゲン
インゲンを植えると
トウモロコシに虫が
つかない
ラッカセイでキュウリの
センチュウ退治
ラッカセイ
キュウリ
センチュウ
カリフラワー
ブロッコリー
ブロッコリーを 1作はさむとカリフラワーの
キンカク病がなくなる 「カリフラワーを3年
作ったら、ブロッコリーを作れ」と いいつ
たえもある

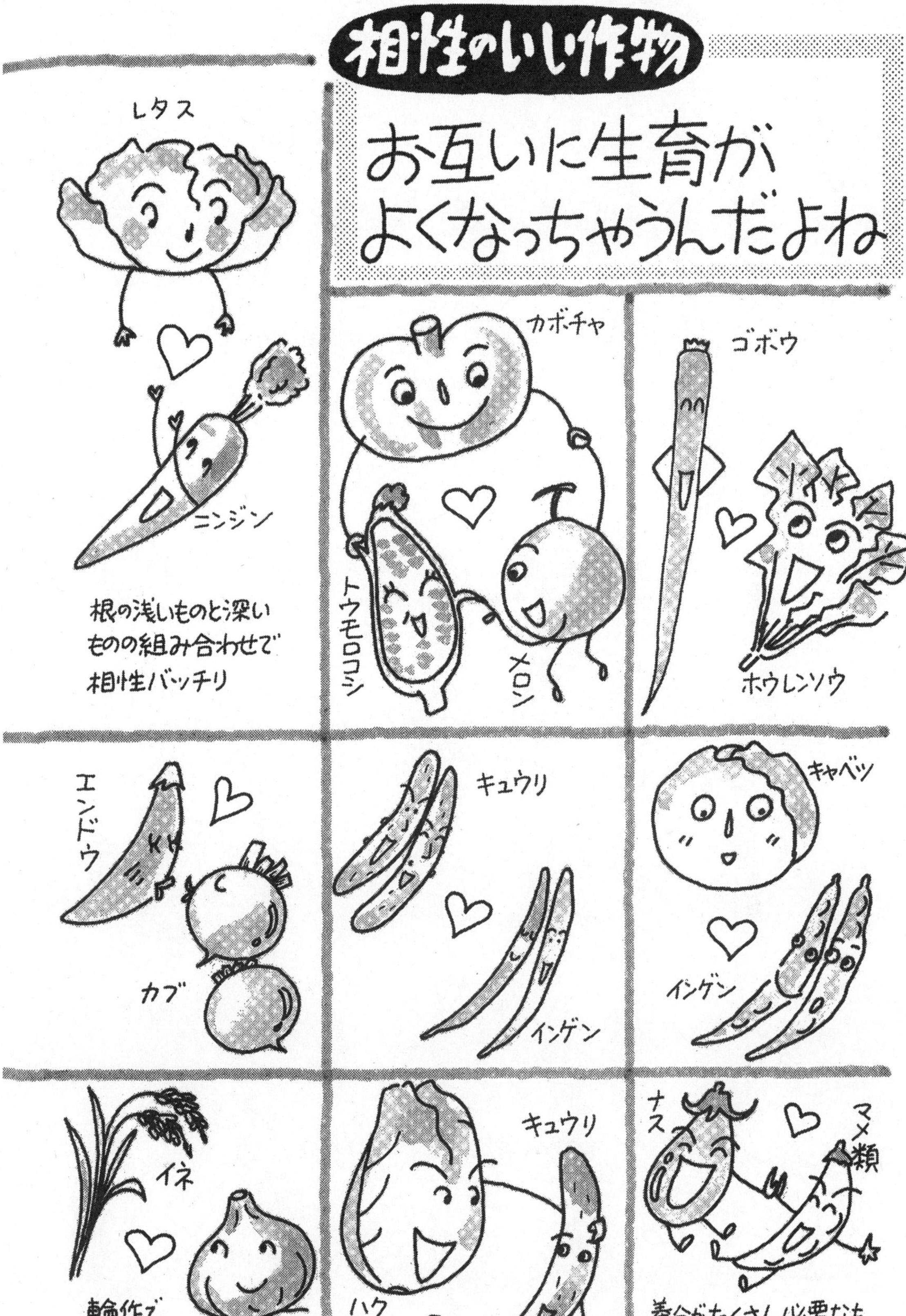
相性のいい作物
お互いに生育が
よくなっちゃうんだよね
レタス
ニンジン
根の浅いものと深い
ものの組み合わせで
相性バッチリ
カボチャ
トウモロコシ
メロン
ゴボウ
ホウレンソウ
エンドウ
カブ
キュウリ
インゲン
キャベツ
インゲン
イネ
タマネギ
輪作で
相性よし
ハクサイ
キュウリ
ナス
マメ類
養分がたくさん必要なも
のと少なくていいもの

作物の相性いかして混作♥輪作

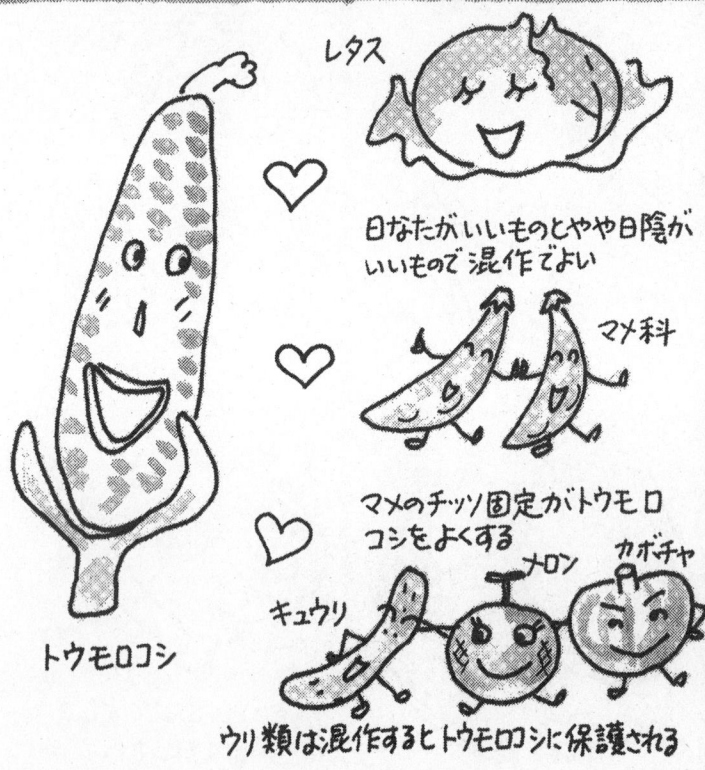

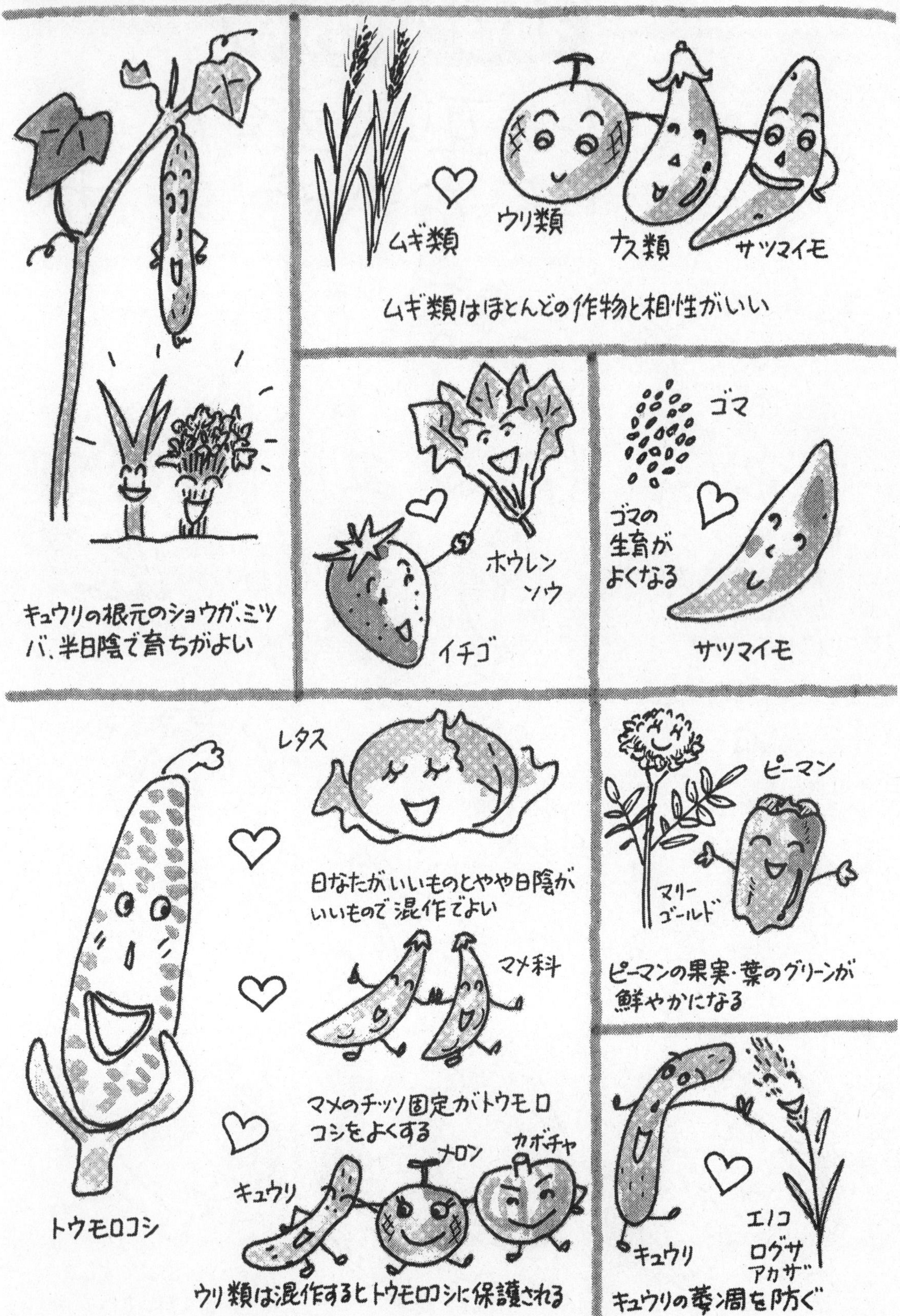

キュウリの根元のショウガ、ミツバ、半日陰で育ちがよい
ムギ類
ウリ類
ナス類
サツマイモ
ムギ類はほとんどの作物と相性がいい
ホウレンソウ
イチゴ
ゴマ
ゴマの生育がよくなる
サツマイモ
レタス
日なたがいいものとやや日陰がいいもので混作でよい
マメ科
マメのチッソ固定がトウモロコシをよくする
キュウリ
メロン
カボチャ
ウリ類は混作するとトウモロコシに保護される
トウモロコシ
ピーマン
マリーゴールド
ピーマンの果実・葉のグリーンが鮮やかになる
キュウリ
エノコログサ
アカザ
キュウリの萎凋を防ぐ

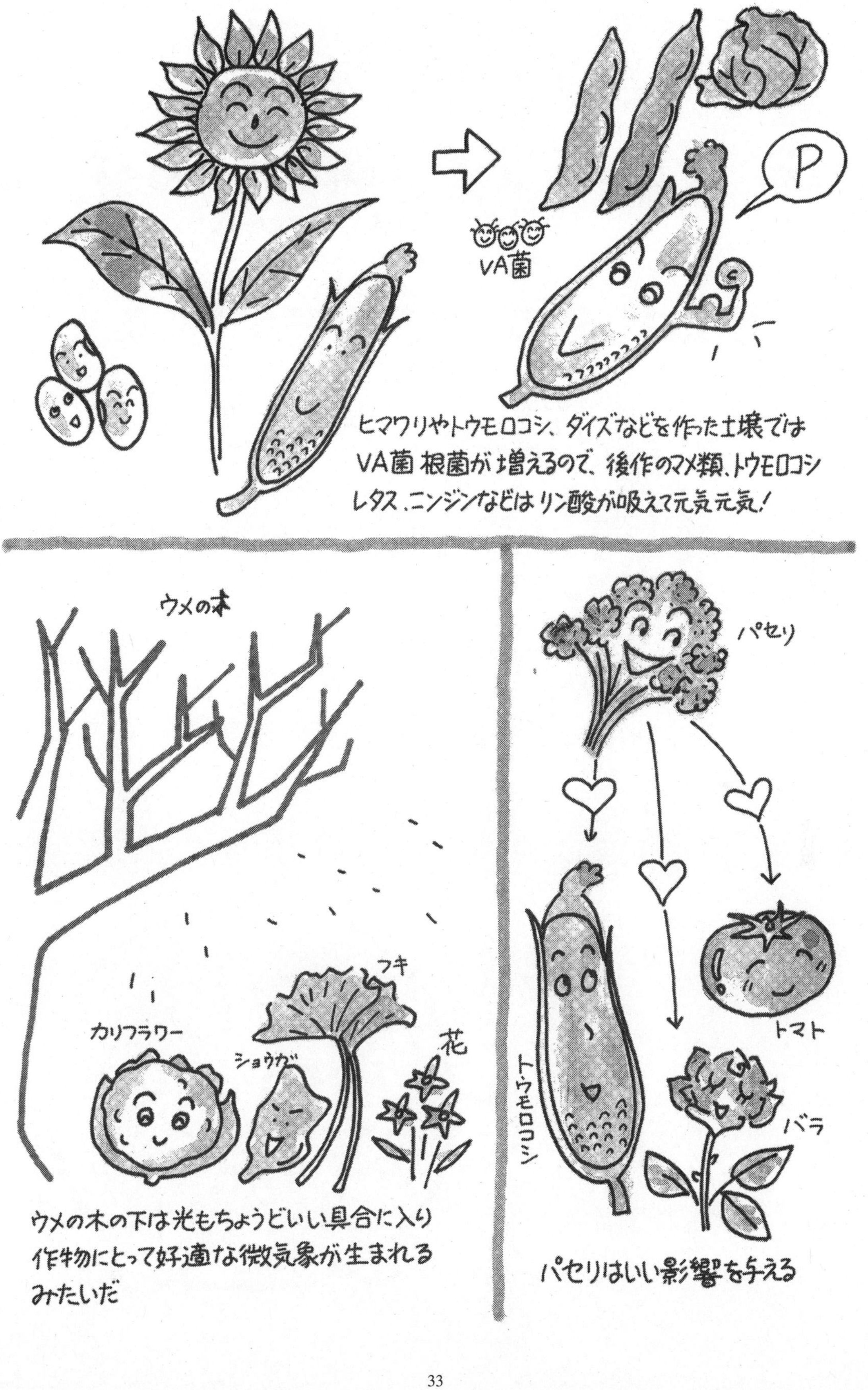
P
VA菌
ヒマワリやトウモロコシ、ダイズなどを作った土壌では
VA菌根菌が増えるので、後作のマメ類、トウモロコシ
レタス、ニンジンなどはリン酸が吸えて元気元気！
ウメの木
フキ
カリフラワー
ショウガ
花
ウメの木の下は光もちょうどいい具合に入り
作物にとって好適な微気象が生まれる
みたいだ
パセリ
トマト
トウモロコシ
バラ
パセリはいい影響を与える

図解 香り混植

―虫が好きなニオイ、嫌いなニオイ―

協力・阿部卓（MOA自然農法文化事業団）　編集部まとめ

◆害虫は作物のニオイで寄ってくる◆

モンシロチョウは、アブラナ科植物が風などで傷ついたときに出る揮発成分のカラシ油配糖体で寄主作物を判断。その揮散量はチッソ施用量が多いほど増す（10a当たり24kg以上で横ばい）

ニオイによるモンシロチョウの産卵刺激
（阿部卓ら、1996）

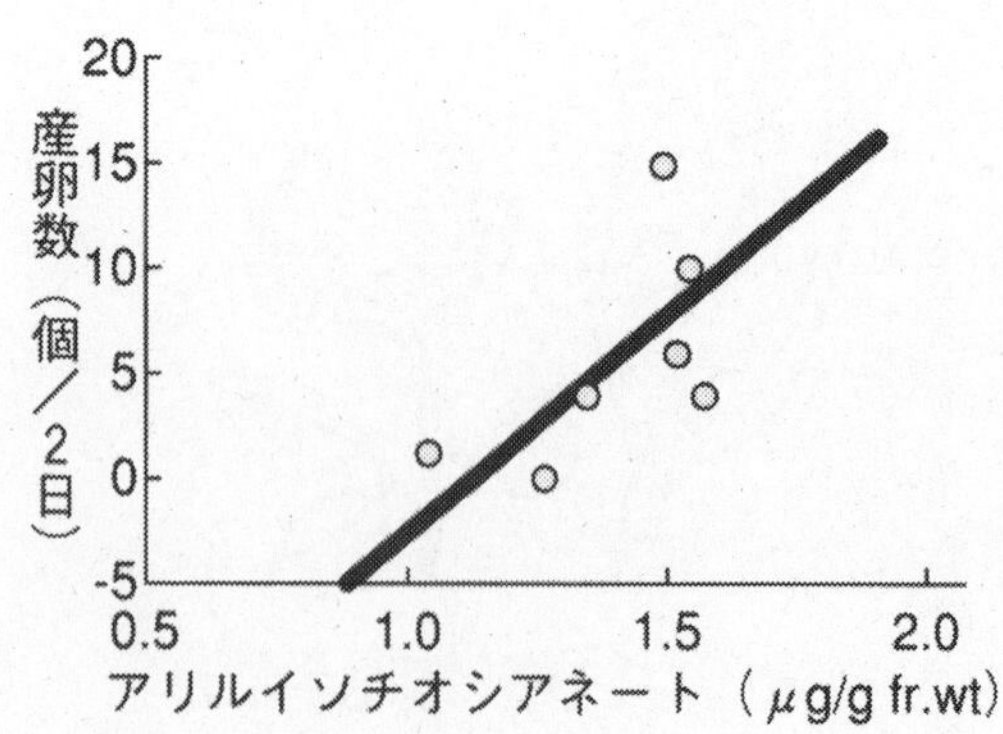

香り混植で害虫防除

【虫がエサになる作物をかぎわける順序】

クロアゲハは複数種のフラボノイド、塩基性化合物などで寄主作物を判断。最終的に前肢で叩いて成分を感じて産卵。虫は食べてよいかどうかもニオイで判断する

▼まずは目で確認
さて、ナツミカンは
どこかしら…

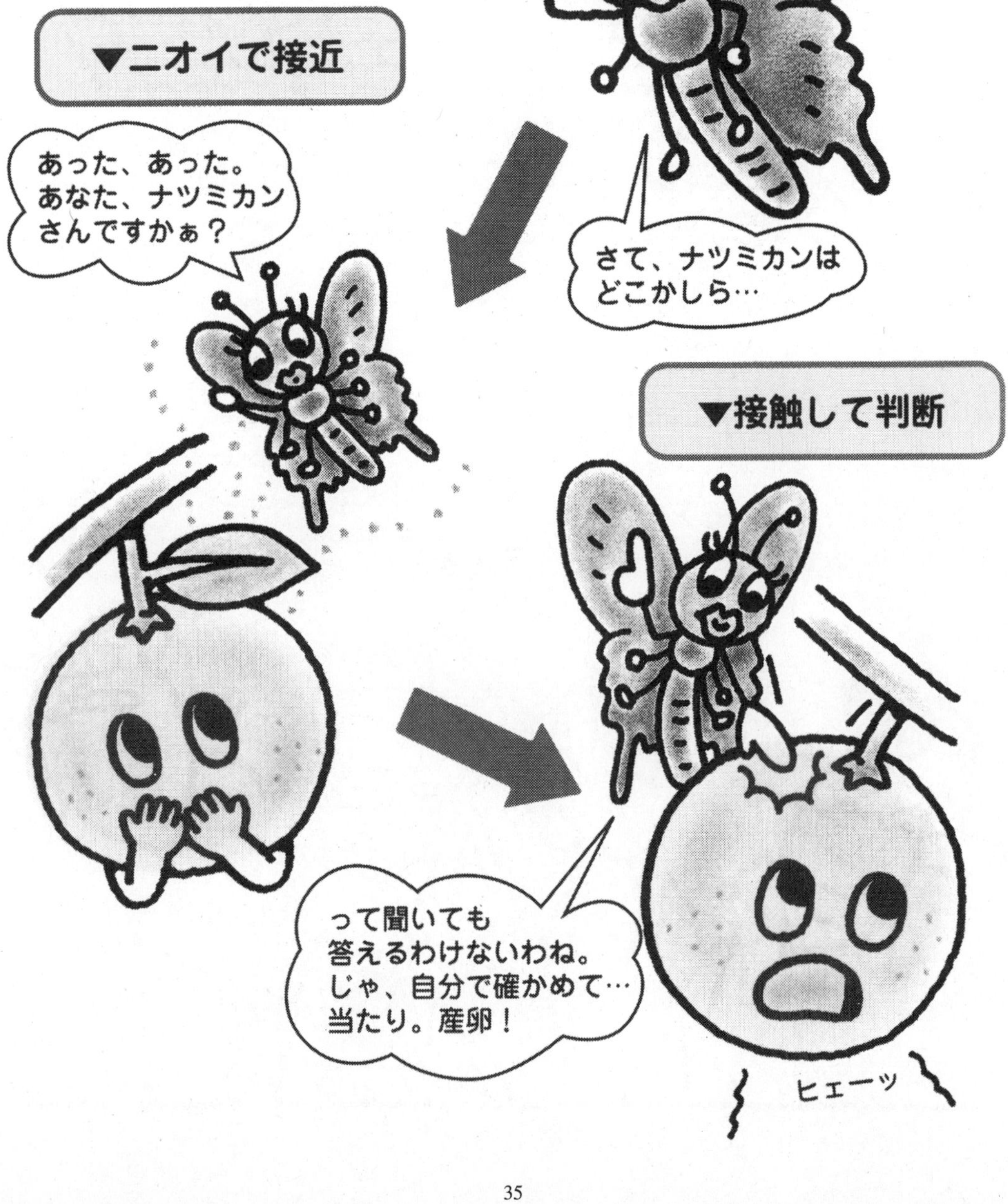
▼ニオイで接近
あった、あった。
あなた、ナツミカン
さんですかぁ？
▼接触して判断
って聞いても
答えるわけないわね。
じゃ、自分で確かめて…
当たり。産卵！
ヒェーッ

◆虫害を減らす「香り混植」いろいろ◆

▼作物のニオイを薄める

キャベツ畑の中にレタスを軽トラが入れる幅だけ植える。レタスの収穫が早いので、キャベツの収穫作業もラクになる

ニオイが弱いから、
やめときましょう

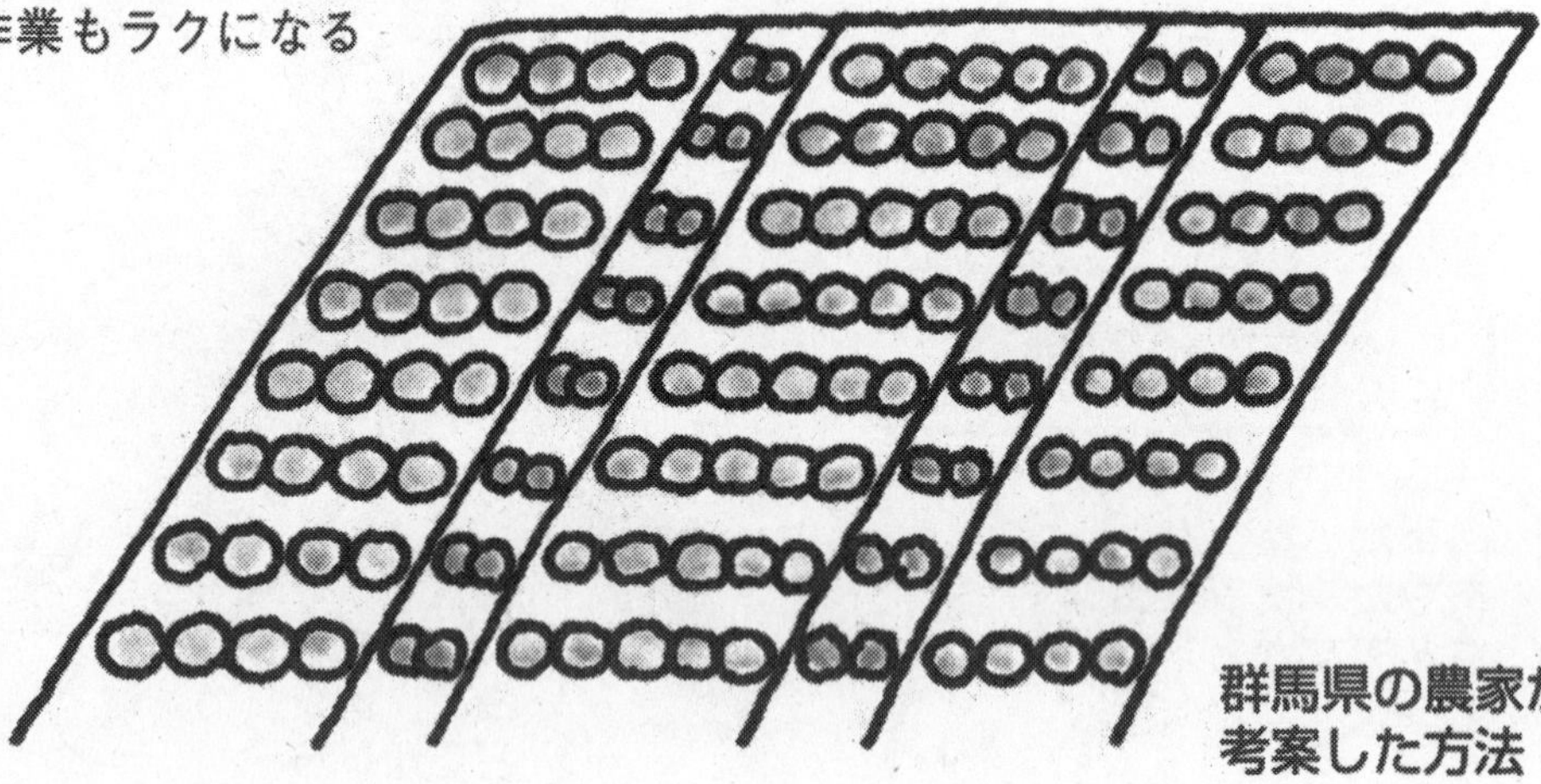

群馬県の農家が考案した方法

▼イヤなニオイを漂わせる

ネギ・ニラのほか、マリーゴールドやハッカなども(38ページの表を参照)

うっ、クサイッ！
クサすぎる…

香り混植で害虫防除

▼天敵をニオイで呼び寄せる

ソルゴーやムギのほか、ミント
やバーベナなども。いわゆる「バ
ンカープランツ」

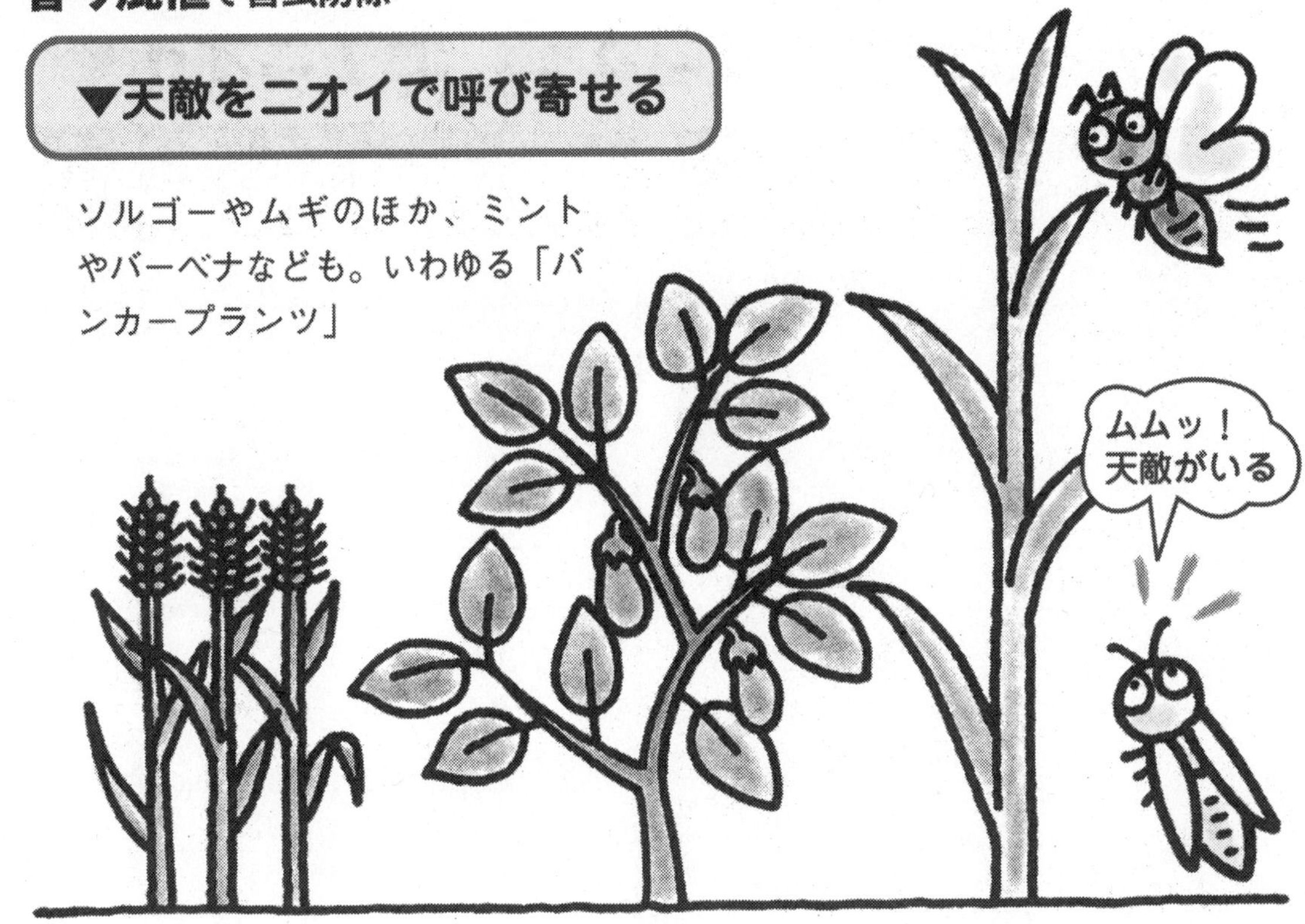
ムムッ！
天敵がいる

▼ニオイを感じる前にごまかす

虫は嗅覚よりも先に視覚で判断
する。その畑の一番高い作物を
見る習性を利用

エダマメばかりの
畑なのね…

◆カイコの成長を阻むニオイ、促すニオイ◆

▼成長をやや阻害するニオイ

ハッカ	葉身	40
タイサンボク	花	40
カキ	葉身	41
カラスウリ	葉身	41
アカツメグサ	葉身	42
ギシギシ	葉身	42
タイサンボク	葉身	43
ケシ	葉身	43
ゲンノショウコ	葉身	44
ウメ	葉身	46
オレンジ	果皮	48
ツバキ	葉身	48
セロリー	葉身	49
ゲッケイジュ	葉身	51
ハイビスカス	葉身	52
ソケイ	葉身	52
ブーゲンビリヤ	葉身	53
パセリ	葉身	55
モミジ	葉身	56
フキ	葉身	56
アマチャ	葉身	57
レモングラス	葉身	58
バンペイユ	葉身	58
ザクロ	果実	58
タンポポ	葉身	59

※表の項目は植物名・部位・指数。数値が小さいほど虫の成長を阻害する。この傾向が虫一般に通用するわけではないが、一応の目安としてご覧ください

▼成長を著しく阻害するニオイ

ニンニク	鱗茎	0
タマネギ	鱗茎	0
ラッキョウ	鱗茎	0
ニラ	葉身	0
ナンテン	花	0
ワサビ	根茎	0
ニセアカシア	葉身	13
ササ	葉身	17
パパイヤ	葉身	18
ウド	葉身	22
モモ	葉身	23
ヨモギ	葉身	27
オキナグサ	葉身	29
トマト	葉身	30
サトイモ	葉身	30
レモン	果皮	32
スベリヒユ	葉身	32
シシトウガラシ	葉身	32
クララ	葉身	34
サルオガセモドキ	葉身	35
クリ	花	35
ニンジン	葉身	35
オンツツジ	葉身	36
クリ	葉身	38
ハヤトウリ	葉身	38
サルビア	葉身	38
マリーゴールド	葉身	39

「昆虫の成長に影響する植物揮発性物質フィトンチッドの探索と利用」（井口民夫・山田政枝、1990）より。試験は直径15㎝、高さ6㎝の円筒状密閉容器の中心に人工飼料を置き、その周りに植物検体を切り刻んで散在させ、孵化したばかりのカイコを5日間飼育し、植物検体なしの対照区と生長量を比較

▼成長を促進するニオイ

ヒマラヤスギ	葉身	121
ミョウガ	葉身	121
ツルムラサキ	葉身	121
キンモクセイ	花	121
バナナ	葉身	122
ヒノキ	葉身	122
マツ	葉身	125
イチョウ	葉身	131
サンショウ	葉身	133
コンニャク	葉身	133
クワズイモ	葉身	134
カシ	葉身	135
アカメガシ	葉身	152

▼成長に影響しないニオイ

カンナ	葉身	60
ショウブ	葉身	61
ナンテン	葉身	63
イエキク	葉身	63
アカザ	葉身	65
ナガイモ	葉身	66
コーラ	葉身	67
キキョウ	葉身	67
ハルジオン	葉身	73
ハナツクバネウツギ	花	74
ウツギ	葉身	76
オオレン	葉身	77
クワ	葉身	77
アジサイ	葉身	79
シソ	葉身	80
ガジュマル	葉身	80
ゲンノショウコ	葉身	80
ドクダミ	葉身	87
ヤコウカ	葉身	88
ユリ	鱗茎	89
クスノキ	葉身	89
ゴレンジ	葉身	89
ナス	葉身	90
マンゴー	葉身	91
パラナマツ	葉身	92
ゴムノキ	葉身	94
サクラ	葉身	94
メタセコイヤ	葉身	98
アボカド	葉身	99
ワンピ	葉身	104
クサノオウ	葉身	109
ウコン	葉身	111
リュウガン	葉身	112
サンドール	葉身	115

間作、混作で土が流れない

愛知県豊橋市　水口文夫

畑土の流亡

鉄は、風雨にさらされていると、錆びてだんだん消耗してゆく。同じように、現在の畑は、風雨に浸蝕され、有機物はどんどん消耗し、土が悪くなってゆく。

畑の作物が切り変わる時期に、ちょっと雨が降ると、畑から流れでる雨水は泥水となり、畑の土はどんどん流出する。雨上がりには、畑から流れでた土が道路に堆積するくらいである。

昔は、畑の一枚の区画が大きいもので一〇aである。ふつうは二～五aと小さいものが多く、平らであった。生産性を高めるということで、一区画の面積がどんどん大きくなり、三〇～五〇aの大きさの畑もめずらしくなくなった。

畑の一区画の面積を大きくすると排水が悪くなるし、丘陵地や山地では、段々畑をつぶして大きくするのに経費が多くかかることもあって、傾斜畑が多くなった。畑土が流亡しやすいわけである。

裸地期間がきわめて長い現代の栽培

また、集団産地の育成とか機械化ということで栽培される作物が単純化してきたことが、畑土を流亡させることにもつながっている。

私の地方では、春から夏にかけては、主にすいかや露地メロン、かぼちゃ、トマト、スイートコーンなどが栽培されている。これらの作物は、三月下旬から四月上旬に作付けされ、六月下旬～七月まで収穫される。その跡地に、キャベツやブロッコリー、白菜、大根など冬野菜が作付けされる。夏野菜が終わって、冬野菜が作付けされるまでの二～三か月間は、裸地またはそれに近い状態にさらされることになる。

さらに、冬野菜が終わって夏野菜が植えられるまでに、長い場合は四か月、一般的に二～三か月が裸地となる。

昔は、間作とか混作が盛んに行なわれ、畑が裸地になる期間はきわめて短かったのが、今は、作物が単純化し、作付けが切り変わるたびに、裸地になるのである。昔は、裸地畑は畑がやせると嫌われたが、最近は、このような言葉さえ聞かない。

畑の土の流亡を激しくするトンネル

ビニールトンネル栽培では、茎葉が繁茂して畑全体を覆うまでは、ビニールの上に降った雨は一度に流出し、豪雨の時など滝のように畑から流れでるため、雨水と共に畑の土が流出する。このように作物が切り変わる年二回の時期には降雨のつど、耕土が流出したり、土が洗われ粘土分などが耕盤に沈着したりする。

耕土の流出と共に、裸地畑の有機物の消耗は大きい。一般的に畑の一年間の有機物の消耗は堆肥換算にして一ｔ余といわれているが、裸地畑では、その数倍の有機物が消耗されるともいわれる。

昔のスイカーダイコン一麦の作付け

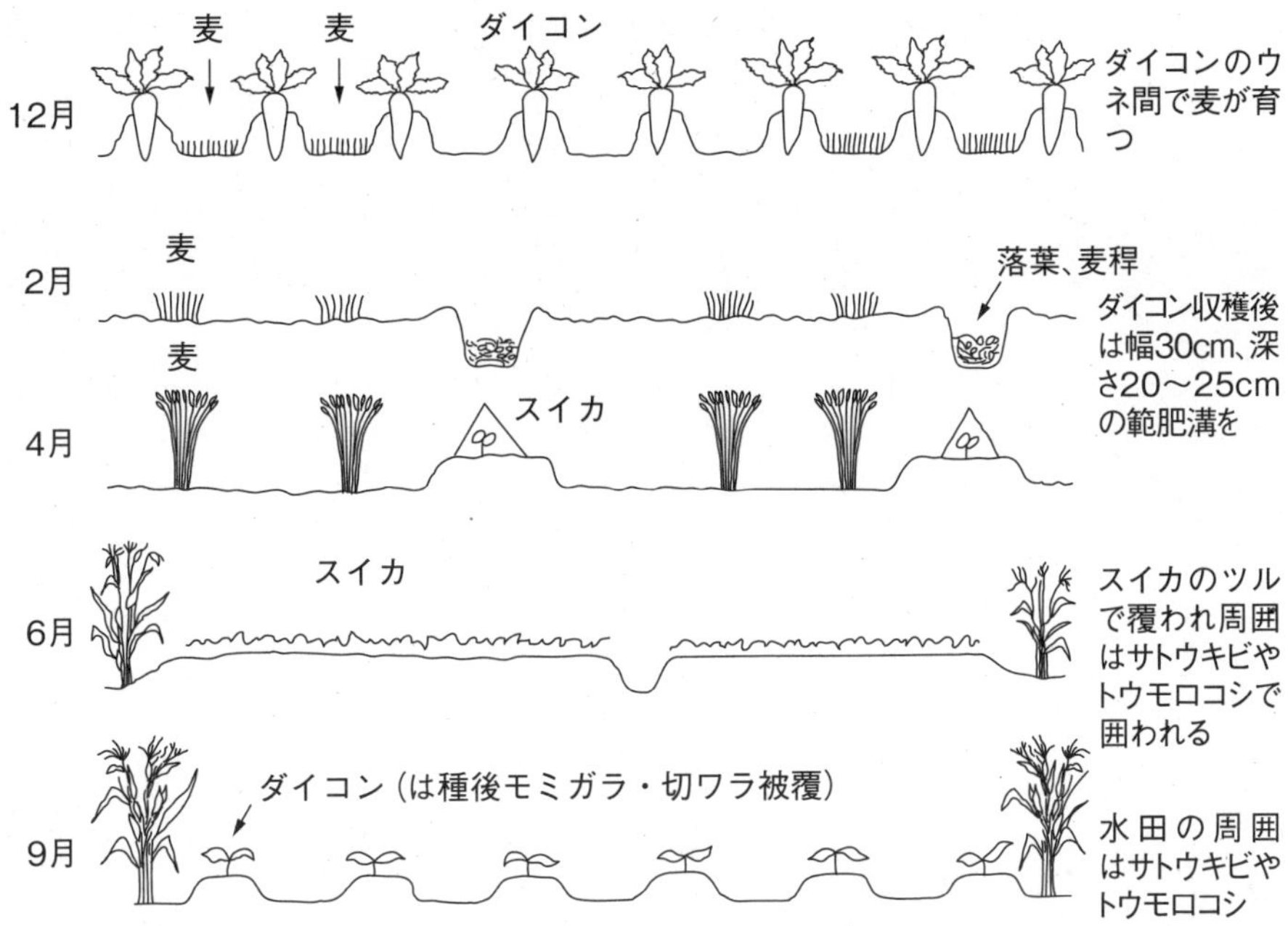

麦と野菜の間作がふつうだった

最近では機械化の邪魔になるのか、間作とか、混作ということが行なわれなくなったが、昭和二十年代前半頃までは盛んであった。

例えば、春夏作にすいか、秋冬作に大根を作付ける場合、十一月の終わりから十二月始め頃に大根のうね間に大麦をまく。

この頃の大根のうね幅は、七五cmと広い（現在は五五～六〇cm）。

すいかのうね幅を三七五cmとすれば、うねおとしといわれ、二畦に大麦をまくと三畦は麦をまかないでおく。

大根の収穫が終わると、麦のまかれていない三畦を耕うんして、幅三〇cm、深さ二〇～二五cmの溝を掘り、寒ざらしにすると土が膨軟になる。その頃、この溝の中に落葉や前年とれた麦稈などの粗大有機物を入れておく。

すいかの植付け時期が近づくと施肥溝に元肥を施用してすいかの植え床をつくる。すいかは、四月に麦間に植えられる。麦の囲の中だから、温度も高めで初期生育がよくなる。しかも麦が遮蔽の役割をしてアブラムシの飛来を防ぐために、現在のように生育初期からアブラムシがつくこともなかった。

畑の周囲にはサトウキビ、トウモロコシ

大麦は五月下旬から六月上旬に収穫されるが、その頃になるとすいかのつるで畑は被覆されるようになる。

また畑の周囲には、四月末から五月始め頃にサトウキビやトウモロコシなどが植えられ、麦が収穫される頃には、サトウキビやトウモロコシが育ち始めている。

サトウキビは子供のおやつとして欠くことのできない作物とされていた。また甘味資源としても重要で十一月頃に収穫され搾汁して砂糖が作られている。

当時は畑の区画が小さいために、畑の周囲

に作付けられているサトウキビやトウモロコシが、畑の土の流出をかなり阻止していたものと考えられる。

甘藷《かんしょ》づるで畑を被覆

前作が甘藷で後作が白菜やキャベツの場合、八月に甘藷を収穫する。この時期はまだ温度が高いので、収穫直後に芋づるを土の中に埋めると、つるから芽がでて茂るようになる。これでは、白菜やキャベツの生育に支障がでる。

以前は、芋づるを畑から搬出して細断堆積し、堆肥として施用したこともあるが、畑で乾燥させてから、土に戻せば労力も少なくて後作の白菜やキャベツの生育もよくなることがわかってきた。芋づるを乾燥させるために、畑をおおうので、この被覆が畑の裸地化を防ぎ耕土の流出や地方の消耗を防ぐ効果があったものと考えられる。

芋づるが乾燥して、白菜やキャベツの作付け時期になったら、芋畦の溝につる寄せして、このうえに覆土、うね立てする。つるに覆土する機具（カルチの前方にロールがあり、跳ねづる抑え、両側のツメ板で覆土する）を中に引かせると植え床ができる。覆土が少ない場合は、培土板でさらに盛り土することもある。

十一月末には、白菜やキャベツのうね間に麦をまいた。現在は白菜やキャベツのうね幅は六〇～六五cmと狭いが当時は八〇～八五cmと広く、九〇cmのうね幅もめずらしくなかった。

翌年の五月上旬に、麦の立毛中の麦間の土が片寄せされて甘藷の植え床がつくられ、麦間に甘藷が植えられる。五月下旬から六月上旬に大麦が収穫される頃には、甘藷のつるは伸び始めている。

こうして、一年を通じて絶え間なく連作、混作することで、土の消耗を防いでいた。

一九九〇年一月号　見事な間作、混植で土が流れない

カマキリがいる畑は害虫が少ない

水口文夫

害虫を辛抱強く待つカマキリ

「カマキリは神様の使者だから、殺してはいけない。大切にしなさい」。子供の頃、祖父からそういわれた。

カマキリは肉食で、虫は食べるが植物は食べない。虫を捕らえて食べるのを見たいと思って、カマキリに気づかれないよう少し離れて見ていたのだが、いっこうに動く気配すらない。自分の身体の色を植物に溶け込ませ、虫が来るのをじっと待っているようだ。

二時間が過ぎようとしたとき、カマキリの目の前を、コナガの成虫が通り過ぎようとした。その瞬間だった。あの鋭いカマで突然襲いかかり、「あっ」という間にコナガは食われてしまった。捕食の瞬間の写真を撮ろうとカメラを準備して待っていたのに、まったく撮影するどころではなかった。

「畑に悪い虫がいっぱいつくと、人間の食べるものがなくなる。そんなことが起きないよう、神様が使者として送ってくれたんだよ」。——やさしく諭してくれた祖父の言葉

が、今やっとわかったような気がする。

その後も観察していると、やはり、決して追いかけて捕食しようとはしない。バッタやコナガ、ヨトウムシの成虫など、自分の目の前を通り過ぎる虫を、二時間でも三時間でも待って、捕らえている。

害虫の天敵の多くは、害虫がかなり多くなってから増えてくるようだ。しかし、カマキリは害虫がまだ少ない時期から捕食しているようである。

ローズマリー、槇の木に産卵

カマキリは日本には十種類くらいいるそうだが、私の畑のまわりでよく見かけるのは、オオカマキリとハビロカマキリである。カマキリが卵（卵のう）を作り始めるのが十月下旬からで、十一月中頃にピークとなり、十二月下旬まで続く。

私の屋敷畑の中では、卵のうはローズマリーにもっとも多くつく。次いで槇《まき》の木。梅、すももにもつくが、数は少ない。みかんや柿の木についたものは見たことがない。聞くところによると、茂みのようにわしゃわしゃしたところで、ある程度の高さのところに（外敵にやられないよう）、カマキリは卵を産むのだそうだ。広い葉がベローンとなっているようなところには産まないという話である。

「カマキリの巣が高いと雪」との言い伝えもあるが、たしかに、この辺りでは今年は雪が多かったのでカマキリの卵も高いところにあり、昨年は雪が少なかったのでもう少し低いところにあった。

孵化したら直ちに移動

卵は五月上旬から下旬にかけて孵化する。一つの卵のうから一〇〇～一五〇匹も生まれる姿は見事である。

孵化すると直ちに分散を始め、集団でいる時間はない。生まれたローズマリーや槇の木にいるのはせいぜい二～三日で、アッという間に消えていなくなる。生まれてくるのを虎視眈々と待っていた外敵の目から、一刻も早く逃れようという本能だろうか。

どこへ消えたのか、畑やそのまわりを探していると、キャットニップや菊に移動しているのが見つかった。しかも必ず一匹だけでいて、集団でいることはない。株の中側や葉裏にいれば、かなり気をつけないとわからない。

だが半日もしないうちに、キャットニップや菊から姿を消して、今度はみの早生大根畑やヨモギに出現。それも長居はせず、ナスやトマト畑に移動した。とにかくいろんな作物へ行く。好みがあるようだが、作物の種類は多いほうがいいようだ。

どこへ行くのかわからない。そこで、筆にエナメルをつけ、一〇匹のカマキリの羽にわずかな赤色をつけた。しばらくして、印のないものとあるものが、風を利用して飛び立つところを見た。不格好な飛び方である。飛んでいるのか風に吹き飛ばされているのかわからない。降りるときも、落ちるといったほうがいい。

カマキリは不完全変態する昆虫で、蛹を経ずに幼虫が直接成虫に変態する。一令幼虫は、アブラムシ、ダニ、トビムシなど小さな虫を捕食する。（撮影　倉持正実）

ほとんどを見失って行き先不明となった。一匹だけ、一㎞先の梅畑に着いたのが確認できた。……ついに私の畑からは姿を消した。九月定植のブロッコリーやキャベツの害虫退治を期待していたのに、これでは駄目か…。あきらめることになりそうだ。

カマキリが戻ってきた

九月になり、ブロッコリーやキャベツを定植した。コナガやヨトウムシが発生する頃となり、「カマキリ君には頼れなかったから農薬をまくしかないなー」と畑を見回っていると、なんと羽に赤印をつけたカマキリがいるではないか！　それも、飛んでくるコナガの成虫をどんどん捕まえて食べている！　間違いない！

やがてカマキリは家の中まで入ってくるようになった。よく見ると天井にも窓ガラスにもカマキリがいる。畑の害虫だけでなく、家の中のゴキブリ、ハエまで退治してくれる。カマキリ様々となってきた。

畑の防除は断然手が抜けるようになった。そして、そのうちカマキリ（成虫）が食べないアブラムシまで減ってきた。これは、カマキリ以外の天敵が働いているということである。カマキリを殺さないように農薬を控え、かけるとしても「天敵にやさしい」といわれている脱皮阻害剤（カスケード乳剤など）を選んだりしているので、ほかの土着天敵も、見えないが活躍するようになっているのだと思われる。カマキリが生存し、増殖できる環境づくりは、どうやらほかの多くの天敵を引き寄せることにつながるようである。

以上がカマキリの観察結果の一部であるが、ここからわかることに、土着天敵の働きのすごさ、天敵には多様な生命空間が必要であること、カマキリの行動範囲はかなり広いが古巣で活躍することなどがある。

パセリやセルリーと混作すると、大かぶのウイルス病が減る

大かぶは、一般に大根が多く市場に出回る前に収穫する。だから早まきしたいところだが、早まきはすればするほどウイルスの被害が著しく増加し、収穫皆無ということさえある。以前は九月二日に種まきすればウイルスが発生しなかったのに、最近は九月十日まきでも発生する。

何とか混作することでこれを防げないものかと考えていた矢先、一昨年、ねぎを植えた片側にまいた大かぶは半作となったのに、パセリの片側に植えた大かぶはウイルス病の発生が少なかった。そこで昨年は、大かぶとパセリ、大かぶとねぎ、大かぶとセルリーを混作してみた。

結果、大かぶとねぎの混作はウイルスが一〇〇％発生したのに、パセリとの混作は二・五％、セルリーとの混作は三・五％で、大かぶに発生するウイルスに著しく差がでた。大かぶ単作区はもちろん一〇〇％発生した。

昭和二十五年頃、うね幅六〇㎝で麦を二条まいたら、一条抜いて、そこへマクワウリを植える。そして次にまた麦を二条まく。麦とマクワウリの組み合わせである。これで麦を刈るまでは、ウリバエもアブラムシもマクワウリにはつかなかった。

またじゃがいもの隣にトマトを作付けると、トマトに疫病が発生しやすくなる。じゃがいもの疫病がトマトに移るからだ。このように、作物の組み合わせで防除が楽になったりきつくなったりする。

虫の多い畑、少ない畑

私の住んでいるところは市街化区域の住宅地で、畑の多くは郊外にあっちこっち分散している。家からも遠く、しかもまるっきり方向がバラバラで、畑によって周囲の環境もまるで違う。

A圃場はキャベツ産地の一角にある。キャベツ畑が連続しており、キャベツ単作農家も多い。B圃場は原野にあり、自然林があり、牧草地、茶園、花き農家…。野菜畑もあるがバラエティに富んでいて、キャベツ、豌豆、白菜、大根、ねぎ、玉ねぎ、ブロッコリー、カリフラワー、すいか、里芋、さつまいも、スイートコーン、とうがん、露地メロンなど様々である。C圃場は、私の畑の隣に、一人二aくらいの数名の家庭菜園が連なっている。そこには多種多様なものが年中作付けされ、空き畑になるときがない。この三種の畑の病害虫の発生や防除を比べると、驚くほど違っている。

A圃場は、周年コナガが発生しており、その発生量も著しく多い。ブロッコリーやカリフラワーを植えると直ちに農薬散布しないと、虫だらけになる。七日ごとに十一月上旬まで農薬をかけ続けないと、コナガ、ヨトウムシ、アオムシ、アブラムシの被害を大きく受ける。九月から十一月上旬までの間には約八回の農薬散布が必要となる。

B圃場はブロッコリーやキャベツを定植しても、二週間くらい放っておいて心配はない。農薬の散布間隔も、二週間に一回の割合で防除可能であるから、ブロッコリーやキャベツの生育期間中に三～四回の農薬散布でよい。

C圃場は隣の畑が家庭菜園用の貸付を始めるまではA圃場に近いくらいの農薬散布を必要としていたが、家庭菜園が行なわれるようになって三年たった頃から、病害虫の発生が減り始め、現在ではA圃場とB圃場の中間くらいと見てよい。

小さな畑で混作、輪作

カマキリの観察結果や、作物の組み合わせでウイルス病発生が全然違うこと、環境条件の違う畑の害虫発生の違いなどからも、単作の畑ではどうにもならない。混作、輪作の畑つくりこそ、環境保全型農業の出発点である。

だが、混作や輪作を取り入れた畑つくりは、専業農家が実際にやろうと思うとなかなか難しい。現在の農作業のやり方は、畑全面に肥料をふり、畑全面をトラクタで耕うんし、畑全面を一律にうね立てし、同一作物を植えるのが当たり前になっている。機械を能率よく使えるように単純化されてきたのだ。

トラクタも水田用、野菜畑用、果樹園用といろいろある。他の機械もキャベツ農家ならキャベツ用の育苗施設、移植機、自動収穫台車などの機械があり、大根農家なら大根用のうね立て機、播種機、収穫機、洗浄機…と所有している。キャベツ農家に大根をつくれといっても、キャベツ農家の機械では大根はつくれない。にんじんしかり、玉ねぎしかり、じゃがいもしかり…で、それぞれの作業の機械、手順がある。

簡単に混作に移行できるものではないが、移行する途をつくらなければならない。トラクタ作業を中心にして、一作物の作付け区画を考える必要がある。今まではどんな大きさの畑でも、畑一枚を一区画として一作物を栽培していた。これからはトラクタの耕うん幅の六倍を一区画の幅として、一つの作物をつくることにしてはどうだろうか。そして、現有農機具で栽培可能な他の作物の導入を考える。

区画ごとの境界、あるいは周辺に、クローバ、ミント、キャットニップ、ヨモギなどを導入する。機械の使いにくい三角畑の先端やのり面などには、ローズマリーなどを植える。防風囲などを兼ねて、露地メロン畑の周囲はソルゴーなどで囲う。自家用野菜を本畑の区画の中へ取り入れるなど、いろいろな方法があると思われるが、これからの大きな課題である。

一九九九年六月号　カマキリが生きる畑は防除がラク

コンパニオン・プランツ（共栄作物）の知恵

鳥居ヤス子　神奈川県綾瀬市

自然の中で植物は、お互いに影響し合って生きています。私たち人間の社会と同じように、植物の世界にも好き嫌いがあるようです。となりに相性のよいものがあるとお互いにのびのびと元気に育ちますが、相性の悪いものが隣り合うと生育が妨げられたり、虫や病気の害を受けやすくなります。

このような相性のよい植物の組み合わせを、欧米ではコンパニオン・プランツ（共栄作物）と呼んで昔から言い伝えられ、作付けに利用されてきました。この自然な方法が、地球環境への関心が高まった今、農薬に頼らない病害虫防除法のひとつとして見直されています。

共栄作物の組み合わせのこつ

共栄作物の組み合わせにはいろいろな型がありますが、お互いに反対の性格を補い合うやり方が代表的です。

①日照を好むものと、日陰を好むもの。
②根を深く張るものと、浅く張るもの。
③養分を多量に必要とするものと、少量でよいもの、または窒素を固定する能力をもつもの（マメ科植物）
④虫が好むものと、嫌うもの。
⑤生長の早いものと、遅いもの。
⑥花が早く咲いて益虫を呼ぶ花と、花の遅いもの、または花をつけないもの。
⑦虫に好まれるものを罠として植えて害虫を引き寄せ、主要作物を守る。

共栄作物を利用した作付けの実際を、私が海外で見聞した例を中心にご紹介しましょう。

トウモロコシ―瓜類　アメリカ・インディアンは、昔からトウモロコシとかぼちゃを一緒に植えてきました。丈の高いトウモロコシと、地を這うかぼちゃの立体的な組み合わせはとても合理的ですね。

きゅうりやメロンも、トウモロコシがつくる適度の日陰を喜ぶので、よく一緒に植えられています。また、トウモロコシにはきゅうりの青枯病を防ぐ効果もあるといわれます。

瓜類―廿日《はつか》大根　きゅうりやメロンの株元に廿日大根の種を二～三粒まいておくと、ウリハムシを防いでくれます。

大豆―野菜　大豆は他のマメ科植物と同じように土を肥やすので、間に植えるといろいろな作物によい影響を与えます。キャベツ、きゅうり、トウモロコシなどとはよい組み合わせです。

小麦―大豆　また穀類とのダブル作付けの実験でもよい結果が報告されています。小麦の間にまいた大豆の収量は、大豆だけの畑より一五％も多く、しかも除草の必要がなくなるため、穀物農家にとって非常に有利だとい

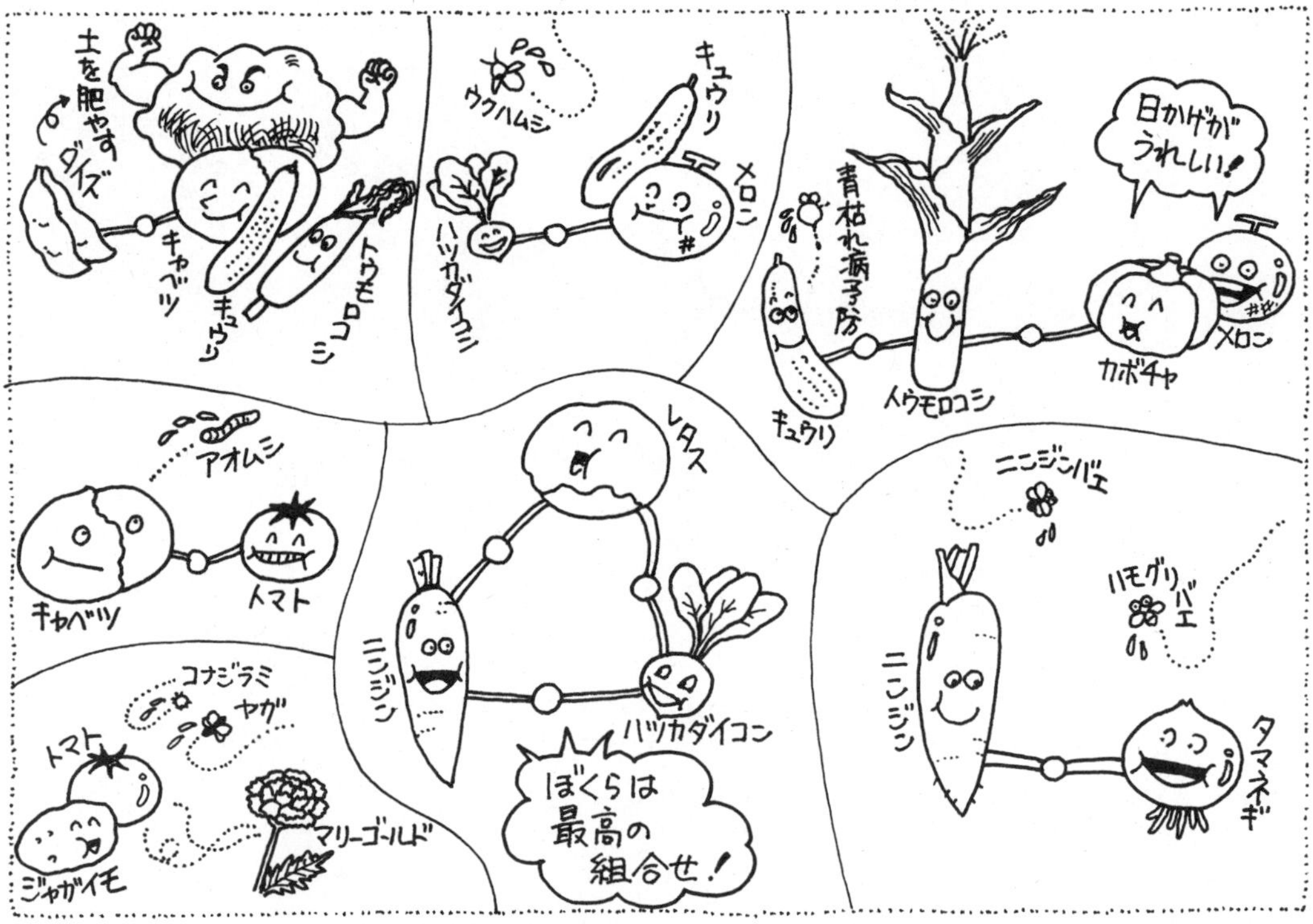

うことです。

ねぎ類　玉ねぎ、リーキ、にんにく、チャイブ（あさつき）などのねぎ類は、他の野菜につくいろいろな害虫を撃退するので、畑のあちこちに少しずつ植えるとよいといわれます。ただし、ねぎ類は豆類の生育を妨げるので、豆のそばには植えないこと。

　玉ねぎとにんじんを組み合わせると、にんじんは玉ねぎのハモグリバエを防ぎ、玉ねぎはニンジンバエを防ぎます。

レタス―にんじん―廿日大根　レタス、にんじん、廿日大根の三つは大変よい組み合わせの代表です。互いによく育ち、夏でもみずみずしい廿日大根ができるといわれます。廿日大根はこのほかインゲン、えんどう、ほうれん草とも仲良しです。

キャベツ―トマト　トマトはモンシロチョウが嫌うのでキャベツのそばに植えるとアオムシの被害を少なくします。セージ、ローズマリー、タイム、ペパーミントなどのハーブもモンシロチョウが嫌うといわれます。

マリーゴールド　マリーゴールドがセンチュウの駆除に役立つことはよく知られていますが、コナジラミやヤガなど地上の害虫を防ぐ効果もあります。ですからマリーゴールドはどの野菜にも有益ですが、とくにトマト、じゃがいも、豆類には強力な味方です。

　ドイツの園芸研究家ガートルード・フランクさんの「コンパニオン・プランティング」の本から、いくつかご紹介しましょう。

　この本のモデル菜園では、早春に畑全体に五〇cm間隔でほうれん草の種を一列にまきます。これが区画の目印になり、同時にゆっくり広がってくるほうれん草の根が土を安定させ洗い流されるのを防ぎます。こうして下準備した畑に、メインとなる作物の種をほうれん草の間にまくのです。伸びてきたほうれん草は土が乾くのを防ぎ、風よけにもなり、またある種の害虫を防いでやがて芽生える主作物を守ります。生長したほうれん草で食べ残したものは、刈り取ってそのままマルチとして土の上に置いておきます。

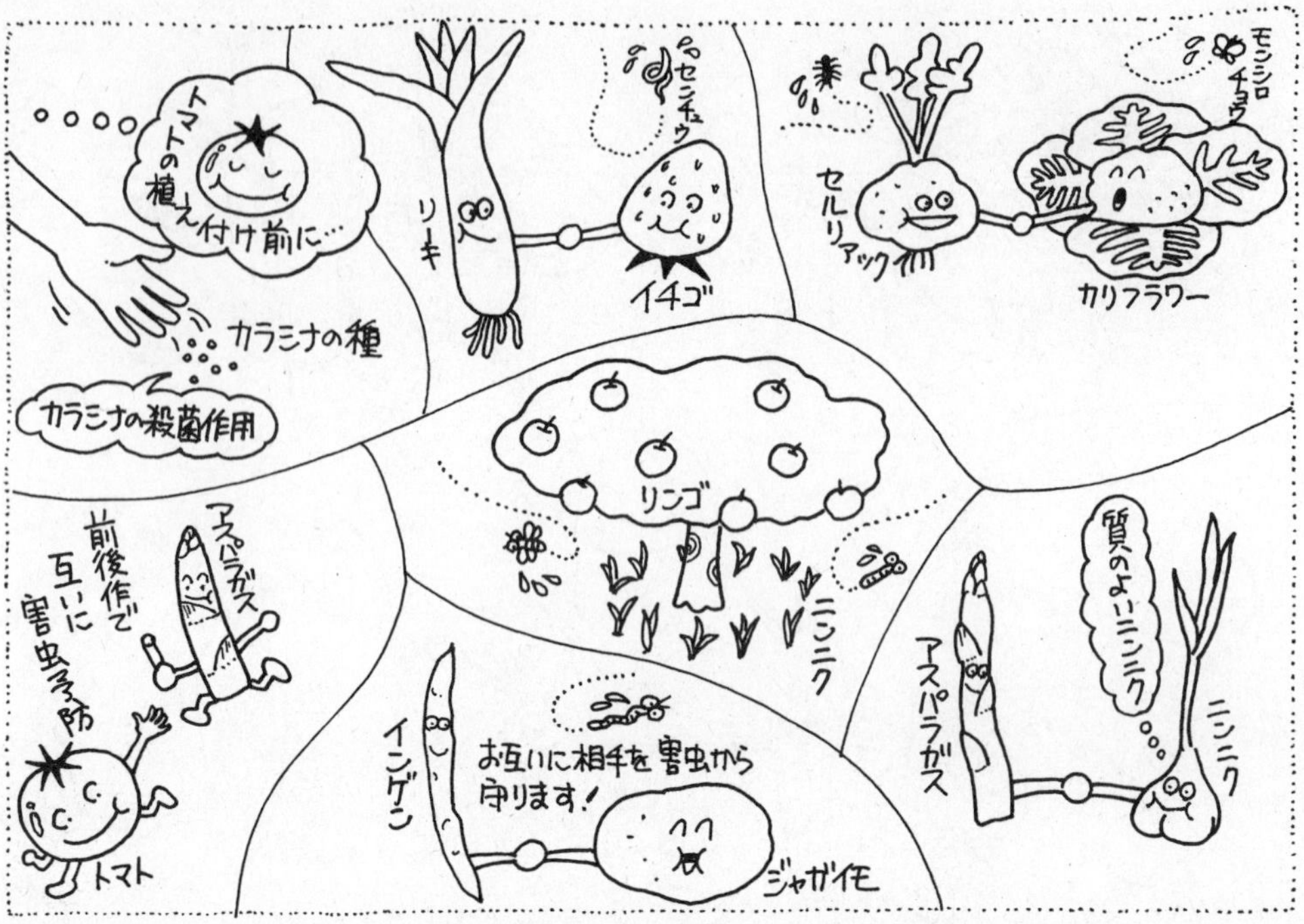

主作物も相性のよいものどうしを組み合わせて育てます。

イチゴーリーキ　同じ列に交互に植えます。リーキ（他のねぎ類でもよい）がセンチュウの害を少なくしてくれます。

カリフラワーーセルリアック　カリフラワーはセルリアックのさび病を防ぎ、セルリアックはモンシロチョウを遠ざけます。他のキャベツ類とセロリの組み合わせでも同じような効果があります。

トマトーからし菜　トマトを植え付ける前にからし菜の種をまいて下草として株元に生やしておきます。からし菜の油には殺菌作用があるのでトマトの病気を防ぎます。またからし菜にはカタツムリや他の害虫を遠ざける効果もあるようです。

この他のよい組み合わせとして、レタスとラディッシュ、レタスときゅうり、えんどうとセロリ、じゃがいもと晩生種のキャベツ類、じゃがいもとそら豆などをあげています。

オーストラリアでも有機農法への関心が高く、農場でも共栄作物の利用がさかんです。有機農業会議のツアーで見学した畑での例をいくつかご紹介しましょう。

アスパラガスーにんにく　不耕起の自然農法を実践している農場でアスパラガスとにんにくを交互の列に植えていました。非常に質のよいにんにくがとれて需要が多いとのことでした。

りんごーにんにく　果樹園ではりんごの木の根元を囲んでにんにくを植えていました。にんにくはキクイムシ、スカシバなど樹皮の下にもぐりこむ虫や、アブラムシ、マメコガネ、コドリンガなど多くの害虫を遠ざけます。

いんげんーじゃがいも　市民農園でもよくみかけた組み合わせです。お互いに相手を害虫から守ります。

トマトーアスパラガス　アスパラガスの収穫が終わってから隣りにトマトを植え付けます。トマトはアスパラガス・ビートルを防ぎ、アスパラガスは土の中の害虫を抑えてトマトを守ります。パセリかバジルもいっしょに植えると、トマトとアスパラガス両方によい影響を与えます。

一九九〇年五月号　世界のお百姓さんにコンパニオン・プランツ（共栄作物）の知恵を借りちゃえ

虫よけ、病気よけハーブ一覧

アサガオ	トウモロコシ、メロン、つるいんげんと相性がよい。
アスター	多くの害虫を防ぐ。
アニス	アブラムシを防ぎ、蜂を招く。
カモミール	キャベツ、玉ねぎの生育を助け、風味をよくする。花を水に浸して１日置いた液は、スプレーとして病気に有効。
キャットニップ	畑の縁どりによい。蜂を招き、ノミハムシを防ぐ。
キャラウェイ	土を軟らかくするので、畑のあちこちに植えるとよい。
キンセンカ	多くの作物に有益。とくにトマトと相性がよい。ヤガ、アスパラガスクビナガハムシ、その他の虫を防ぐ。
キンレンカ	アブラムシを誘引し、オンシツコナジラミ、ヘリカメムシなどを防ぐ。キャベツ、きゅうり、トマト、ラディッシュ、果樹と相性がよい。
グラジオラス	いんげん、えんどうなどの豆類に強い有害作用がある。
コスモス	多くの虫を防ぐので、畑の縁どりによい。
コリアンダー	蜂を招き、多くの虫を防ぐ。
セイボリーサマー	豆類と玉ねぎの生育を助け、風味をよくする。
除虫菊	多くの害虫を駆除する。いちごと相性がよい。
セージ	モンシロチョウ、ニンジンバエを防く。キャベツの風味をよくする。きゅうりの生育は妨げられる。
ゼラニウム	マメコガネが引き寄せられ、葉を食べて死ぬといわれる。キャベツ、バラ、ブドウ、ダイズ、トウモロコシに有益である。ヨコバイを防除する。
ソバ	コメツキムシ類の幼虫を駆除する。カルシウムを集積するため、やせた土を肥沃にする。
タイム	蜂を招き、モンシロチョウを防ぐ。多くの作物によいが、とくにキャベツには有益である。古代より薬草として使われた。
タンジー	マメコガネ、ウリハムシ、アリなどを防ぐので、バラ、ラズベリー、果樹に有益である。
チャイブ	アブラムシを防ぐ。にんじんの生育を助け、風味をよくする。リンゴの根元に植えると、黒星病を防ぐ。バラにはよい。
チャービル	ラディッシュの生育を助ける。
ディル	キャベツの生育を助ける。にんじんとは相性が悪い。
にんにく	バラ、ラズベリー、トマト、果樹に有益である。果樹の根元を囲んで植えると、キクイムシ、スカシバなどの樹皮の下にもぐりこむ虫を防ぐ。にんにくのスプレー液は、アブラムシその他の多くの害虫と病気に有効である。
バジル	トマトの生育を助け、風味をよくする。蚊やハエを追い払う。トマト料理、スパゲッティ料理によく使われる。
ヒソップ	ブドウのそばに植えると、収量が多くなる。モンシロチョウ、マメコガネのわな植物。蜂を招く。
百日草	トマトにつくヤガやウリハムシを防ぐ。マメコガネのわな植物。
ペチュニア	ヨコバイ、アブラムシ、豆類の害虫を防ぐ。
ホースラディッシュ(西洋わさび)	バレイショ畑の隅に植えると、バレイショを丈夫にし、病気に対する抵抗力をつける。
ボリジ	蜜蜂が好むので、果樹園に植えるとよい。いちごの生育を助け、風味をよくする。トマトにつくヤガを防ぐ。
マージョラム	蜂を招き、多くの害虫を防ぐ。古くから薬草として、また、香辛料として利用されている。
マリーゴールド	土め中の線虫駆除に効果が高いことがよく知られている。強い匂いが、オンシツコナジラミその他多くの害虫を防ぐ。トマトの生育を助け、豆類、バレイショ、バラにも有益である。
ミント(ハッカ)	ペパーミント、スペアミントなど数種類あるが、いずれもさわやかな香りで、飲み物、サラダ、化粧水などに利用される。モンシロチョウが嫌うので、キャベツの間に植えるとよい。ハエやネズミもミントを嫌う。トマトやキャベツの生育を助け、風味を増す。蜂を招く。
ルー	バラ、ラズベリーをマメコガネから守る。ハエを追い払う。
レモンバーム	レモンのような香りの葉を健康茶として利用する。蜜蜂が好む植物。トマトの生育と風味をよくする
ローズマリー	モンシロチョウ、にんじんバエ、ヨトウガを防ぐ。キャベツ、にんじん、豆類に有益。
ワームウッド	モンシロチョウ、ニンジンバエ、ノミトビムシ、アブラムシなど、多ぐの虫や蝶を追い払う。畑の周囲に植えると、動物が侵入しない。ただし、近くの植物の生長を抑制する作用が強いので、畑の中には植えないほうがよい。煎じた液を地面にまくと、ナメクジを防ぐ。

芽キャベツは作付けが遅すぎて失敗してしまったが、その下からフダンソウやからし菜が生えてきている。手前の空いた空間は、今日収穫した水菜のあと

混播されたほうれん草、小松菜、レタス。寒さに強い順に生えてくる

混播、混植で無農薬

伊勢村文英さん　広島県神石高原町

文・写真　赤松富仁

広島県神石高原町で三十年近く無農薬無化学肥料栽培で野菜づくりをしている伊勢村さんの畑におじゃましました。

小雪の舞う二月下旬の訪問でしたが、三つのハウスの中は春近しという雰囲気。緑が「雑然」とあふれているという感じでした。たとえば、芽キャベツの株の下にはフダンソウやからし菜の若葉が出ています。ねぎの間にもフダンソウやからし菜のこぼれ種が芽吹いています。空いたうねに雑草が生えているのかと思ったら、ほうれん草、小松菜、レタスを混播したうねなのです。

混植の威力がより発揮されるのは厳寒期なのだそうです。厳寒期には野菜がほとんどなく、いろんな種類の野菜が求められます。また、限られた面積でいかに効率よく収穫するかとなると密植が考えられ、これはもう混植しかないと。しか

混播したうね。冬場は三種類くらいの野菜を混播する。将来中心にすえる作物を多くまく

混播したうねから野菜をベビーリーフとして収穫しながら、将来はこのような一つの作物のうねにしていく

伊勢村さんの混播・混植されたハウス。畑を立体的に使うことを常に考え、いかに効率よく限られた空間を使っていくかが腕の見せどころ

も冬場は超密植でも病害虫の心配がありません。

最近は、数種類の若い菜っぱばかりを詰めたベビーリーフという食材が流行り、とても重宝しているといいます。このベビーリーフにもってこいなのも混播・混植なのです。

伊勢村さんの冬場のやり方はこうです。野菜は三種類くらいまきます。まず種まきの前に、将来何の作物のうねにするかを決めます。そのうえでうねの空間ハウスに冷気が入るのを防ぐため麦がまかれている。真ん中で芽を出しているのはビタミン菜、小松菜。このあとににんじんが出てくる予定。覆土は落ち葉堆肥の細粒を使っている

ベビーリーフ。ふつうは葉だけを摘むが、伊勢村さんは株ごと間引いて根を切って出荷

真冬のにんじん畑。発芽をよくするために夏の播種時には、小松菜をいっしょにまいた

を立体的にイメージし、混播・混植する作物を決めます。そして、中心にすえる作物と、早く発芽する作物を基本的に多くまくようにします。

また、寒さに強く発芽しやすいものと発芽しにくいものをいっしょにまくと、先に発芽する寒さに強い作物が守ってくれるので、寒さに弱い作物でも容易に発芽してくれるそうです。

混植は夏場でも効果を発揮します。ただし、夏場は病気が出やすいので、主役と脇役の関係をはっきりさせます。野菜は二種類くらいまきます。白菜をとりたいときは、まずうねに白菜と春菊をいっしょにまきます。においのきつい春菊が白菜を害虫から守ってくれます。白菜が大きくなってきたら、春菊や小松菜などをまいておいた別なうねに白菜の苗を移植し、両方のうねで白菜をとります。ここでも虫たちは白菜より柔らかい小松菜のほうに誘われます。

夏場の玉ねぎも、混植の良さが生かされます。根ものはある程度草を抑えないと玉が育ってくれません。そこでまず、春に播種機にほうれん草の種一割と増量剤を九割入れてすじまきします。そして、距離が空いて生えたほうれん草の間に玉ねぎの苗を植えます。こうするとほうれん草のおかげで、ある程度

伊勢村さんの野菜の荷姿。白菜をかたどったシールが目印

ハウス内にはところどころに麦の株が。農薬を使わない伊勢村さんにとって、この麦は農薬代わりになる。べと病予防、アブラムシ対策、土壌改良対策と役割は大きい

草を抑えられます。ほうれん草は三月いっぱいぐらいで収穫終了。玉ねぎは七月の初めに収穫となります。

単品で種まきされるのは麦ぐらいのようです。麦は花として出荷もしますが、冬場はハウスの内周りにまいて冷気の侵入を防ぎます。さらに、わざとうねのあちこちに株を残しておきます。麦があることでアブラムシ対策、ベト病予防、土壌改良の効果があるといいます。

伊勢村さんが無農薬栽培を始めた頃、どうしてもにんじんがうまく発芽してくれませんでした。古老に聞くと、キビ、アワなどと混植することだというのです。やってみると、見事にキビ、アワの陰でにんじんが発芽生育してくれたのです。それ以来、さまざまな混播・混植の方法を試してきたのです。

出荷する野菜には、白菜をかたどったシールが貼られています。白菜の無農薬栽培ができるようになれば有機農業で一人前になった、ということだそうです。

二〇〇四年五月号　単品は危険が大きいから、混播

混播、混植、米ぬか活用で健康野菜

薄上秀男　福島県いわき市

本格的に自給野菜をつくろうと思ったのは、いまから二十数年前にさかのぼる。農薬が原因でハウス病にかかり、医者からは「駄目ですね」といわれたのだが、その回復を図るため無農薬有機栽培の野菜が欲しかったからだ。

「野草」が畑の土をよみがえらせてくれた

こうして健康を回復させるために、私の無農薬有機栽培の野菜づくりが始まった。

発酵肥料を施し、作付けをしたのだが、一作目はもののみごとに全滅。原因は借用地が連作障害を起こしており、何度かまき直したが作付けした野菜は病害虫にやられ消えていった。

そんなときにおもしろい現象が観察された。いままで全然なかった雑草が一斉に発芽を始めた。五㎜前後の針状に伸びた草の芽が朝日に輝き、緑の絨毯を敷きつめたようにびっしりと生えている。あまりのみごとさにしばらくは見とれていた。

しばらくの間、野菜の追い播きをやめ、この雑草をそのまま育てることにした。七月上旬頃、雑草は病気にも虫にも負けず人の背丈ほどに伸びたので刈り倒し、そのままマルチの状態で放置した。

お盆が過ぎ、秋野菜を播種しようと草を取り除いて驚いた。岩石のように硬かった土が深さ一五㎝前後までふわふわの肥沃土に変身していた。それからは雑草が生えても作物の生育を邪魔しない限りは育てて、マルチの材料にした。同時に「雑草」という呼び名を改め、「野草」と呼ぶこととした。

田畑でも自然界の畦畔でも、野草はただの一種類だけで生育しているところはまずない。必ず何種類かが混生している。それがお互いに生育を助長したり、病害虫から身を守り合ったり、自然災害を防いだりと、よい関係を保っている。その生理生態にならって私も果樹や草花、野菜、普通作物との混植（混播）を行なっている。その一部を紹介る。

耕うん機、トラクターは使わない

私の畑は、昔は河原であったらしく石が多く、機械では耕うんできない。浅いところは耕土四〜五㎝で、覆土にも事欠くことがある。そのためすべて鍬とスコップの手作業である。この頭と手足、体を使って楽しくやる手作業が私の病気回復対策には極めて効果的だった。

うね幅は一二〇㎝以上の広幅としている。このようにして土を寄せ集めないと最初の植付けができないところだ。だから昔から全面耕うんは一度もしたことがない。現代風にいえば、いわゆる不耕起小力栽培である。

健康上重視している野菜で春に作付けるのは、ねぎ類ではニラ、そして豆類としては枝豆、いんげんだ。そのほか、私の場合、腎臓に問題があったので、カリ分の補給もかねてじゃがいもも必ず作付けている。

溝施用と全面散布で発酵肥料を上手に使う

三月に入ると図のように前作のうね間の溝を利用して発酵肥料をたっぷり施す（一〇a二〇〇〜四〇〇kg）。そしてうねごとに中心となる作物を作付ける。

まず最初に、ニラの古株をバラして元気のいいものを集めて植え直しする。一〇本程度ずつ株間一五cmに二条千鳥の巣植え（一か所に複数本をまとめて植える）とする。ねぎ類はすべて巣植え（巣播き）法だ。この方法は寄せ植えのように一か所にまとめて植える（播く）方法で、定植（播種）も収穫も楽で早く、霜柱による浮き上がりもなく、風による損傷も少ない。第一、除草が楽だ。

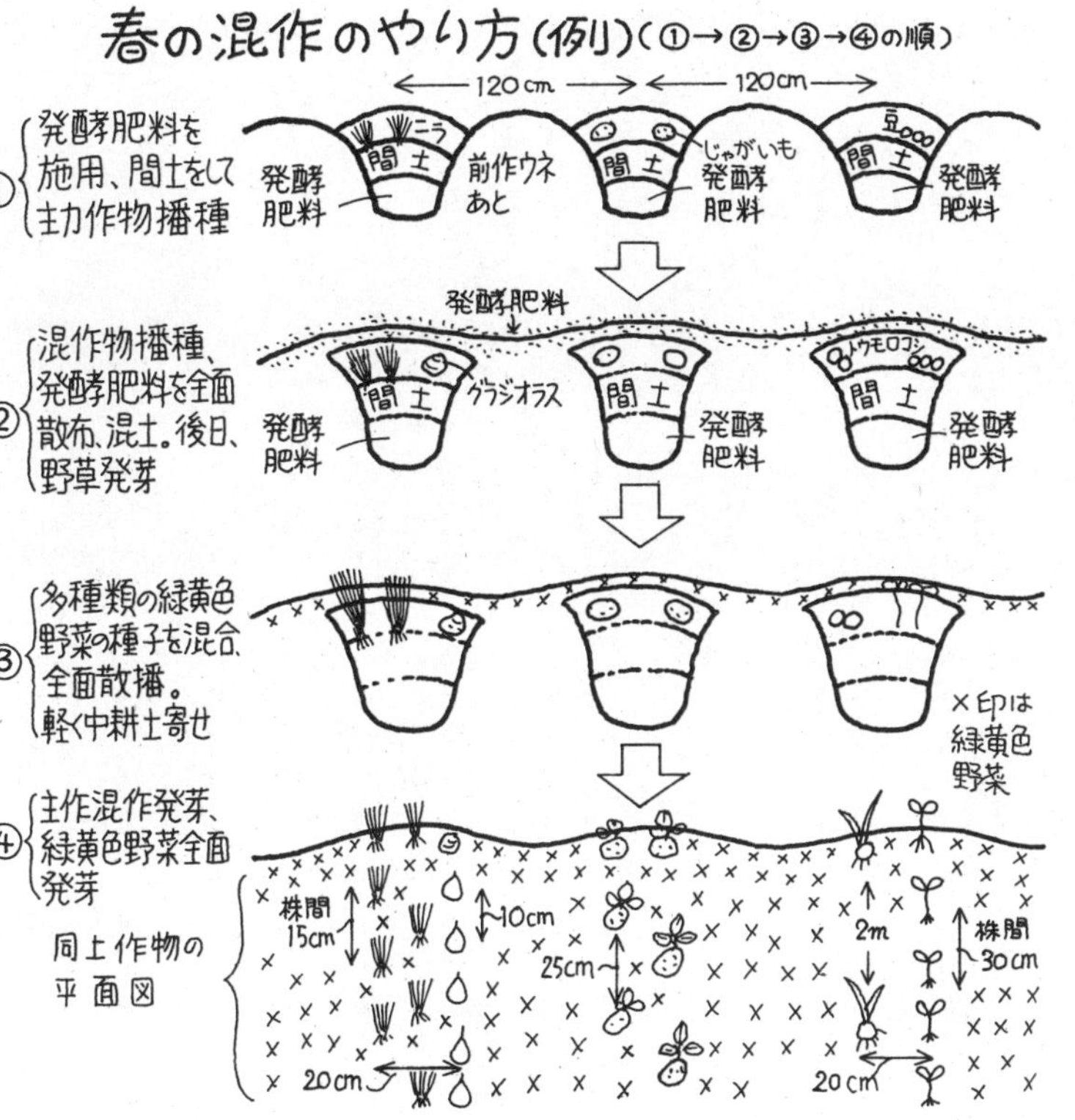

中旬になるとじゃがいもを播種する。株間二五cmの二条千鳥植えとする。

三月下旬には手なしいんげんと早生枝豆を株間三〇cmで、一か所二〜三粒播きとする。

ここで一般の栽培と若干異なる点をいえば、各作物とも覆土や定植をする前に再び発酵肥料を全面に散布し、その土を混合しながら寄せ集め覆土とする。こうすることによって、うね間に落ちている野草の種子が一斉に休眠から破れ発芽をしてくる。

この野草に混じってトマト、きゅうり、かぼちゃなど前年度にこぼれ落ちた果菜類の種子が芽を出してくるので、形質のよいものを選び、できるだけ残すようにしている。

緑黄色野菜を切らさない空き地への全面混播方式

四月上旬、ニラや手なしいんげんが発芽を始めるが、このときニラの脇一五〜二〇cmのところにグラジオラス、いんげんの脇にトウモロコシを植える（グラジオラスは花がきれいになり、ニラは夏でも軟らかくおいしくなる）。いずれも条間は二〇cm程度と超密植だ。株間はグラジオラスは一〇cmおきに、トウモロコシは二mおきに播種する。いわゆる混植（播）のはじまりだ。

その後、野草が二〜三cmに伸びた頃を見計らいニラ、じゃがいも、豆類のうね間全面に、ほうれん草をはじめ春菊、かぶ、レタス、大根、菜花、にんじん等々、十数種類もの緑黄色野菜（軟弱野菜）の種子を混合、全面散播し軽く中耕土寄せをする。

このようにすることにより、野草は除去され、同時にニラ（グラジオラス）、じゃがいも、豆類（トウモロコシ）の中耕除草・土寄せは完了。あわせて全面に播種された緑黄色野菜の覆土も完了する。七～一〇日ほど経過すれば、これらの野菜は一斉に発芽してくる。

私の野菜づくりは播種（定植）が終われば、一部の野菜を除き、栽培管理はほぼ完了である。後は収穫のみで極めて小力的である。

ほうれん、春菊、かぶ、レタス、大根、菜花、にんじん等を混播する
（撮影　倉持正実）

このうね間などの空き地利用緑黄色野菜の全面混播方式は、その後に行なわれるトマト、きゅうり、ナスなどの定植が終わった時点でも、また、秋野菜の作付けが終わった時点でも行なう。これによって年間、緑黄色野菜は切れることがない。

全面混播にはこんなにメリットが多い

さらに、次のような効果がある。

①これをやると、その後の野草の発生が少なくなるばかりでなく、前に生育していた野草の分解酵素により土は軟らかくなり、散播された野菜の発芽、発育がよくなる。

②発芽した野菜は害虫を育てる。これは無農薬栽培の重要なポイントである。害虫が増えるということは、益虫のえさをつくることになる。クモや昆虫、小動物が集まってくるようになれば自然と害虫の姿は見えなくなる。

③緑黄色野菜の発芽当時密播のところを、根ごと抜き取ってくればもやしであり、密生しているところを包丁で切り取ってくれば貝割れ菜であり、もう少し大きくなれば野菜サラダ、本葉一〇枚程度であれば間引き菜として利用できる。最後に生育のよいところだけを残しておけば、立派な緑黄色野菜となる。

④この栽培は土壌全面を被覆するためマルチと同じ効果があり、土壌の急激な乾燥を防ぎ、微生物の活動を活発化し、降雨による土壌のはね返りや侵食を防止、春の作付けの主体であるニラ、じゃがいも、豆類の生育を促進する。そればかりでなく緑黄色野菜自体もお互いよくなる。

⑤はじめた当初は病害虫で困ったときもあったが、四年目からは何も問題はない。その後、無農薬・無化学肥料で二十数年を経過、現在のところすべての作物の生育は順調である。

このほか、一年間の各作物別栽培方法、混作事例は数多くあるが、今回は省略する。

微生物を生かし続ける年四回の米ぬか散布

無農薬有機栽培の中で各作物に共通して大切なことは、微生物にもえさが必要であるということである。

発酵肥料の中にすんでいる微生物は、最初は発酵肥料そのものを食べて活動している。しかしこの発酵肥料は作物も吸収するので、

全面に米ぬかをまく。写真は6月中旬（撮影　赤松富仁）

いつかは不足するようになる。

作物の一生は一年と長いが、微生物の一生は三〇分～一時間と短い。もし食べものがなくなって一時間も経過すれば、作物は腹が減った程度ですんでも、微生物にとっては一生食べられないことになるので死滅してしまう。

これを防ぐために、作物は吸収できないで微生物のみが利用できる専用飼料「米ぬか」を途中で施して、微生物の活力低下を防ぎ、サイクル寿命を延ばしてやることが大切である。私は年に四回（春夏秋冬）、生の米ぬかを一〇a当たり三〇～一〇〇kg程度を地表面に散布しておく。

有機農業への橋渡し米ぬか使った「有機化農業」

有機農業がよいことは知っているが、発酵肥料づくりは面倒だという方に奨めている方法に、「有機化農業」がある。これは水田も、畑も同じで、極めて簡単な方法なので、ぜひ実行してみていただきたい。

作物の栽培は従来どおり化学肥料で行ない、春夏秋冬の年四回、生の米ぬかを地表面に散布するだけである（野菜があれば頭からかけてもよい。病気や虫がつかなくなる傾向がある）。ただそれだけで先祖様が残してくれた自然の微生物が目を覚まし、活動を始める。

春は木の芽が動く頃にやると糸状菌（カビの仲間）が活動をはじめ、作物に施した化学肥料の一部を食べて有機化をはかってくれる。

夏は梅雨入り頃に施す。水田は水口より流し込めば米ぬかは自然と拡散してゆく。この時期は乳酸菌が繁殖して、化学肥料を食べて有機化をしてくれる。ちょうどこの頃は気温が急激に変化上昇してくるので、乳酸菌の後には光合成細菌が増殖し、地表一面に青々と繁殖し、土壌の肥沃化をはかってくれる。さらにその後には納豆菌が繁殖し、化学肥料のみでなく稲わらなども分解して有機化をはかってくれる。

秋はお盆明け後、この頃は乳酸菌と酵母菌が主力で有機化をはかってくれる。

冬は山の木々が落葉する前、再び糸状菌が活動の主力になり、有機化を進めてくれる。

初年度は三〇kg程度と少なめに。年数を経過して菌の密度が高まってきたならば米ぬかの量を増し、化学肥料を控えめに施してゆく。

この有機化栽培で作物の生育が健全になり、収量・品質も高まってくれば自然と有機栽培にも関心が高まってくる。

一九九八年五月号　畑全面で混播・混植、米ぬか活用で健康野菜を毎日とる

天敵が増える畑のデザイン

欧米の事例から

根本　久　埼玉県園芸試験場

キャベツ畑の周りに白クローバを植えると、害虫の被害が減ることが知られている。このように、天敵のすみかとなるのを期待できる植生を、バンカークロップと呼んでいる。天敵のすみかをつくってやることは、日本では一般的ではないが、熱帯諸国やオランダではよく行なわれている。たとえば、オランダ・ネーゲルの実験農場では、七二haの圃場の周囲に額縁状に、天敵のための植生帯が設置されている。この植生帯は天敵に花粉や蜜、餌昆虫、すみか等を提供している。そこにはマメ科のクローバ、キク科、イネ科などが播種（混播）されている。

オランダ
ネーゲル実験農場の額縁植生

ここでは、図1のように、圃場の周囲を額縁状に天敵のための植生で囲み、圃場の中を小区画に区切り、毎年作物をずらすように輪作体系を組んでいる。その他、抵抗性の品種、クローバの間作等のシステムを取り入れて、無農薬と無化学肥料栽培を実現している。化学肥料を使った場合と比較して、収量は若干減るようであるが、高い価格で販売できるため経営的には問題がないとのことであった。この場合、クローバは窒素固定の役割を担っている。

オランダでは、このようなやり方で、無農薬・無化学肥料の栽培形態をとっている農家が数%もあるという。日本国内でも、有機農法を実践されている方の話を聞くと、病害虫に強い品種を集められていたりするが、無農薬・無化学肥料栽培を実践するためには、抵抗性の品種と輪作は、天敵のすむ植生と併せて重要なことだと思われる。

図1　オランダ・ネーゲル実験農場生態学的耕作区（72ha）の見取図

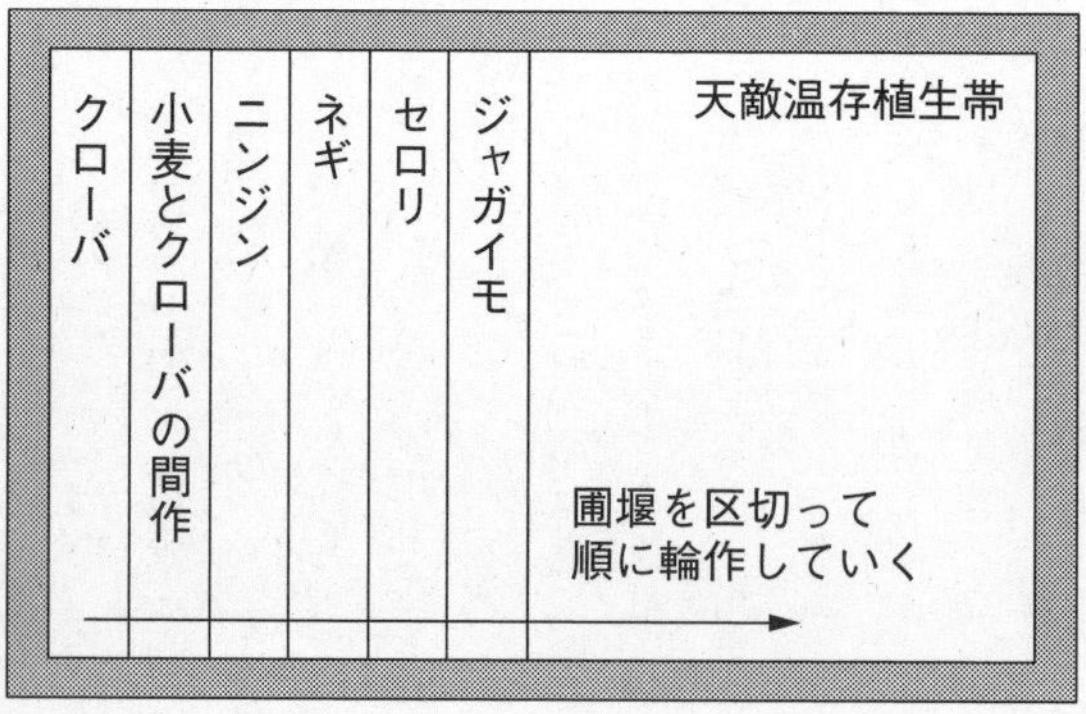

アメリカ
カリフォルニアではワタにアルファルファを間作

ワタの害虫であるカスミカメムシの防除に、図2のようにアルファルファを間作する。カスミカメムシはワタよりもアルファルファに誘引されるばかりでなく、アルファルファはカメムシの天敵のすみかでもある。この場合はアルファルファが一種のおとり作物になっている。

このような例として、キャベツに隣接してカラシを栽培し、コナガの被害を軽減することが東南アジアの一部で行なわれている。

オランダ、イギリス キャベツやネギと白クローバを間作

キャベツ定植の三～四週間前にクローバをうね間に播種しておき、その後キャベツを定植する。このことにより、コナガ、ヨトウムシ、タネバエなどがキャベツを見つけにくくなり、産卵が抑制される。さらに、ゴミムシやハネカクシといった捕食者が増え、害虫の密度が下がるという。

この方法の欠点としては、クローバとキャベツの競争がおきて、収穫キャベツの重量が、キャベツ単作の場合と比較して減ることがあげられる。しかし、農薬無散布でも、クローバとの混作によって出荷できるキャベツ個数の割合が単作よりも多いので、単位面積当たりの収入はキャベツ単作よりも多くなる。

混作（播種時に複数の種子を混ぜて播く）、間作（うね間に他の作物を入れる）、額縁植生（畑の周囲に植生帯を設ける）を取り入れる場合に問題となることがいくつかある。

一つは除草の問題である。額縁植生の場合はうね間に機械を入れられるので、除草剤を使わずに機械主体で除草を行なえる。だが間作や混植の場合は、作物との競争の面で選べる植物の種類に制限がある。さらに、間作では間作する植物をいつ播くのかなどの手法が確立されている必要がある。

また、どのような植生を組み合わせたらよいかは、作物ごとに異なる。

図２　ワタとアルファルファの間作によるカスミカメムシの防除（Stem,1981を改変）

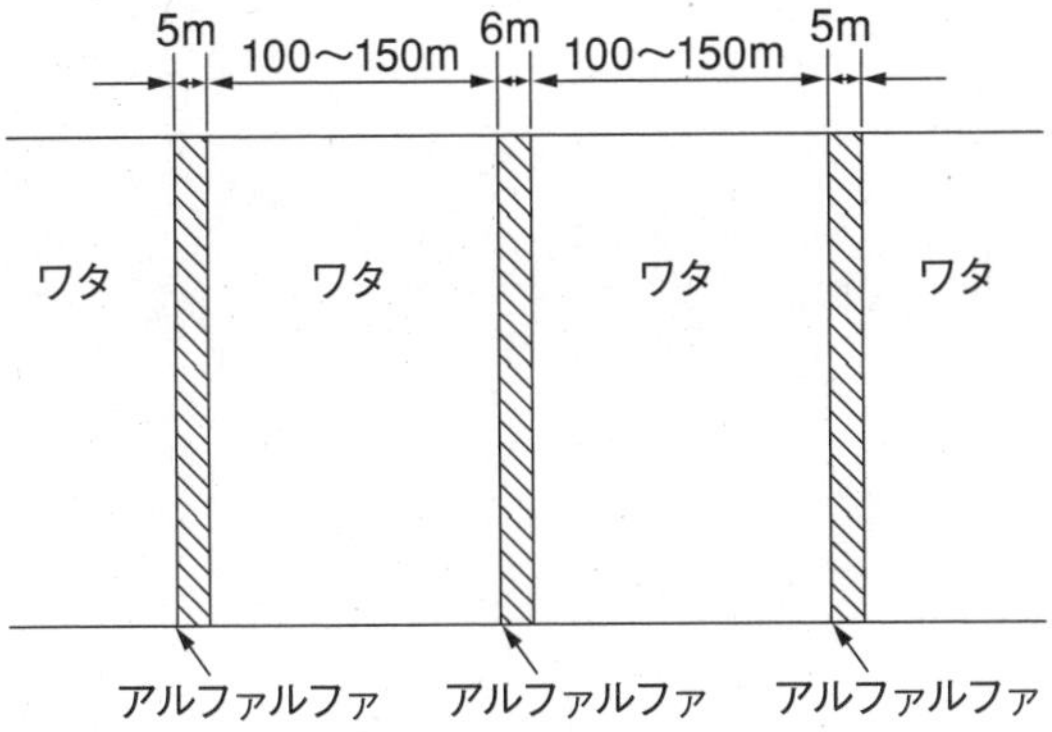

図３　キャベツとクローバの混植とゴミムシ個体数の変化（Theunissenら，1995を改編）

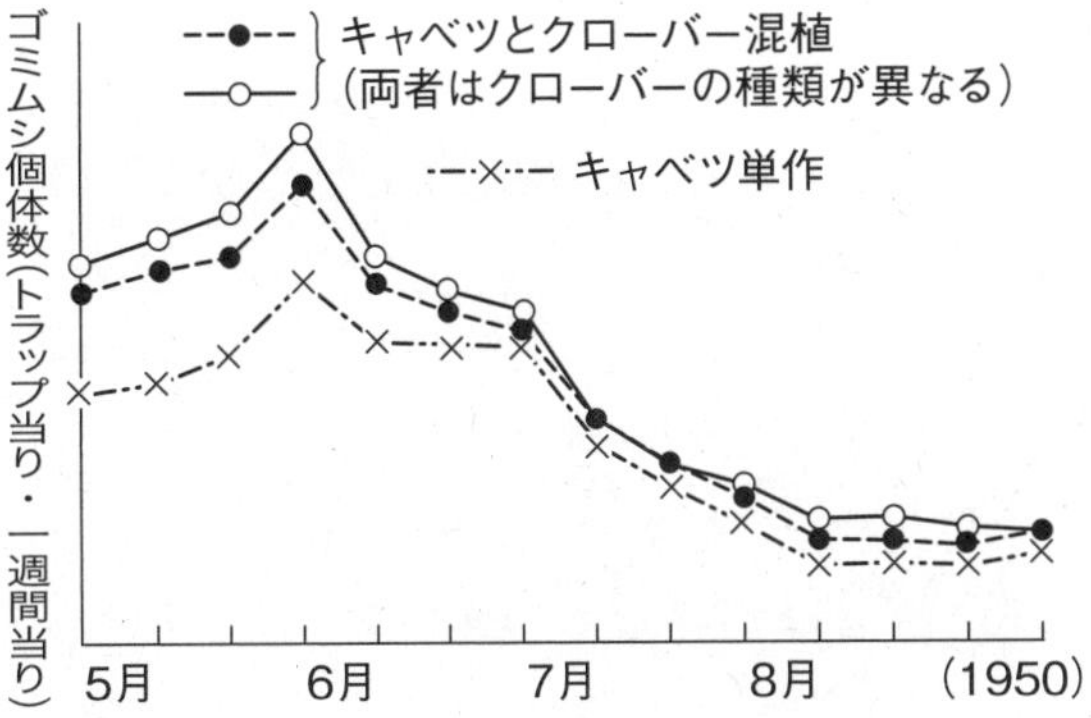

表１　オランダのクローバ間作キャベツにおける収量及び総収入（Theunissenら、1995を改編）

処理（全部無農薬）	販売個数の割合（%）		平均重量（kg）		収入（円／10a）＊	
	1990年	1991年	1990年	1991年	1990年	1991年
単作	52	29	1.98	1.97	63,434	32,501
クローバ（R）＊＊	77	72	1.55	1.68	74,340	66,983
クローバ（S）＊＊	84	70	1.45	1.71	74,592	65,142

＊1D. $f\ell$ =70円として計算、＊＊クローバ品種

たとえば、アメリカでワタの間作植物になっているアルファルファをキャベツと組み合わせた場合、アルファルファの花がモンシロチョウ成虫の吸蜜源となってしまったことがある。モンシロチョウ成虫がアルファルファに惹かれてやってきて、キャベツ周辺に産卵するため、モンシロチョウ幼虫の被害が増えてしまったという苦い経験だ。

また、ナスの額縁植物としてヒマワリはむかない。ミナミキイロアザミウマが両者の共通の害虫で、かえって増えてしまう恐れがあるからだ。

ナスでは、早生種のトウモロコシやクローバのほうが相性がよさそうである。キャベツ周辺に白クローバを額縁植生として配置すると、ゴミムシやテントウムシが増え、コナガを捕食するゴミムシの光景も見られる。いずれにしても、その利点を生かし欠点が顕在化しないような工夫が必要と思われる。

だが、そうした植生を配置する場合、天敵への影響が大きい合成ピレスロイド剤や有機リン剤を害虫の防除に使うと、必ずしもよい結果が得られない場合もあるので注意が必要だ。

一九九八年六月号　天敵は、どんな畑が好きだろう？

うねごとに様々な種類の野菜を植える。左端は「ホストクロップ（宿主作物）」で、天敵が定着できる場所をつくっている。

アメリカ最大の経営規模をほこる有機農場、アースバウンドファーム（ナチュラルセレクションフーズ、カリフォルニア）。右は農場長のマークマリノさん。（撮影　本田進一郎、他も）

ホストクロップ。クローバー、ポピー、ミズナ、パクチョイ、ノコギリソウ、ソバ、アルファルファ、ラディッシュ、ニンジン、ディル、ベッチ、ベビーズブレス、バチュラーボタン、ナズナ、ラベンダーなど20種ほどを混播する。

野菜畑と果樹園の境界に植えてあった、ラベンダーのホストクロップ。

あっちの話こっちの話

コーヒーかすでネコブを撃退、ヨトウムシはねぎで退却

百合田敬依子

おいしいコーヒーを楽しんだ後のコーヒーかす、実はあれが畑のやっかいもの、ネコブセンチュウに効くんだそうです。福岡県朝倉町のねぎ農家梅尾昌昭さんに、「無農薬でも野菜はできる」と、この話をうかがいました。

梅尾さんは、追肥で二〇kgの堆肥をまくなかに五kgのコーヒーかすを混ぜたところ、ねぎ畑のネコブの害がピタリととまったといいます。以前読んだ農業の本からヒントを得て試したということの方法。効果はバッチリだったそうです。ただ問題なのは、コーヒーかすの確保です。梅尾さんの場合、友人からゆずってもらったそうですが、知り合いの喫茶店とでも契約しておくのが一つの手かなと思います。

また梅尾さんは、ねぎを栽培するハウスのなかに、うね一列分だけ大根やにんじん、ほうれん草をつくっています。ねぎの根で野菜をくるむような方法ではないのですが、ねぎの威力でしょうか、ヨトウムシは決して寄りつかないし、大根などの生育もいい。きれいな野菜に育つそうです（ただレタスとは相性が悪く、これはやめたほうがいいとのこと）。日持ち、味など市場でも評判の無農薬野菜をつくる梅尾さん、さすがにいろいろ工夫をしていますね。

一九九〇年四月号　あっちの話こっちの話

硬くなったねぎを軟らかくする方法 混植したねぎもおいしく食べられる

佐伯昌彦

メロン農家の間で、最近とても増えてきたねぎ混植。メロンとねぎを一緒に植えることで、つる割れ病や害虫を予防できると試される方が増えてきました。

しかし問題なのは、メロン収穫後の太くて硬く育ってしまったねぎの後始末。「捨てるのももったいない、食べるのにはとても硬くて」とお困りの方へ、ちょっとひと工夫のお知らせです。

北海道伊達市のAさんは、メロン畑から抜いてきたねぎを、家の近くに深めに埋め直しています。このまま一か月放っておくだけで、土に埋めた部分は白く軟らかくなり、とてもおいしいねぎになるそうです。

ねぎ混植で作物は健康、そのねぎをおいしく食べたら一石二鳥。ぜひお試しあれ！

一九九一年一月号　あっちの話こっちの話

作物の相性いかして混作・輪作

小寺孝治　東京都農業試験場

混作とは、同じ畑に二種以上の作物を同時に栽培する方式です。たとえば、昔から中国では綿とごま、えんどうとアワ等が混作されていましたし、世界的にはイネ科とマメ科の牧草を混播する方式があります。

混作は、相性のよい種類を組み合わせることによって、土地の有効利用や収益性の向上ばかりでなく、病害虫や雑草の発生を抑制させたり、地力の維持増進にも役立つことが知られています。これは、混作によって耕地の生態系をより多様化、複雑化させ、系の緩衝能を高めるためと考えられています。

また、ナス科やウリ科野菜の株元にニラやねぎを植え付けて土壌病害を軽減させる混植技術も見直されつつあります。

相性のよい組合わせを工夫

実際に行なう場合、混作の基本的なパターンはおおよそ次のようなものと考えています。

①輪作と同じように科の異なる野菜をつくる…ナス科とユリ科、イネ科とアブラナ科やマメ科等。
②短期作物と長期作物をつくる…小松菜、ほうれん草、サラダナ等とねぎ、里芋、スイートコーン等。
③葉菜類と根菜類をつくる…ほうれん草、小松菜等とごぼう、里芋等。
④草丈の低いものと高いもの…葉菜類とスイートコーン、ニラときゅうり、トマト等。
⑤光を好むものと弱光でもよく育つもの…いんげん、なす、きゅうり等とみつば、しそ、ねぎ類、パセリ、あしたば、生姜等。
⑥高温を好むものと好まないもの…ささげ、にがうり、なす、ピーマン、オクラ、里芋等と葉菜類等。
⑦その他…病害虫の嫌いな野菜を混ぜる方法として、ダニ類ににんにく、アブラムシにパセリ、アオムシに唐辛子、ネコブセンチュウにらっきょう等です。

スイートコーン＋葉菜類→大根の連続栽培

こうした混作の実際例として、ここではスイートコーンと葉菜類との混作や、後作の大根に対するマリーゴールドの間作等について紹介します。春先に四穴の有孔マルチを敷き、マルチの両側の有孔部には一穴おきにスイートコーンを、中央の二列にはほうれん草や小松菜を播種し、通路部には後作大根のキタネグサレセンチュウ防除のための対抗植物としてマリーゴールド（アフリカントール等）を播種します。スイートコーン収穫後の株は抜き取らず、地上二〇cm程度の位置で切除します。そして秋作にはスイートコーンの株と株の有孔部に、大根等を播種します。

一般にスイートコーンを栽培している生産者の圃場を拝見すると、マルチを敷き、スイートコーンを栽培し、またマルチを剥がしてから、耕うん後に秋野菜を作付けています。一部ではマルチをそのまま利用して大根等を栽培する生産者もいますが、土壌消毒を行なわない圃場ではほとんどの大根がキタネグサレセンチュウの被害を受けています。

そこで、通路部にマリーゴールドを混作することによってその被害を軽減できないか、また、スイートコーンと同時期にほうれん草や小松菜を混作することはできないか、ということを考えました。

結果的に、キタネグサレセンチュウの被害は激減され、葉菜類を導入することによって収益が高まるだけでなく、雑草の防止にも役立つことになりました。

以下に栽培管理上の要点を述べます。

施肥　堆肥は一〇a当たり二tを投入。作付け直前の施肥量は、元肥成分量として窒素、リン酸、カリとも一〇a当たり二二kgを全面施用。追肥としては葉菜類の収穫直後にマルチ中央部に各成分七kgずつ、さらに大根の生育初期に各成分五kgずつを施用します。なお、緩効性のロング肥料を利用すれば全量元肥だけでも栽培が可能です。

マルチ資材　マルチは四穴で規格はNo.九四一五を用います。マルチの色は大根の生育を考えると透明がいいのですが、雑草が多い畑では黒色のマルチを利用します。通路幅は八五〜九〇cm程度を必要とします。

播種　シーダーマルチャーを利用する場合には中央部の二列のみほうれん草等を播種し、スイートコーンは千鳥に手まきあるいはセル苗などの移植栽培を行ないます。時期は三月下旬から四月下旬までが適期です。

マリーゴールドは晩霜がない時期に通路部に散播し、レーキ等で整地を兼ねながら覆土します。

その他の管理　ほうれん草は、播種後から収穫までの間の管理はありません。収穫の際は、鎌等で切り取らず、株ごと抜き取るように収穫することにより、圃場衛生や追肥後の肥効を高めます。スイートコーンは八〇〜九〇日タイプの品種が適し、無除げつ栽培(株元から出る分げつを除かない)とします。

収穫後の株は、後作物の風よけ対策として地上二〇cm程度の主茎を残して切り、切った株は雑草の発生防止を兼ねマルチ中央部に並べておきます。ただし、大根の播種日までには、通路部に出してハンマーモア等で粉砕します。マリーゴールドも八月下旬まで放任栽培とし、そのままハンマーモア等で粉砕し通路部にすき込みます。

病害虫防除　本作付け様式において、最も問題となるのはスイートコーンのアワノメイガと大根作付け前のネキリムシやコオロギです。この対策として、アワノメイガにはパダン粒剤を、大根作付け前にはデナポン五%ベイト等を使用します。

一九九六年五月号　スイートコーンの間にほうれん草を播こう

スイートコーン＋葉菜類→大根の連続栽培体系

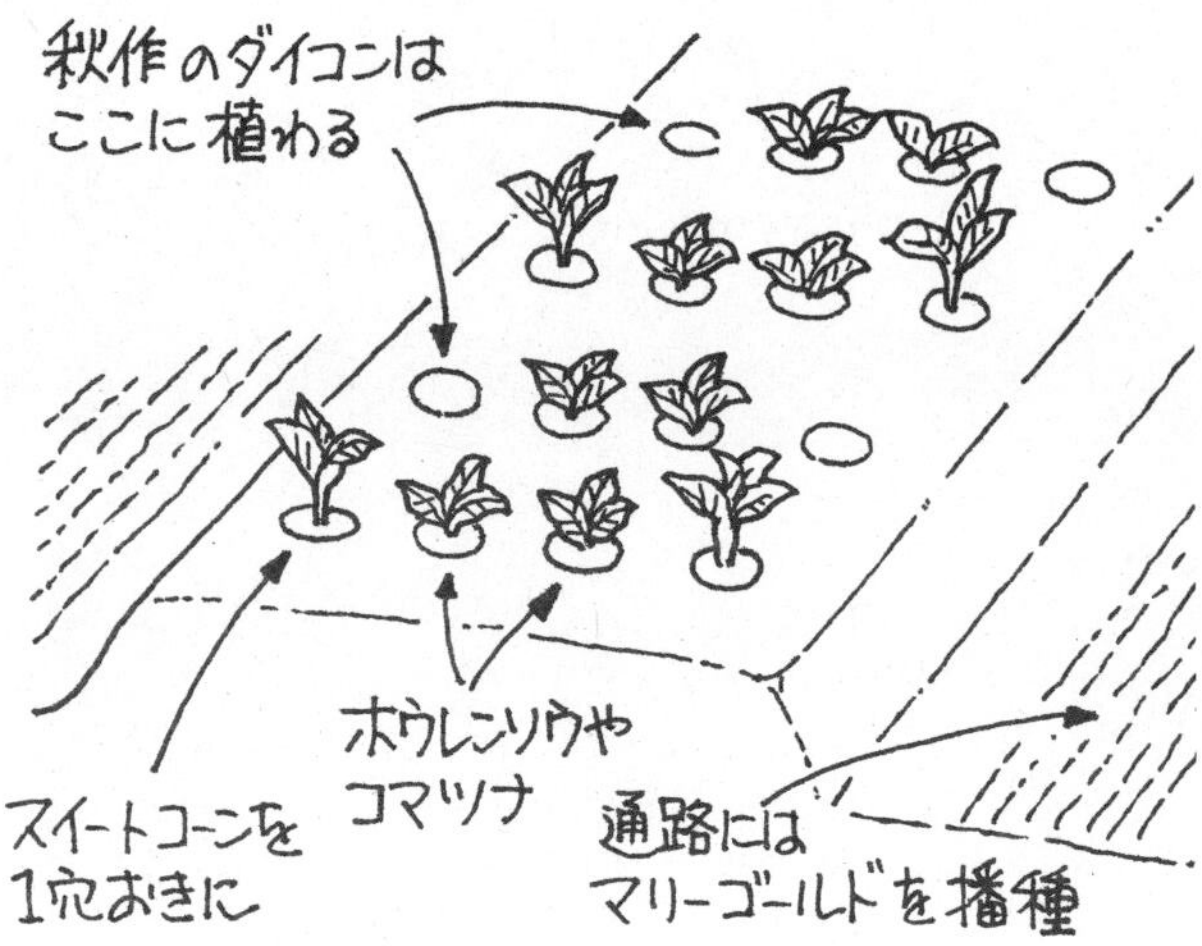

作物	3	4	5	6	7	8	9	10	11	12	(月)
スイートコーン	○				□						同時播種
ホウレンソウ	○		□								〃
マリーゴールド		○				□					通路播種
ダイコン						○		□			後作
(レタス類)						○			□	□	後作
(シュンギク)							○		□	□	後作

注）○：播種期，□：収穫期
注）ダイコンのかわりにレタス，シュンギクなどを作ってもよい

ハーブでねぎのスリップス・ヨトウムシを防ぐ

原博さん　佐賀県塩田町

文・山浦信次

さわやかな香りが快いレモンバーム

ハウスで小ねぎを周年生産する原博さん（六一歳）は、農薬は春から秋のハモグリバエ防除に散布するだけ。今年は、いよいよ完全無農薬栽培に向かって探究中だ。

ねぎの重要害虫であるスリップスとヨトウムシを農薬なしで防げているのは、パワー竹酢など手づくり資材と、マリーゴールドやミントなど香り植物との相乗効果によるものだ。マリーゴールドの強い香りはスリップスの忌避効果が高く、ヨトウムシなど他の害虫もハウスに寄りつきにくくなるという。また、ミントの香りは、ヨトウムシ（ヨトウガ）などの飛来を防ぐと見ている。

マリーゴールドは、土壌センチュウ対策用のアメリカントールという品種を使用。生長が早く、草丈一mくらいに伸び、十〜十一月の開花もきれいな品種だ。

原さんのハウスは間口が五・四〜七mで、広幅に小ねぎを条播きする。マリーゴールドは中央通路に沿って片側の肩に植える。株間は二m間隔で十分効果的。マリーゴールドの草丈が二〇cmくらいになったら刈ってやると、すぐにまた伸びてくる。一作が終わったら、スコップで株を掘り上げて、小ねぎ栽培中の他のハウスに移動してやればよい。

ミントはシソ科で、土を這う茎によって株がふえる。畑の土手などで株分けしながらふやしておいて、苗をハウスに植える。通路に植えると、小ねぎ栽培終了後に、株を取り去りきれず、トラクタで根をバラバラにしてまき散らしてしまい、雑草化しやすいため、原さんは入口と奥の突き当たり部分に植えている。

今年は、レモンバームもふやしている。花がミツバチを呼び集めるシソ科のハーブだ。

これら香り植物は、無農薬栽培の最後のハードル、ハモグリバエの無農薬防除探究の一環として行なっているものであるが、心身のリフレッシュ、肌のケアなど癒し効果があり、ティーに、料理に、お風呂に、くつろぎ空間にと、生活にとけ込んでいる。ハーブの楽しみをハウスや農作業場にも広げて、同時に病害虫をさわやかに防いでしまうというのはいかがだろうか。

（ライター）

二〇〇五年六月号　ハーブで小ネギのスリップス・ヨトウムシをさわやかに防ぐ

原博さんのハーブの植え方

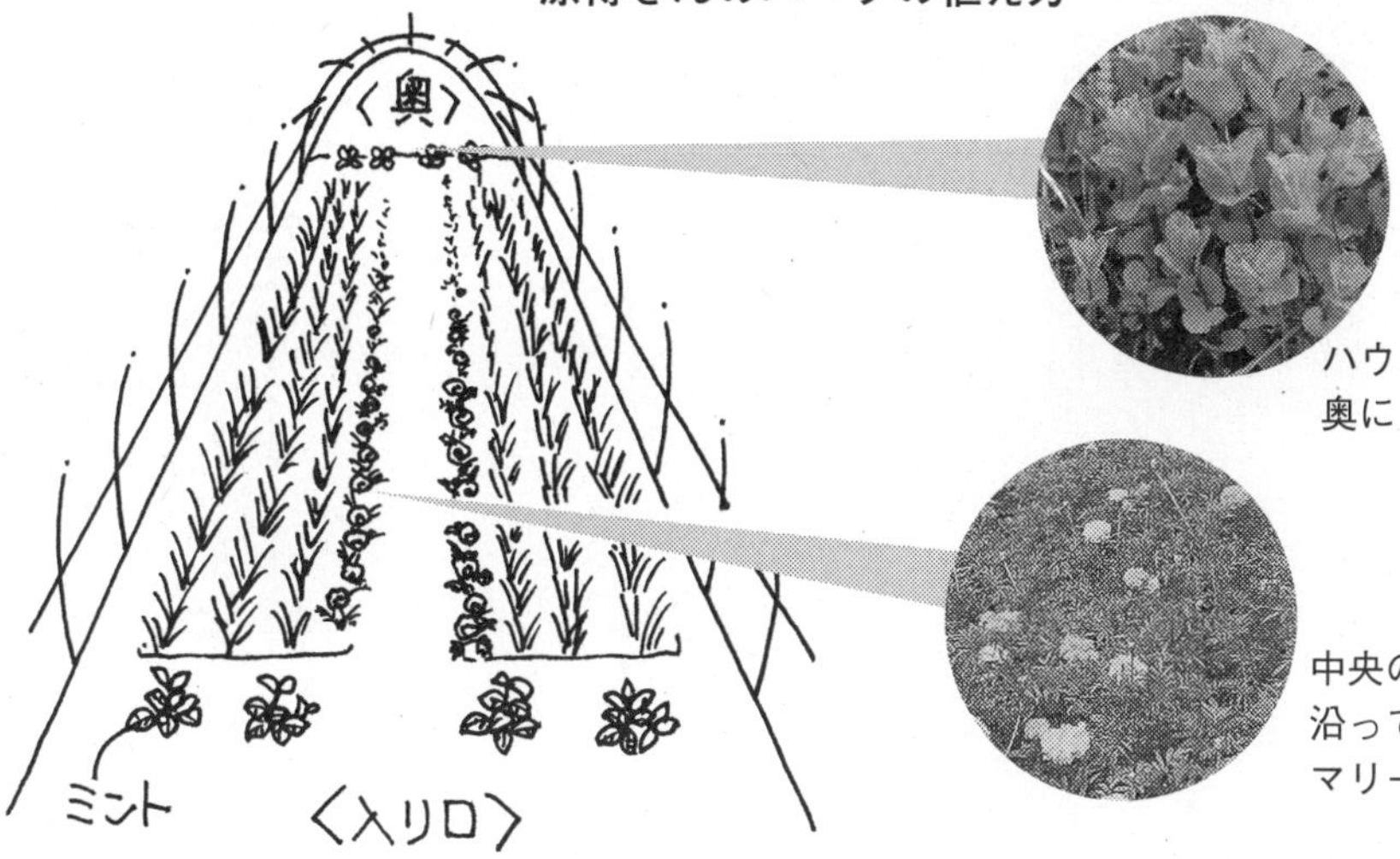

ハウスの入口と奥にミント

中央の通路に沿ってマリーゴールド

トマトのオンシツコナジラミにバジル

大谷朝光さん　横浜市

大谷朝光さんは年間五〇品目近くの露地野菜を作っている。畑には茶豆、モロッコインゲン、ハグラウリなど珍しい野菜が並ぶ。多品目栽培だと、作業の数もふえるが「そのぶん、変化があって、楽しんで仕事できるよ」と話す。直売や引き売りで消費者と接する機会も多いので、農薬を減らした野菜作りである。

バジルを利用してトマトを害虫から守ることも農薬減らしの一つ。コンパニオンプランツ（共栄作物）は六年ほど前から始めた。バジルの持つ独特の香りを虫が嫌がるはずと考え、トマトの株間に植えることにした。実際、オンシツコナジラミなどの被害が減ったという。

トマトの幅、株間も通常の一・五倍とり、風通しをよくしてうどんこ病などの発生と蔓延を防いでいる。また、連作障害を防ぐために、畑を六つに分けて輪作。緑肥も利用する。大谷さんは「風が吹くと、畑にさわやかな香りが漂う。人間はリラックスできて、農作業がはかどるようだ」と話す。

（文・縄島利彦　JA横浜広報課）

二〇〇七年六月号　トマトのオンシツコナジラミにバジル

大谷朝光さんのトマトとバジル

ハーブの害虫忌避作用と生育促進作用

陽川昌範さん（元日本農薬株式会社総合研究所）に聞く

「強い香気を持つハーブが、近接する作物に対して害虫の忌避や病害の防除作用、はたまた、生育促進や品質向上など、有益に作用する現象は古くから知られている」という陽川昌範さん。製薬会社に在職中は、除草剤や植物生育調整剤の研究をされるいっぽうで、ハーブの農業利用にも関心を寄せてきた。

陽川さんによれば、海外における農業場面でのハーブ活用法は、間作、混作として植える使い方が一番多いそうだ。特にインドやスリランカなど、高価な農薬を買う余裕がない国では、身近なハーブを使う研究がすすんでいる。

病害虫の抑制効果

害虫は作物のにおいをかぎわけて摂食するといわれるが、近くにハーブがあるとにおいがかく乱されて摂食できなくなり、そして、産卵数が減る…といわれている。

なかでも、ユリ科でニンニクの仲間であるチャイブは、間作することでバラのモモアカ

表1　害虫の忌避作用がみられるハーブ類

科	ハーブ名	害虫名
シソ	ペパーミント	アブラムシ、カメムシ、コナジラミ、アオムシ、ハムシ、アリ
	スペアミント	アブラムシ、カメムシ、ハムシ、アリ
	セージ	タネバエ、アオムシ、キャロットフライ
	キャットニップ	アブラムシ、トスジハムシ、ウリハムシ、マメコガネ、カメムシ
	バジル	ウリハムシ、スズメガの幼虫
	ヒソップ	アオムシ
	タイム	コナジラミ、アオムシ
	ローズマリー	ヒメコガネ、キャロットフライ
	ボリジ	スズメガの幼虫
	ペニーロイヤル	アオムシ
セリ	コリアンダー	アブラムシ、ハダニ、トスジハムシ
	フェンネル	アブラムシ
	パセリ	ウリハムシ
	ディル	アオムシ、スズメガの幼虫
	セイボリー	ヒメコガネ
キク	タンジー	マメコガネ、カメムシ、トスジハムシ、アオムシ、アリ
	ワームウッド	タネバエ、キャロットフライ、シンクイガ、ハムシ、コナジラミ、アリ
	サザンウッド	シロチョウ、ハムシ、アオムシ
	マリーゴールド	アブラムシ、タネバエ、ウリハムシ、ヒメコガネ
ユリ	チャイブ	アブラムシ、マメコガネ
	ガーリック	アブラムシ、タネバエ、シンクイガ、アオムシ、マメコガネ、コスカシバ
	タマネギ	キャロットフライ、トスジハムシ、アオムシ
フトモモ	ユーカリ	アブラムシ、トスジハムシ
ノウゼンハレン	ナスターチウム	アブラムシ、トスジハムシ、ウリハムシ、アオムシ、カメムシ、コナジラミ、リンゴワタムシ
ミカン	ルー	ウリハムシ
アブラナ	マスタード	アブラムシ
フウロソウ	センテッドゼラニウム	アオムシ、ツマグロヨコバイ

Bremness, Kowalchikら、Mabeyを参考に陽川まとめ
（陽川昌範2001、農業分野におけるハーブの利用と課題、『農業および園芸』、76巻第2号、P243-248より、表2も）
ハーブは乾燥粉末体、抽出物を散布する使用法が多いが、マリーゴールド、チャイブ、ナスターチウムなどは作物と混植することで、より高い忌避効果をもつ

アブラムシを抑制する効果が認められている（表1）。

チャイブは病気を抑える効果も確認されていて、バラの黒点病、リンゴの黒星病、キュウリのウドンコ病に効いた、という研究もあるそうだ。

生育促進・品質アップ効果

近接する植物に対して生育促進や品質向上に作用するのは、たとえばカモミール（カモマイル）。キュウリやタマネギと植えるとよいという（表2）。

他にも、バジルとトマト、ディルとキャベツ…というふうに、料理をする際、作物の風味を高めるハーブは、畑においても同じような効果があるそうで、先出の大河内さんの組み合わせはピッタリということになる。

ハーブがこうした作用をする要因はまだわからない点も多いのだが、近接する植物間で化学的反応が影響している可能性があるようだ。たとえば、ダンデリオン（セイヨウタンポポ）は受粉昆虫を誘引するうえに、エチレンのような化学物質を放出することで、りんごなど果実の成熟を促すと考えられているそうだ。

（文・編集部）

二〇〇四年五月号　キヒ作用と生育促進作用のあるハーブはスゴイ

チャービルはセリ科の1年草
（写真　藤目幸擴氏）

チャイブはアサツキと同種。
（写真　藤目幸擴氏）

表2　作物の生育促進作用がみられるハーブ類

科	作物名	ハーブ名
野菜類	トマト	バジル、チャイブ、マリーゴールド、ミント、セージ、タイム、ビーバーム
	ナス	タイム
	ジャガイモ	マリーゴールド、タイム、ワサビダイコン
	カンラン	ディル、ヒソップ、ラークスパー、ミント、タマネギ、セージ
	ハツカダイコン	チャービル
	キュウリ	カモマイル
	タマネギ	カモマイル、ディル、キク
	コショウ	バジル
	ニンジン	チャイブ、セージ
	コリアンダー	アニス
	アニス	コリアンダー
	イチゴ	ポリジ、タマネギ、セージ
	マジョラム	セージ
	マメ類	ポリジ、ラークスパー、マスタード、タマネギ、オレガノ、ローズマリー、セイボリー
果樹類	ブドウ	チャイブ、ヒソップ、マスタード
	イチジク	ルー
	ブラックベリー	タンジー
	ラズベリー	タンジー
花き類	バラ	チャイブ、ガーリック、マリーゴールド、タンジー

バジルがトマトの風味を高めたり、ディルがキャベツの味をよくするように、料理するうえで作物の風味を高めるハーブは、畑で混植しても同様の効果があるといわれる

わしはコンパニオン・プランツにほれこんどる

井原　豊　兵庫県太子町

自分で探すしかない

有機栽培の基本は混植である。

大産地というのは、単一の作物が、同じ品種で、見渡す限り広がっている。だから、同じ虫や病気が大発生する。農水省指定産地はこの典型。野菜技術を知らない官僚が決めた農政が、農薬漬け野菜を出荷させる仕組みを作っている。

一つの産地に、種々な作物、種々な品種があれば、大発生が防げるのだ。有機栽培で小面積の場合はさらに区割りが細分化するから、効果を示す。

これをもっと積極的に考えたものが、コンパニオン・プランツだ。これは共栄作物という意味の言葉。お互い同士助け合う相性のいい作物のこと。虫の嫌う性質を利用したり、アレロパシーと呼ばれる他感作用を利用して、混植・間作する。

そのかわり逆もある。相性の悪い組み合わせもある。こういうものは、誰もあまり教えてくれない。農家が自分で体験して、見つけていくしかない。相性のいいものはなかなか気付かず、悪いものはすぐに気付くから、覚えておくようにしなくてはならない。

ねぎ・ニラ・にんにくは、やっぱりすごい

コンパニオン・プランツは、絶対的な効果は期待できないが、かなり害を減らせる。今までの体験からおおまかにいうと、図のようになる。

ねぎ・ニラ混植は有名だし、やっている人も多いと思うが、やはり、ねぎ・ニラ・にんにく類の力はたいしたものだ。ほとんどの作物と相性がいいが、とくに、すいか、メロン、かぼちゃ、きゅうり、いちご、トマト、なす、

きゅうりの株間にニラ

ほうれん草では顕著な効果がある。ネギ属のあの匂いと臭さが虫除けになる。根に共生するバクテリアが土壌病害を防ぐ。だから一うねの中に混ぜこぜに植わっていると、いっそう効果的。

すいか、かぼちゃを植えるとき、ねぎの古株を一緒に植えて、ねぎの根とかぼちゃの根を絡ませる。生育好調。土壌病害も出ないし、すいか、かぼちゃを売った後、ねぎでまたゼニが取れるかもしれない。秋には結構一人前のねぎになるものだ。ねぎは、早春に条に種播きしてもいい。近くに植わっているだけでも、それなりの効果はある。

相性のよい作物（混植・間作）

ネギ・ニラ・ニンニク類	♥ 各種野菜から花まで	連作障害・土壌病害防虫効果
セロリー	♥ トマト・ハクサイ・キャベツ	独得の匂いでモンシロチョウがこない
マリーゴールド	♥ ナス・ウリ・菜っぱ	センチュウ害に卓効、強い匂いが虫よけにも
インゲン	♥ トウモロコシ・ジャガイモ	虫がつかなくなる
トマト・トウガラシ	♥ キャベツ・ハクサイ	モンシロチョウ予防
レタス	♥ キャベツ	モンシロチョウ予防
ゴボウ	♥ ホウレンソウ	どちらも生育よくなる
二十日大根	♥ ウリ類（根元に植える）	ダイコンの匂いでウリハムシが来にくい
ショウガ・ミツバ	♥ キュウリ（根元に植える）	半日陰で育ちがよい
レタス	♥ ニンジン	どちらも生育よい
ムギ類	♥ ウリ類・ナス類・サツマイモ	ムギ類はほとんどの野菜と相性がよい
アスパラガス	♥ 各種野菜	防虫・センチュウ予防効果

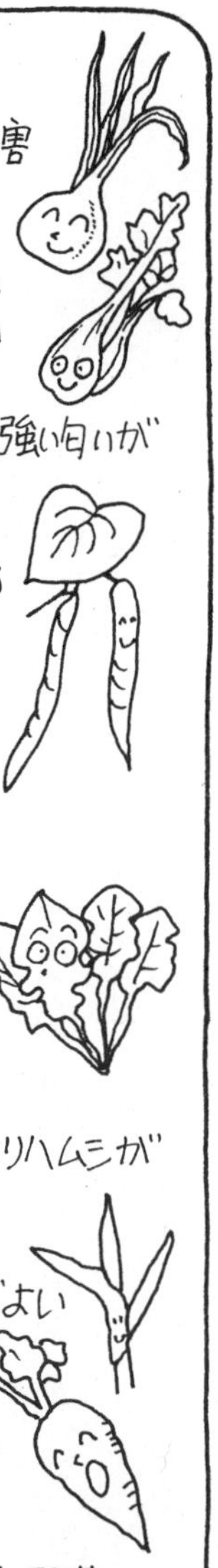

混植もいいが、それだけで終わりにするのはもったいない。働けるだけ働いてもらう。玉ねぎの葉やにんにくの茎は、絶対に捨ててはいけない。この上ない防虫剤だ。なす、きゅうり、すいか、かぼちゃの通路や、株元に並べておく。臭いので、ウリバエや他の害虫が近付きにくいらしい。

にんにくなどは、輸入増加で安値になってしまったので、これからはほとんど、混作・コンパニオン・プランツ用に作ればよい。茎葉は周辺に撒き散らして虫よけ。球はミキサーでジュースにして、二〇〇倍くらいに薄め、ストチュウに混ぜて葉面散布すればいい。虫の撃退と、作物のスタミナアップに役立って、大変よい。人間の健康もだけど、作物の健康増進に、にんにく作りは生かされる。

相性のわるいもの

・ネギはマメ類の生育を阻害する

・ホウレンソウあとのキュウリは不調、トマトは暴れる

・ジャガイモあとのエンドウはダメ

・ショウガとジャガイモもダメ、生育不良（ジャガイモの茎葉をショウガの敷ワラ代わりに敷いただけで、ショウガは種代もでなくなる）

・エンドウあとのホウレンソウは病気がでる

うり類の苗の周りににんにくの葉を置く。虫もこないし、地温を下げる効果もある

麦マルチのかぼちゃの長所、短所

もう一つ、大変注目しているコンパニオンに、敷わらの代わりの麦マルチがある。『現代農業』ではしつこいくらい載せているから読者はみんな知っていると思うが、昨年かぼちゃにやってみた。かぼちゃの生育は、劇的に変化する。これもやはり、アレロパシー（他感作用）によるものだと思われる。

①ツルが過繁茂しないのに、よく成る。
②麦の上になった果実が、雨でも腐らない。
③味が技群に向上し、完熟日数が短い。
④樹勢は穏やかだが、長もちする。
⑤うどんこ病や炭疽病がでない。

などということがわかった。ただし欠点もある。

①麦に肥料を食われる。
②肌にブツブツができて、見た目が汚い（土中の甲虫類が果皮をかじったため）。

ねぎの間に水菜を種まきした

③梅雨時に登熟したので、果実が泥だらけになり、麦の葉がこびりついて、出荷前に洗う必要があった。

これらのことを頭に入れて、今年は栽培の計画を立てている。

麦を刈り倒せばかぼちゃが汚れない

もともと麦は、生育の途中で寒さに遭わないと穂が出ない性質がある。だから、春、かぼちゃの定植一週間後くらいに播種すれば、三〇〜四〇cm伸びた後、盛夏に枯死する（春播き性の品種は低温要求度が小さい性質の麦を育成したもの）。

麦をマルチとして利用することは、市販の専用品種でなくてもできる。普通の小麦を、普通の播きどきの秋に播いてもよい。かぼちゃのつるが伸びるべきところに、条播きでも散播でもいいから播いておく。かぼちゃ定植の頃、小麦は出穂期を迎える。その頃麦の上から反一tの米ぬかか、七〇〇kgの乾燥鶏糞（これはかぼちゃのための肥料）を施し、出穂揃い後、小麦が実る前に、刈払い機などで刈り倒すのである。これでいわば、青い敷わらができる。

この麦の敷わらは枯れて黄色くなり、刈り株からはひこばえが一面に生えて、やがて小さな穂をつける。ちょうどその頃、そのうえ一面に、かぼちゃのつるが生い茂るのだ。

この方法だと、かぼちゃの実は泥だらけにならないし、肌も綺麗である。

私の場合、今年は二月に播いてみたが、これだとおそらくひこばえがたくさん出て、生きている麦との混作のアレロパシーは生かすことができる。が、一つ欠点は、かぼちゃの後作の野菜に、雑草化した小麦がいっぱい生えて、除草作業が一工程増えること。

麦マルチは、かぼちゃに限らず、すいか、メロン、きゅうりなどのうり類すべてに活用できる。

（撮影・赤松富仁）

一九九四年五月号
わしはコンパニオン・プランツにほれこんどる

5月にかぼちゃのうね間に、麦の種を播いた

なびいた麦の上を、かぼちゃのつるが覆った

昨年は長雨で麦の葉がかぼちゃに貼りついたりして、肌が汚れたものの、店にならべてみるとこれが大評判。長雨で不味いかぼちゃしか世間にはない中、黄色が濃くて、肉厚で、硬くて、じつにうまい

すいか・メロン産地で広がるねぎ混植

神坂純一さん　北海道共和町

北海道の産地に広がるネギ混植

北海道のすいか・メロン産地では、ねぎの混植はもはや常識。中でも、道内でいちばん古く、二十年近く前からねぎ混植に熱心に取り組んできたのが「らいでんすいか」「らいでんメロン」というブランドをもつ共和町だ。約九〇軒の農家全員がねぎ混植に取り組んでいる。

つる割れ病が大発生

ねぎ混植が始まったきっかけは、昭和六十年頃、町中のすいか畑でつる割れ病が発生したことだ。つる割れ病菌はフザリウムの一種。土壌病害菌なので、いったん出てしまうと、上からかけて治す薬はない。

「あの頃、この辺のすいか畑のようすはひどいもんだったよ。うちの隣りの裾換気（トンネル）栽培の畑でも、出荷の十日前頃になって、全面積の二割くらいの葉っぱが真っ赤になって枯れてしまった。あれを見たときはショックだったなぁ」と、すいか生産組合長の神坂純一さん。

ゆうがお台木からかぼちゃ台木に切り替えた人もいたが、味が落ちてしまうことがわかり、挫折。土壌消毒をした人もいたが、ハウス一棟で三万円もかかるうえ、消毒しても二、三年したらまた出る。せっかくここまで大きくなった産地だが、もうみんなですいかをやめるしか、手の打ちようがないかと思われていた。

そんなときに、町の農業開発センターで、「すいかとねぎを混植するとつる割れ病が出なくなる」という試験結果が報告された。試しに組合員の何人かがやってみたら、たしかに病気が出ない。ねぎ混植は、その後二年ほどで、瞬く間に町中に広がったそうだ。

すいかとねぎを一つのポットで育苗

じっさいに神坂さんの促成栽培のハウスで、すいかの苗をつくっているところを見せてもらった。なんと、すいかとねぎと、両方の苗が同じポットに植わっている。

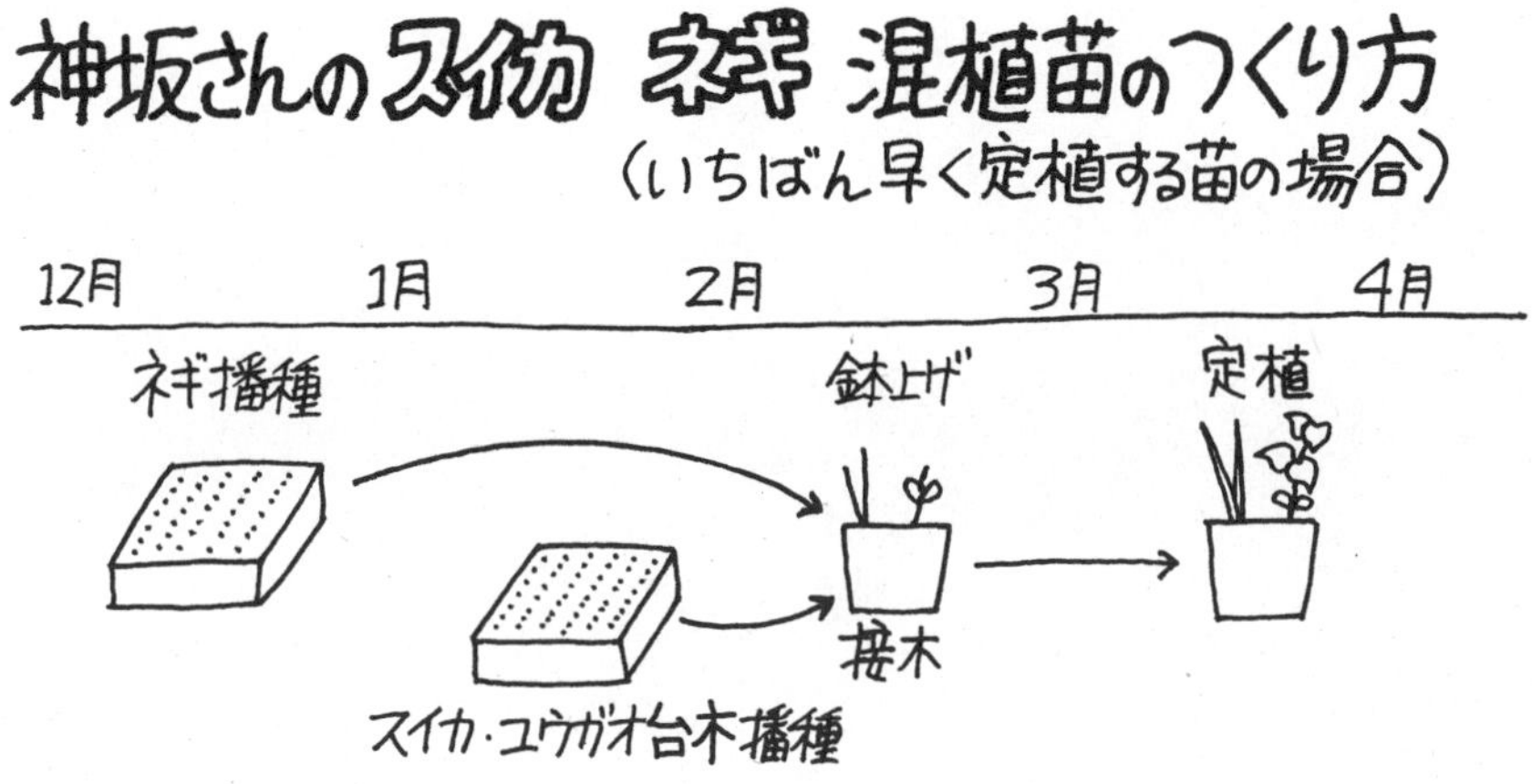

「広い畑にすいかの苗とねぎの苗の両方を運んで植えるのはたいへんだけど、あらかじめすいかもねぎも同じポットで育てておけば、定植がらくなんだ。苗をつくるのは冬だから比較的暇な時期だし、手間のかかることは何もない」

ねぎの種代は一dℓで七〇〇〇円くらい。一dℓもあれば一町歩分以上のねぎ苗が立てられるので、反当たりにすると七〇〇円程度ですむ。

ちなみにねぎの仲間なら、小ねぎでも、ニラでも、玉ねぎでも、何でも同様の効果がある。だが神坂さんたちは、根張りがいいということで、太ねぎを植えているそうだ。

「ねぎを出荷しないけれど、うちではよく食べる。煮物にするとちょうどいい」

神坂さんたちのようにすいかとねぎを一緒のポットに植えつけて育苗する方法は、作業がらくなだけでなく、病気予防の効果も高いことがわかってきた。

「ねぎの根からは、常にいろいろな有機物が分泌されています。この有機物を分解して増える根圏微生物のひとつがシュードモナス・グラジオリ菌。これが、つる割れ病菌の増殖を抑える働きを持っていると考えられています」と、共和町農業開発センターの川原さん。

神坂純一さん。すいかとねぎを一緒に育苗した苗（2月29日撮影）

ところが以前、ねぎとすいかの苗を別々につくっていたころは、畑で隣り合わせに植えても、あまり効果が上がらなかった。不思議に思って根を掘ってみたら、なんと、すいかとねぎの根は、お互いを避けあうように育っていたのだそうだ。

「しかし、鉢上げのときから一つのポットに一緒に植えておくと、行き場のなくなったすいかとねぎの根はポットの中で絡み合い、一緒に根鉢をつくります。その結果、確実に混植の効果が見られるようになりました。別の種類どうし、最初はちょっと嫌だなと思うのかもしれませんが、共生してみると、お互いにいい影響を与え合う。響き合うものがあるのかもしれませんね」

間もなく二十年目を迎える共和町のねぎ混植栽培。ますます欠かせない技術になっている。

（文・編集部）

二〇〇四年五月号　北海道のすいか・メロン産地ではねぎ混植はもう常識

いちごのうねの真ん中に植えたにんにく。黄色いテープはオンシツコナジラミよけのラノーテープ

にんにくを一緒に植えたら、いちごのアブラムシが消えた

善財幸雄　長野県長野市

神奈川県でサラリーマンを三十八年勤め上げ、平成十三年に就農した新米百姓です。初年度は花卉栽培でスタートしましたが、翌十四年、ハウス三棟に温泉熱を利用した加温設備が整ったので、いちご（章姫）栽培に取り組むことになりました。

土づくりにこだわり、自分でボカシ肥料を作り、また、田んぼで栽培していたマコモタケの残渣を堆肥として熟成させ、本床に使いました。その結果、甘くて大粒のいちごは採れたのですが、病害虫には悩まされました。

二年目になり十二月のうちからアブラムシが発生したため、消毒と天敵のアブラバチを導入して対処し、かなり減らすことができました。しかし、防除費用が馬鹿になりません。

その頃、「コンパニオン・プランツ」（共栄作物）という言葉を耳にしました。葉物野菜の中にねぎやにんにく、ニラなどを混植して病害虫を減らしているという情報から、いちごのアブラムシも減らせるのではないかと思いました。

農薬でも対処しきれなかったアブラムシが出なくなった

そこで、いちご栽培三年目の平成十六年、

にんにくを三〇球程度購入し、りん片にわけて、一〜二mに一粒ずつ、いちごのうねの中央（二条植え）に植え込みました（図）。その結果、農薬でも対処しきれなかったアブラムシがほとんど発生しなくなりました。

　四年目となる今期も同様の方法でにんにくの混植をしていますが、今のところまったくアブラムシの姿は確認していません。なぜよいのか理屈はわからないのですが、においの成分が効くのかも、と考えています。

　メリットとしては農薬散布を確実に減らせたということです。

　また、オンシツコナジラミに関しては、害虫密度を下げる黄色い「ラノーテープ」を使っています。農薬散布するよりもはるかにらくでよい効果をあげています。こちらの効果ともあわせると、定植後二〇回（八か月間）農薬散布していたうち、五分の一（四回）は減らせます。

にんにくは焼酎に漬けてみようか

　にんにくは良好な生長をしています。最大で背丈が九〇cm、茎の直径が四cm、葉の横幅が六cm、葉の枚数は一七枚と見事です。葉が大きくなりすぎると球は小さいかもしれませんが、収穫時は楽しみです。

　これだけ大きいと、いちごの肥料まで吸ってしまうのでは？　と思いますが、にんにくを植える間隔があいているせいか、また、ボカシ肥がよく効いているせいか、いちご栽培に対して悪影響はありません。

　しかし、にんにくの葉っぱに、にんにくでは登録農薬として認められていない、いちごの農薬がかかっているので、食用にんにくとして出荷はできません。

　そこで、焼酎に唐辛子と漬け込んでおき、木酢など混ぜ、病害虫対策に使用してみたいと思っています。

二〇〇六年六月号　ニンニクを一緒に植えたら、農薬でも効かなかったイチゴのアブラムシが消えた

善財幸雄・三枝子さん夫妻。高うねにするために、うねの周りを板で囲い、自分で工夫した培養土を使っている

ナギナタガヤ もう病みつき！ りんご、ナス、ブロッコリーの畑にも播いてみた

長田　操　神奈川県相模原市

心和む空間に変わった、除草剤も確実に減った

小さな小さなりんご園を、神奈川県相模原市に開いて五年が経過した一九九八年、『現代農業』を読んでいて、思わず「これだ‼」と叫んでいました。

広島県の道法正徳さんが書いていた「その場でできる自然の堆肥ナギナタガヤ　草生園のド迫力を見た、驚いた」という記事が、正にナギナタガヤとの遭遇の一瞬だったのです。

文中でナギナタガヤの種を分けてくれるとのことで、さっそく応募し、送ってもらいました。

りんごの通路にはもともと、ケンタッキーライグラスを播いていたので、草生栽培には慣れていましたが、発芽したナギナタガヤはあまりにもひ弱な状態で、ちょっぴり心配でした。それでも、早春になり、冬の寒さを耐えた草たちは、見る見る元気を取り戻し、グリーンウエーブとなり、六月にはいったん枯れあがり、りんご園を茶色のじゅうたんで覆ってくれました。

ナギナタガヤのじゅうたんは、思わず座り込んで、寝そべって、大空を見上げる心和む空間に変わりました。不思議な体験で、幸せでした。

そのうえ、平日は勤めているので、除草剤はどうしても使用せざるを得ませんでしたが、ナギナタガヤを知ってからは確実に使用量が減少しました。

春、なす畑でのナギナタガヤのようす（前年のなすの樹が残っている）

ナス、ブロッコリー、トマト畑にも播いた！

ナギナタガヤは播いた翌年、放っておいても春になるとふたたび発芽してきますが、種を採って播いたほうが確実に増えます。ナギ

ナタガヤの種採りは六月です。天気のよい日を選び、株ごと刈り取り、小屋に吊るして乾燥させます。

その後、採取した種を、空いている畑に播いてみました。ナスの通路、ブロッコリーの通路、トマトの雨よけ温室等々いたるところです。ナスとブロッコリーのうね間は雑草は皆無！　になりました。

ブロッコリーの通路にも播いてみた

ナギナタガヤは麻薬!?

専業農家の人は極端に雑草を嫌います。畑とは、作物以外のものが一切生えていない状況でないと許されない、という人がほとんどで、雑草が生えているような畑の持ち主は手入れが悪い無精者ということになります。

したがって、私は超無精者となるのです。畑の隅、通路、うね間、いたるところにナギナタガヤが雑草化しています。引き抜く場合もありますが、ほとんどはそのまま放置していますので、種がこぼれて、また雑草化して広がっています。

ある人が「雑草という草はなし」と言っていましたが、ナギナタガヤはたとえ雑草化したとしても、六月には勝手に枯れてくれるので、まったく問題はありません。それよりも、茶色のじゅうたんに寝転んで見上げる大空に、あなたも感動してみませんか。いったん播いたらもう病みつき。ナギナタガヤは麻薬のようなものです。

二〇〇四年五月号　ナギナタガヤはスゴイ

ナギナタガヤ

ナギナタガヤは、西アジア原産のイネ科植物である（別名ネズミノシッポ、シッポガヤ、ミキクサ）。同じ西アジア原産の麦と同じで、秋に発芽、ゆっくり生長しながら冬を越し、春に出穂、初夏に結実・倒伏して自然に枯れてしまう。日本では、秋播き麦が栽培できる関東以西に自生していると考えられる。瀬戸内海周辺の一部の果樹農家の間では、かなり以前から草生栽培に利用されていたようであるが、九七年に広島県の道法正徳氏が『現代農業』誌に紹介して以来、全国の果樹農家の注目を集めるようになった。

現在は柑橘を中心に梨、梅、ぶどう、柿などあらゆる果樹に利用が広がり、不適地と思われる東北地方のりんごやおうとうでの活用事例もある。さらには、お茶やアスパラガスに利用する農家もいる。

ナギナタガヤ草生には、①マルチムギなどと違い毎年播種しなくても繁殖する②春から夏にかけての雑草をよく抑える③有機物の補給が多い（乾物で反当八〇〇kg）④ナギナタガヤの根にVA菌根菌が共生し、リン酸など難溶性の養分が吸収されやすくなる⑤乾燥しにくく水分が安定するので、みかんなどの品質がよくなる⑥夏場の地温の上昇を防止する、などの効果が報告されている。傾斜地では滑りやすいが、スパイクのついた地下足袋など滑りにくい靴を履けば問題はない。

欧米では、ナギナタガヤはフェスキュー（fescue ウシノケグサ）と呼ばれ、昔から牧草や緑肥に利用されてきた。

（『農家の技術　早わかり事典』より）

マルチムギ

麦を自然倒伏させてマルチに利用

水口文夫（元愛知県農業改良普及員、実際家）

マルチムギは農家の伝統農法

近年コンバインなどの普及によって、かぼちゃ、すいか、露地メロンの栽培に欠かせない敷わらの確保が困難になっている。また、耕うん、うねづくりなど多くの農作業が機械化され、重労働から解放されるようになっているが、敷わら作業は手労働に頼っており、腰をかがめての作業は労働的に苦痛である。さらに、この季節はときどき強風が吹き荒れ、風で敷わらもろとも、つるが飛ばされ、もとどおりに回復させるのに大変である。

今は姿を消してしまったが、昔はかなりの面積にまくわ瓜が栽培されていた。

まくわ瓜は、肥料が多いと木ぼけしやすく、痩せづくりすれば果実が小さく収益が上がらない、栽培のむずかしい作物とされていた。糖度を上げるために、魚かすや米ぬかを施用するなど栽培にいろいろな工夫がされる。

一九五〇年ころのことである。小麦を、まくわ瓜の間作に作付けている人たちがいた。一般的には、まくわ瓜の植付けができる場所を残して、小麦でなく大麦を十一月に播き、大麦のなかへまくわ瓜を植え、まくわ瓜のつるがひろがるころには大麦は刈り取られる。ところが、この人たちはわざと小麦を春先に播き、小麦のうね間にまくわ瓜を植え、小麦が出穂すると青刈りしていた。

当時は、食糧不足の時代であったので、大麦をつくることにより穀実が収穫できる、また、防風囲にもなるので、大麦がよいとされていたのに、それをいっこうに聞き入れなかった人たちがいたことを思いだした。ただ、彼らがなぜ青刈り小麦を作付けていたのか理由はわからなかった。

そうしたことを考えているうちに、かぼちゃやすいかなどの敷わらがわりに麦を播き、麦の上につるを這わせれば敷わら対策になるのではないかと思いついた。

昔は、小麦を播いて出穂するころに地上三cmくらいで刈り取り、その上をつるを這わせていたが、穂分化のための低温要求量が大きい秋播き性品種を春に播けば穂が出ないので刈取りする必要もなく、青い茎葉のじゅうたんの上を、かぼちゃ、きゅうりを這わせることができる。これがきっかけである。

マルチムギの作付け方法

すいか　うね幅三・六mで一・二mの植え床をつくり、これにビニール幅一八五cmのものをトンネル状に被覆する。したがって、マルチムギはトンネル幅一・二mを除いた二・四m幅に八条播く（図1）、一条の播き幅は鍬幅とし、この溝にばら播きする。

かぼちゃ　うね幅四・〇m、ビニール幅一八五cmのものをトンネル状に被覆したので、トンネル幅は一・二m、マルチムギはトンネル幅を除く二・八mに七〜九条播く。

地這きゅうり、露地メロン　うね幅二・七

図１　すいかのうねに八条播きしたマルチムギ

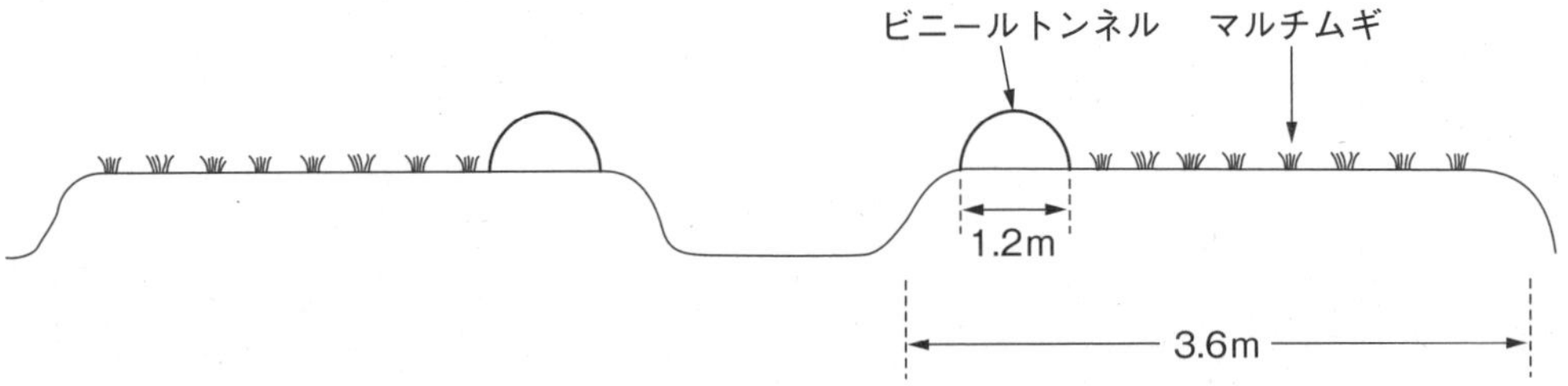

m、トンネル幅一・二m、マルチムギの作付け幅一・五mに五～八条播きとする。

かぼちゃの生育がガラリと変わった

マルチムギを作付けて驚いたことは、作物の生育の姿が、次のようにそれまでとガラリと変わったことである。

①マルチムギのなかを這っているつるは、細く、伸びも悪い。従来、このような貧弱な草できでは、収益が上がらなかった。ところが着果肥大とも優れた。

②葉は全般的に小さく、かぼちゃ、露地メロン、きゅうりはロート状になり、すいかは葉が立ち、従来の感覚からすると根に障害があるか、密植の害を思わせる状態であるが、いたって健康に生育する。

③今まで、かぼちゃは二～三番果くらいで着果をとめていたが、三～四番までとれる。きゅうりは六月中旬に切り上げていたのが八月上旬まで延長でき、すいかは七月上旬打切り予定が八月下旬まで収穫をつづけるなど、つるの寿命が長い。

④糖度一四～一五度で安定していたメロンが一七度になる。

⑤きゅうりは、トンネル内に集中着果、肥大する。

⑥側枝が発生しないか、発生しても伸びない。

⑦根は、縦根となり細根が発達する。

マルチムギのなかを這うつるが、細くなる原因はなんであろうか。

すいか、かぼちゃなどのつるは、トンネルのビニールなどで遮へい物に当たって生育が抑えられると、つるの先端が太くなり節間が短くなるのが一般的な現象である。だから、マルチムギのなかを這うつるが、麦の茎葉にさえぎられて、細く節間は長めになったとは考えられない。

マルチムギのなかを這うつるは、決して麦の上を這わないで、地表面に近いところを麦の茎の間をぬうように伸びている。麦の茎の間を這うためには、つるが細いほうが這いやすいのかもしれない。推測するに、茎に当たる光の量が影響しているではないだろうか。

次につるの伸びが悪いのはなぜか。それは麦の根によって根域の幅が制限されているためではないだろうか。最もつるが長く伸びた

水口文夫さん（撮影　赤松富仁）

図2　かぼちゃの根域の幅

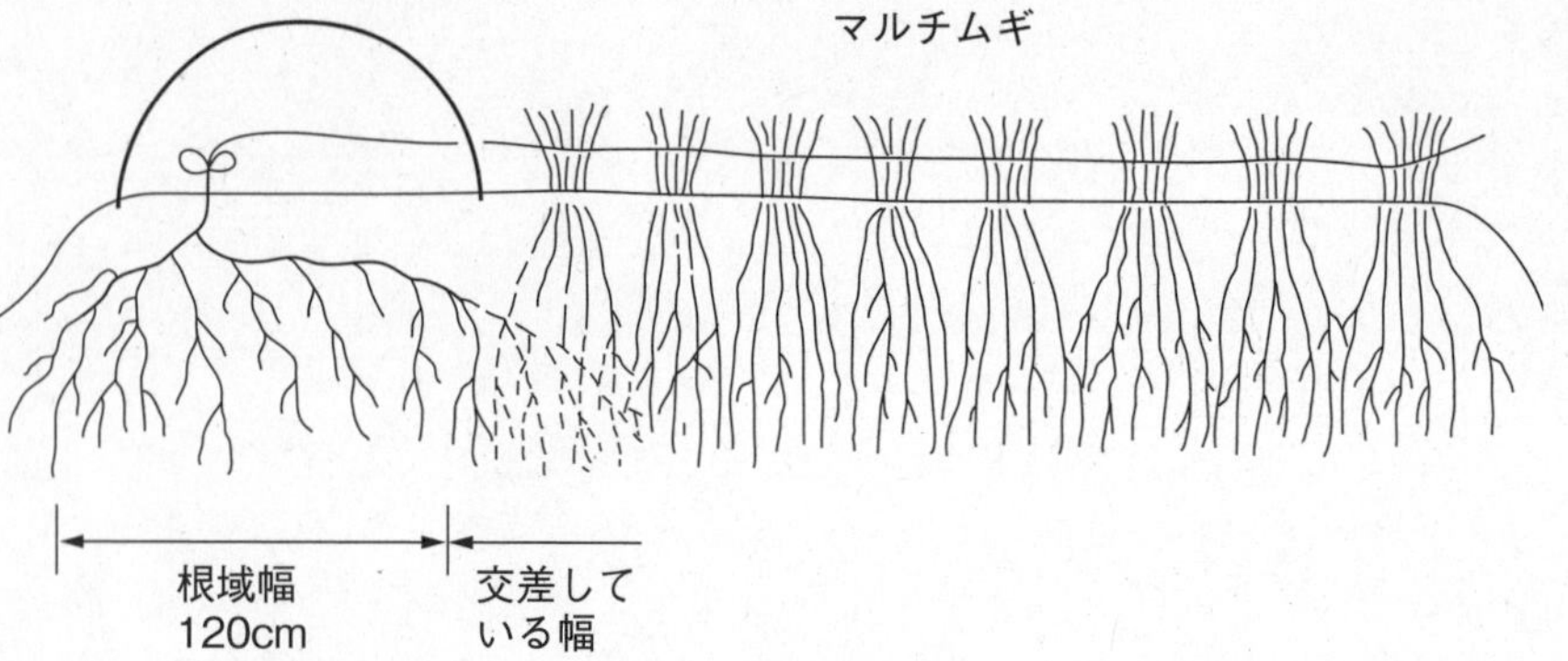

かぼちゃの根域幅は一二〇cmと広く、しかも、その先に麦とかぼちゃの根が交差している幅がかなり広い（図2）。しかし、つるの伸びが中位のきゅうり、すいかの根域幅は九〇cm、

つるの伸びがもっとも悪い露地メロンは六〇cmと幅が狭く、麦と露地メロンの根の交差する幅もきわめて狭い。

かぼちゃ、露地メロンの葉はロート状、すいかの葉は立性となったことについてはどうか。マルチムギのなかにあるかぼちゃの葉は、葉柄が伸び、葉の形はロート状、すいかは葉が立つ。露地メロン、きゅうりも葉は小さく貧弱にみえる。

これらの作物は、一般的に、密植して葉がこんでくると徒長をはじめる。葉柄が伸びたり、葉が立性になったり、ロート状になったりする。麦の茎葉が繁茂しているので、そのなかを這っているかぼちゃ、すいかなどは密植の害ではないかと考えたが、そうとは思えない。密植の害ならば、着果も果実の肥大も糖度の上がりも悪くなって当然だが、実際は着果、肥大ともによく、糖度もアップした。

かぼちゃと麦の生育状態をみていると大変おもしろい。かぼちゃの葉が麦によって光線をさえぎられることのないように、麦がよく伸びているところでは、かぼちゃの葉柄は著しく長く伸び、麦の草丈の短いところは、かぼちゃの葉柄も短くなっている。もしかぼちゃの太いつるが、麦の茎葉の上を這い、大きな葉をひろげたのでは、麦に光線が当たりにくくなり、麦の生育が悪くなる。かぼちゃのつるは、麦の上を這わないで、地表面に近いところを、麦の茎葉のあいまをぬうようにして伸びている。しかも、かぼちゃのつるは細く、葉は小さくロート状であるから麦にも光線が当たりやすく、麦が生育する。かぼちゃにも光線がよく当たり生育する。麦とかぼちゃはお互いにゆずり合い助け合って生活しているようである。

麦とかぼちゃの相互作用によって、生育の姿ががらりと変わったものと思う。

側枝が発生しないか、発生しても生長が悪いのはなぜか。かぼちゃは親づる一本仕立て、株間三〇cmの密植栽培を行なっている。これは、確実に着果させることができること、早期に揃って収穫できる利点がある反面、側枝除去がおくれたり、行なわないと、つるがたちまち混雑して過繁茂になり、着果、果実の肥大ともに不良となる。この側枝除去に大変多くの労力を必要とするが、マルチムギのなかを這っているつるからは側枝が発生しないか、発生してもほとんど伸びない。

なぜ側枝が伸びないのかというと、つるは麦のなかを這うために、麦の茎葉で光線が当たらなくなるために側枝が伸びなかったり、発生しなくなるのである。密植すると日陰になって下葉が枯れるのと同じ原理ではないかと思う。

マルチムギの利点と欠点

マルチムギには次のような利点がある。

①敷わら確保からの解放

すいか、かぼちゃ、露地メロン、トウガンなどのウリ類は、敷わらによって降雨などによる泥のはね返りを防ぎ、病害の回避や果実の保護、つるが風でゆさぶられたり、雨でつる先などが泥のはね返りを受け、生育が遅延するのを防ぐうえからもきわめて重要である。近年、畑作地帯では敷わらの確保が大変で、十分な量を確保することが困難である。マルチムギにより敷わら確保の必要がなくなる。

②省力的である

敷わら作業は、人力作業に頼らざるをえない。しかも、腰をかがめての作業であるために労働的に苦痛である。マルチムギは、種播きは機械化が可能であり、刈り取る必要はなく、そのまま敷草化するので省力的である。

③風で飛ばされる心配がない

敷わら作業は風の強い日はできない。強風が吹けば敷わらもろともつるが飛ばされるために、大きな生育障害になったり、風で飛ばされた後の修復作業が大変である。マルチムギに巻ひげでしっかりつかまっているし、つるは麦の茎葉の間を這っているので風で飛ばされる心配がない。

④敷草量が短期間に多く得られるだけでなく、根量も多く、土つくりの効果が大きい。

一方、問題としては、かぼちゃでは芳香かぼちゃ、えびすかぼちゃともにマルチムギのなかに着果し、果皮の色と麦の色が似ているために収穫がやりづらい点がある。

マルチムギ作付けの実際と注意点

①麦の品種の選定

マルチムギは、麦の座止現象※を利用するものであるから、品種の選定がきわめて重要で、穂分化のための低温要求量が大きい秋播き性の高い品種を選定しなければならない。麦はなるべく葉色の淡い、ほふく性の強いものが適する。

※座止現象…西アジア起源の麦は、秋に発芽して冬の寒さに遭遇しないと穂が形成されない性質がある。本来、秋に種播きする麦を春に種播きすると、茎葉だけが繁茂して出穂しないまま枯れてしまう。これを座止現象という。また、北米など寒冷地では、低温要求が小さく、春播きしても穂が出来る品種（春播き小麦）が栽培されている。

②定植二～七日後に播く

すいかやかぼちゃなどがトンネルからつるを伸ばしだす時期には、麦の茎葉で地表面が被覆されていることが必要である。あまり早播きする必要はなく、三月下旬～四月中旬ごろに定植する果菜類のばあい、定植後二～七日ぐらいに播けばよい。

このころの麦の生育は速く、厚播きにすると草丈が四五cm以上にも伸び直立性となる。うす播きにすれば分げつも一五本以上にもなるが、うす播きにすぎたものはマルチとしての価値がない。ある程度のほふく型に生育させたいので、三～四cmに一粒のわりで芽がでるようにしたい。

③雑草より早く発芽させる

雑草を防ぐことがマルチの大きな役割りだが、それには雑草の種より麦種子を早く発芽させなければならない。麦の発芽を早めるためには、催芽播きする。麦種子を布袋にゆるく入れて二晩風呂湯に浸し、その後一～二日湿度を保つと芽がではじめる。このときに播けば種播き後五～六日で芽は地上部に伸びてくる。麦が発芽して数日後にレーキをするか、竹ぼうきをかけて除草をすると雑草の心配はなくなる。

農業技術大系土壌施肥編第五―一巻　マルチムギ
一九九二年

間作麦体系

うり類、トマト、とうもろこし、さつまいも、落花生…

桐原三好（茨城県真壁地区農業改良普及所）

間作の利点

間作には次のような利点がある。

①間作は畑をフルに活用する様式で、面積当たりの年間生産量が多くなる。

②麦が間作作物に対して保護的な役割を果たす。麦間マルチ栽培は、裸地マルチ栽培に比べると気温、地温ともに〇・五～一℃高く、そのため初期生育がよい。また、間作された加工トマト、たばこなどは麦によって風当たりが弱められて定植苗の揺れが少なく、活着がよくなる。また、間作では裸地に比べて土壌水分が高めで、間作物の出芽や活着を促進する。

③病虫害が少なくなる。麦とたばこのばあいに、たばこのウイルス病を媒介するアブラムシの移動が麦によって抑えられることは、よく知られている。

④前作麦の残根やわらなどが土壌中の有機物の維持に貢献し、地力の低下を防ぐ役割を果たす。野菜畑などで土壌中の塩基が多くなったばあい、麦を栽培すると土壌中の過剰養分が吸収されて土壌が健全となる。また、麦があると、冬から春にかけての風食や水食を防止できる。

以上のような利点がある反面、間作には栽培上とくに農作業上において次のような問題がある。すなわち、麦の間作の夏作物の作畦、施肥、播種、定植および麦の刈取りは、いずれも麦立毛中の作業となるので、機械の利用がむずかしい。麦間でのマルチ作業はできない、などである。普通夏作物の機械化栽培の普及に伴って間作が著しく減少したのも、このような一因がある。しかし、後述する間作体系は、このような問題を解決し、省力的で、しかも基幹作物との作業競合を回避した体系である。すなわち、夏作物の播種床造成やマルチ作業にはトラクタを、麦の収穫作業にはバインダや自脱型コンバインを利用した体系である。

麦とさつまいも、落花生（マルチ栽培）

関東地方で五月上旬植付けの食用さつまいものマルチ栽培、五月上旬播種の落花生のマルチ栽培と麦とを結びつけた栽植様式を図1に示した。あぜ幅が一二〇cmで、従来一部にみられた一あぜおとし、または抜きあぜ栽培である。マルチャーの使用も可能であり、作業上の不都合もない。

耕うん後に、培土機か歩行トラクタの車輪を六〇cmに調節し、一あぜだぶらせながらあぜをつくり、人力播種機で播種する。施肥量、播種量は、慣行条播栽培の五〇%くらいとする。あぜ幅が広く土地利用率が低くなるので、多収をはかるために播き幅を広くすることがのぞましい。しかし、バインダの刈り幅より広くすると刈り残しが多くなる。また、播き幅が広いとマルチ作業がむずかしくなる。播き幅は一五cm以下とする。

　播種後の管理は、慣行条播栽培と同じように行なえばよい。麦の収穫は一輪一条バインダで行なう。

　収量は一〇a当たり二四〇kg前後が期待でき、同時に同量のわらを得ることができる。

　この様式においては、約一〇〇cmのあぜ間があり、一二馬力前後のトラクタに装置したマルチャーや歩行トラクタ用マルチャーを利用して、高あぜや平あぜのフィルム張り作業ができる。このばあい、マルチャーの側方に麦株を広げる装置をつけると作業は容易である。

　麦間マルチ栽培のさつまいも、落花生は活着、出芽がよく、収量は裸地マルチ栽培と同等か、それを上回る。さつまいもの栽植様式は、あぜ幅が広くなるので二条植えとなる。その条間は、生育、機械によるつる刈り、掘取り作業を考慮すると一五cm前後が適当である。

　この体系は、麦—陸稲にも適用できる。

麦とすいか、メロン

　ふつう、トンネル栽培のあぜ幅は三m前後であって、このままでは麦の導入はむずかしい。そこで、図2に示すようにあぜ幅を七mに広げ、すいか、メロンを寄せあぜにすることによって、麦とすいか、メロンの間作体系化をはかることができる。

　麦の播き幅を決めるめやすは、麦成熟期のすいか、メロンのつるの伸長程度である。四月下旬にすいかを定植するばあいの播き幅は六条大麦では二・八m、二条大麦では二m前後である。その前提として、トンネル内でのすいかのつるもどしを強くする。また、定植を早くしたばあいには、つるの伸びにあわせて麦を刈り取り、ベッド上の敷わらとして利用するのも一方法である。

　ロータリ耕かプラウ耕のあと、砕土、整地し、麦の播種位置を決める。ドリルシーダを使用するときは条間二〇cmに施肥、播種する。歩行トラクタを利用するときは、車輪で三〇cmのあぜをつくり、施肥、間土し、播種する。全面全層播でもよい。

図1

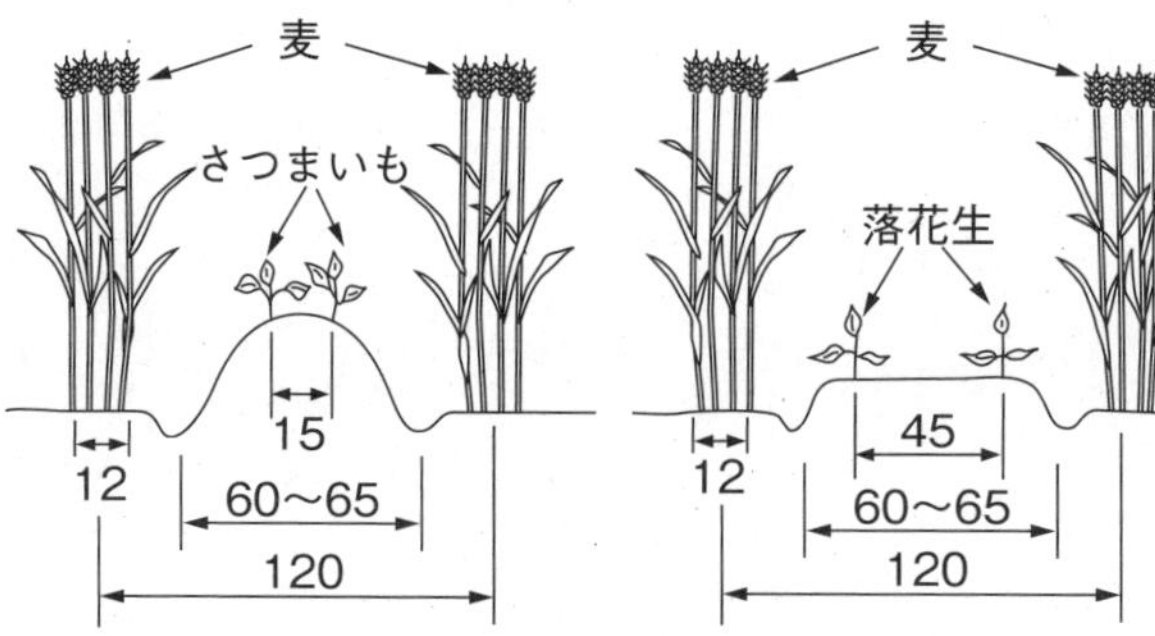

間作体系の栽培様式（1）（単位：cm）
左：麦とさつまいも（マルチ栽培）
右：麦と落花生（マルチ栽培）

図2

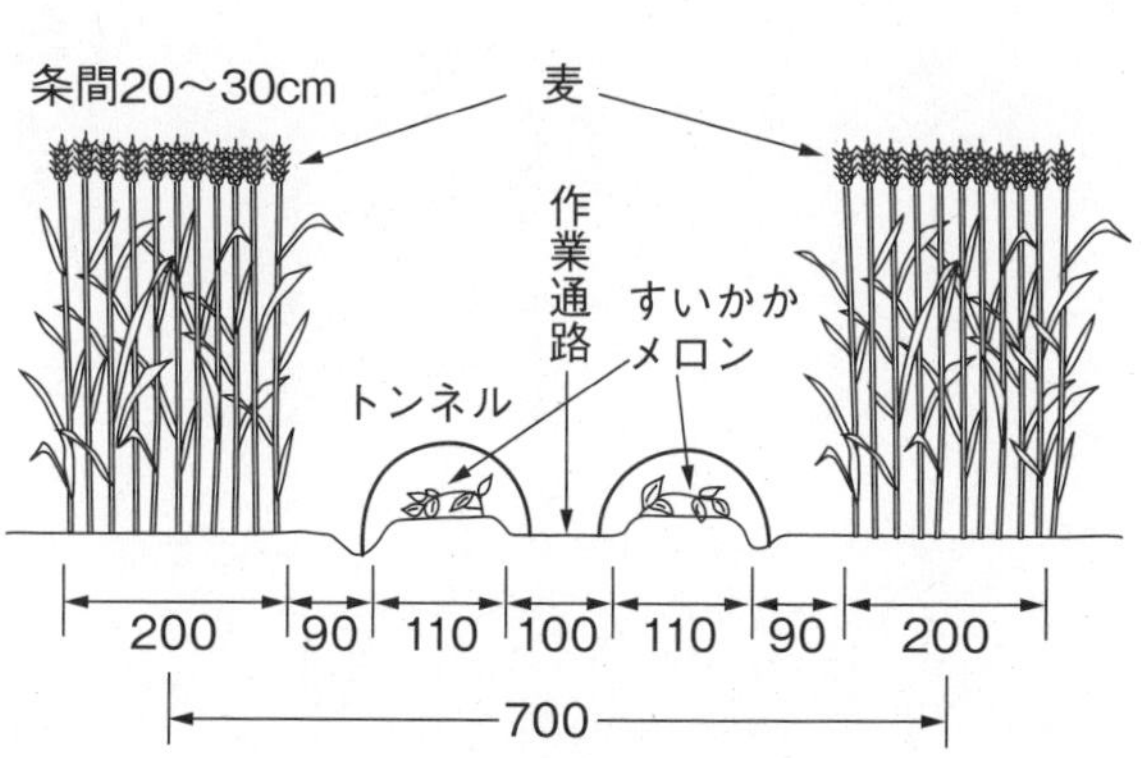

間作体系の栽培様式（2）（単位：cm）
麦とすいか，メロン

図3

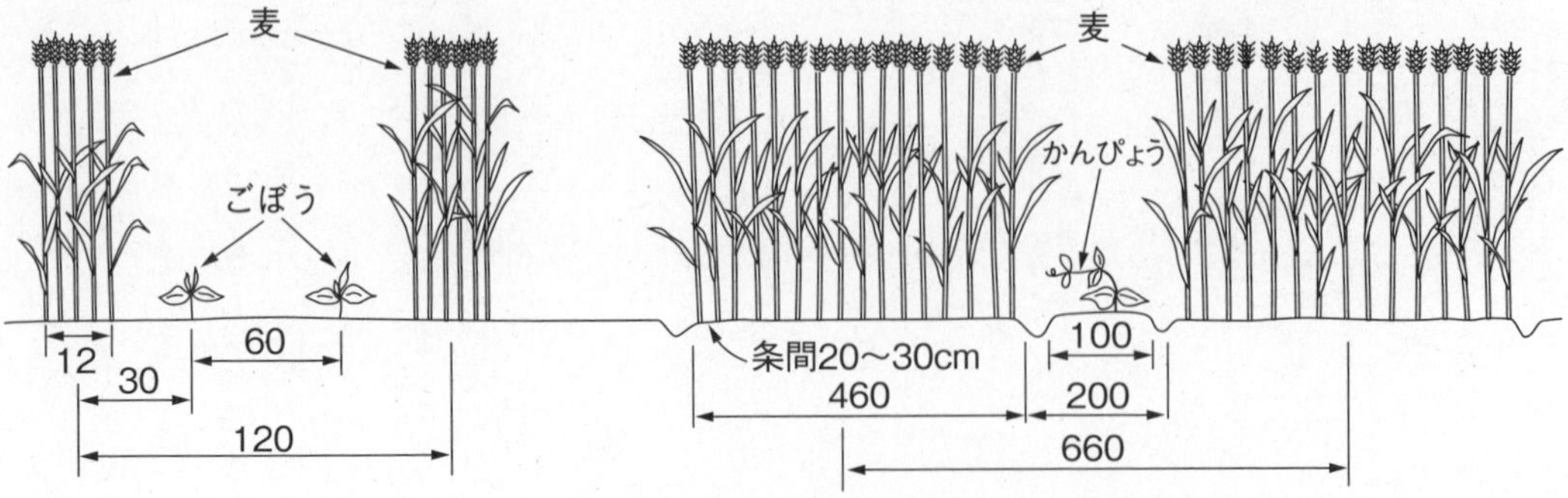

間作体系の栽培様式 (3)（単位：cm）
左：麦とごぼう，右：麦とかんぴょう

その後の管理は、慣行条播栽培に準ずる。

収穫は自脱型コンバインを利用して行なう。排出された麦わらは、あぜ間の敷わらとして利用する。敷わらのやり方には、麦わらを切断しながら排出し、そのまま敷わらとする方法と、長稈のまま帯状に落とし、いったん圃場外に搬出して、耕うん後敷わらをする方法とがある。前者はきわめて省力的なやり方である。この体系の特徴は、同一圃場で敷わら材料を確保できることである。

麦の収量は、慣行条播栽培の五〇〜六〇％が期待できる。なお、この体系では作業通路があるので、すいか、メロンの収穫に運搬車を利用でき、収穫作業の省力化がはかれる。

麦とかぼちゃ

麦—すいか、メロン体系が適用できる。かぼちゃはつるの伸びがよく、つるもどしをしても、麦の成熟期にはつるが麦の中にはいり、実取りはむずかしい。したがって、つるの伸長にあわせて麦を青刈りし、敷わらとして利用する。

麦とごぼう

ごぼうの播種期が四月中下旬のばあいには、麦のあぜ幅を一二〇cmとし、そのあぜ間に動力か人力テープシーダを利用して、六〇cm間隔で二条に播種する（図3）。

麦の播種は、麦とさつまいもの体系に準じて行なう。

収穫はバインダ（一条）で行なう。刈り倒された麦束を放置するとごぼうの茎葉をいためるので、補助者がついて麦の刈り株上に移し、地干しする。その後、圃場外に搬出し脱穀する。

麦とかんぴょう

この体系における栽植様式の一例を示した（図3）。あぜ幅六・六mとし、かんぴょうの植付け部分一・五〜二mを残して麦を播種する。播種法については麦とすいか、メロン体系に準ずる。麦の収穫は自脱型コンバインで行なう。排出された麦わらは敷わらとして利用する。

麦と加工トマト

加工トマトの植付けは、改良ポリポットの

普及に伴って早まり、四月上旬から行なわれている。加工トマトの栽植様式は、品種によって異なるが、あぜ幅一・八～二・一mである（図4）。加工トマトの栽培においては、生育・収量面からマルチしたあぜは幅が広く、高いことがのぞまれる。このあぜ幅ならば、トラクタに装着したマルチャーでフィルム張り作業ができる。

耕うん後、麦の播種位置を決めてから、歩行トラクタの車輪であぜをつくり、播種する。播種量、施肥量は、慣行条播栽培の三五％くらいである。

麦の刈取りは、バインダで行なう。図4上は、麦束を圃場外に搬出し脱穀する体系であり、下は作業通路にハーベスタを走行させて脱穀する体系である。

排出された麦わらは、中耕後に敷わらとして利用する。

加工トマト栽培では収穫期間が長く、収穫作業の省力化がのぞまれる。図4下では運搬作業機も利用できるので、収穫作業の省力化に役立つものと考えられる。

麦と食用とうもろこし

栽植様式の一例を図5に示した。麦のあぜ幅は一四〇～一五〇cmとし、そのあぜ間に小型マルチャーを利用してフィルムを張る。とうもろこしは二条に播種する。

麦は、耕うん後に培土機や歩行トラクタの車輪であぜをつくり播種する。麦の収穫は、バインダで行なう。

間作体系は、麦作振興からみるとすこし後退した技術にみえるが、地力を維持し、長期的にみた畑作の総合生産力の向上をはかるためにはきわめて有効と思う。

農業技術大系作物編第四巻　間作麦体系　一九八四年

図4

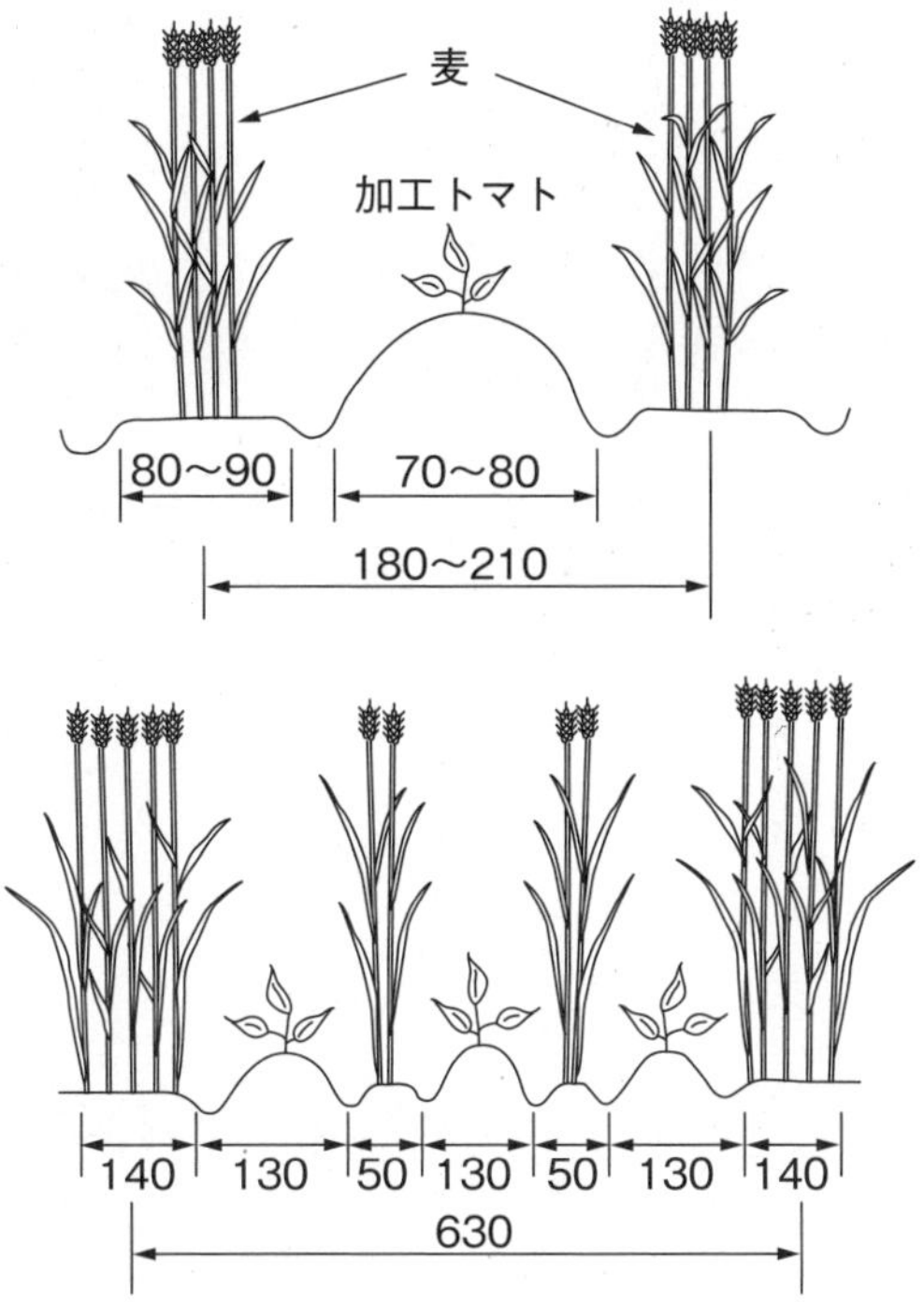

間作体系の栽培様式（4）（単位：cm）
麦と加工トマト
上：慣行加工トマト栽培に麦をとり入れた体系
下：加工トマト収穫果実の運搬を考慮した体系

図5

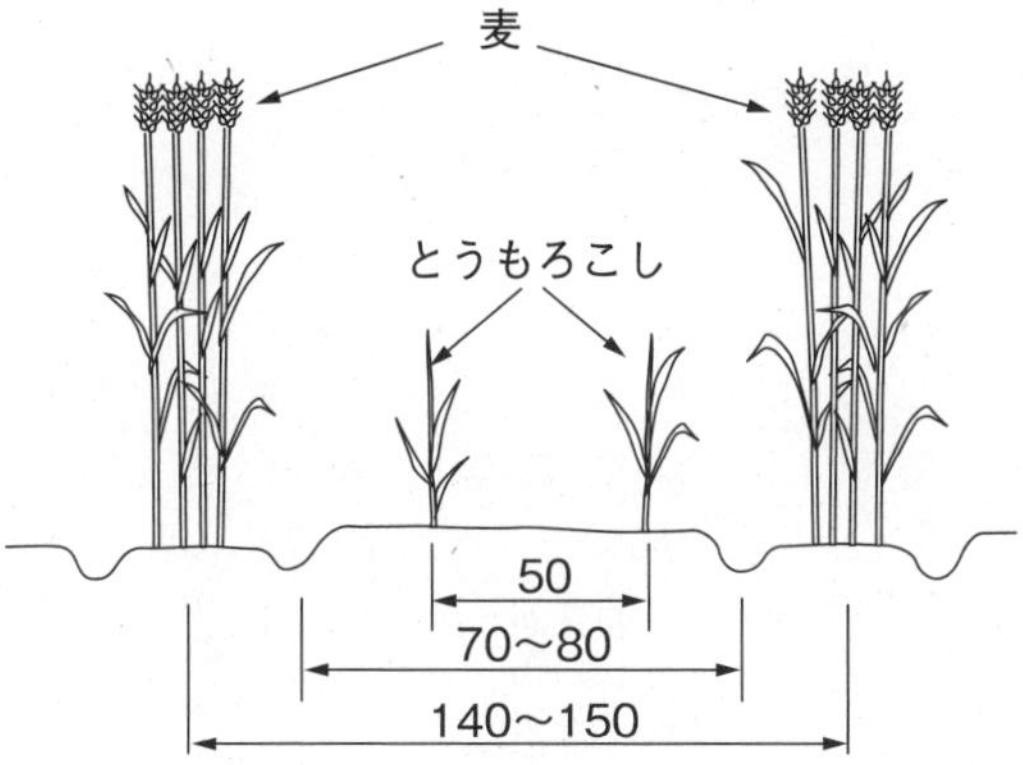

間作体系の栽培様式（5）（単位：cm）
麦と食用とうもろこし（マルチ栽培）

他感物質とその農業利用

藤井義晴（独・農業環境技術研究所）

一、他感物質とは何か

他感作用（アレロパシー）とは、植物に含まれる天然の化学物質が他の生物の生育を阻害したり促進したりする、あるいはその他の何らかの影響を他の生物に及ぼす現象を意味する。ここで作用する物質を他感物質（アレロケミカル）と呼ぶ。

他感作用は自然界では植物間の、あるいは植物と他の生物間の相互作用に関与し、種の生存や群落の維持に関与していると考えられている。農業面では、毒物の蓄積による連作障害に関与しているが、他感物質を利用して雑草や病害虫の防除が期待されている。

他感物質を雑草や病害虫防除へ利用する戦略としては、被覆作物（カバークロップ）の利用が最も有効である。とくに伝統的な被覆作物の利用は、環境への安全性が高い。一般に植物間の競争においては、光・養分・水分の競合が大きく、他感作用の寄与は相対的に小さいが、現場では、このような競合力が大きく、かつ他感作用が強い植物の利用が最も実用的である。

二、伝統農法で他感物質が利用されてきた例

①アカマツやソバの他感作用に関する江戸時代の知恵

今から三百年前の江戸時代の儒学者、熊沢蕃山は、その著『大学或問』のなかで、「アカマツの露は樹下に生える作物や草に有害である」と述べている。また、茨城県南部の畑作地域では、アカマツの落ち葉を集めて畑に敷きつめて、雑草抑制と緑肥として利用する農法があったという。アカマツの他感物質をうまく利用していたといえる。マツの他感物質としては、テルペン類が推定されているが、まだ研究が進んでいない。

一方、宮崎安貞は『農業全書』のなかで、「ソバはあくが強い作物なので、雑草の根はこれと接触して枯れる」と記述している。ソバの雑草抑制作用が強いことは、焼畑でも利用され、雑草害の激しくなる三～四年目に栽培される。ソバは一〇a当たり六～八kg程度の播種で確実な雑草抑制効果がある。近年、筆者らのグループは、ソバの他感物質を分析し、ファゴミンとその関連ピペリジンアルカロイド、および没食子酸とピロカテコールを同定した（図1）。

②ヒガンバナの利用の歴史と畦畔管理への復活を

ヒガンバナは理想的な畦畔管理植物である。鱗茎や葉に含まれるアルカロイドはモグラやネズミの忌避、防虫や抗菌性など広い意味での他感作用を示す。畦畔に植えられてきたのは、モグラによる穴を防ぎ畦畔が崩れるのを防ぐためであると考えられる。

ヒガンバナは、日本で最も古くから導入された畦畔管理植物である。現在わが国の畦畔や野山に自生するヒガンバナは三倍体で、花は咲いても種子ができないことから、人間が広めたものであり、縄文時代（一説によると鎌倉時代）に中国大陸から持ち込まれたものと考えられている。

ヒガンバナの鱗茎や葉には、リコリン（図1）というアルカロイドが大量に含まれている。リコリンには哺乳動物の中枢神経麻痺作用が、また、真菌類の殺菌作用、ウジムシなどの殺虫作用がある。多量に摂取すると、子供などでは死亡することもある。一方、ヒガンバナ鱗茎は、漢方薬として、去痰、利尿、解毒に、民間薬として、むくみとり、肩こり、はれものや、いんきん・たむしの治療に用いられてきた。さらに、飢饉のときには、鱗茎を掘り上げ有毒アルカロイドを十分に水洗し除去した後に、約三〇%も含まれるでんぷんを食用にしていた。

図1　ソバ，ヒガンバナに含まれる他感物質

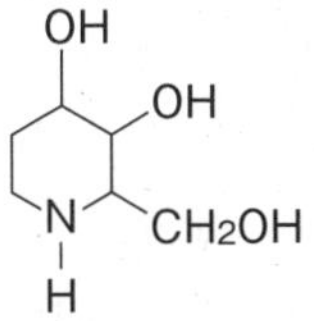

ソバに含まれる
ファゴミン（fagomin）

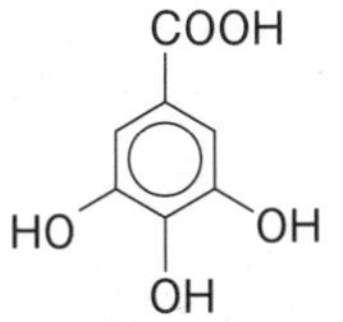

ソバに含まれる
没食子酸（gallic acid）

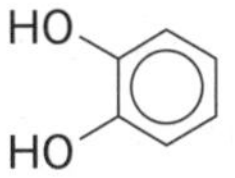

ソバに含まれる
ピロカテコール
（pyrocatechol）

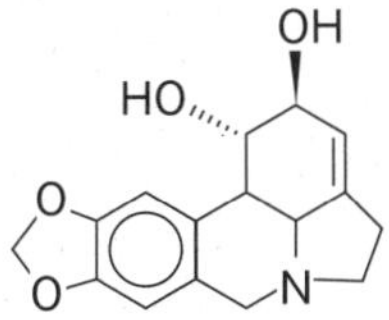

ヒガンバナに含まれる
リコリン（lycorine）

ヒガンバナは秋に開花したあと葉が出て、冬から初春にかけて、多肉質の葉をつけるが、初夏には枯れる。したがって、稲が小さい春先から初夏に畦畔雑草を抑制し、稲の生育時期には葉がなくなって稲の生長を妨害しないので、畦畔管理植物として理想的な性質をもっている。ヒガンバナの増殖は地下部の鱗茎の分裂によって容易に行なうことができる。これらの鱗茎は土質を問わず容易に再生し、過湿にも強く、畦畔や土手で繁殖する。ただし、ヒガンバナの他感作用の成分であるリコリンはイネ科植物を阻害しにくいので、イネ科雑草が残ることがあり、ヒガンバナで畦畔が埋め尽くされるまでには、年に数回の雑草管理が必要である。

ヒガンバナは、先祖たちが畦畔を守る目的で植えていた植物であるが、人の管理なしには繁殖できないので、近年ではめっきり減少している。畦畔の景観形成、雑草抑制、モグラ・病害虫防除、飢饉時の非常食糧という多面的な機能をもったヒガンバナの復活が望まれる。

三、畑作・果樹園での他感物質の利用

①麦類の他感物質の利用

大麦、小麦、ライ麦などの麦類は雑草に強いことが古くから知られていた。大麦からグラミンが、エンバクからスコポレチンが報告されている（図2）。アメリカ合衆国では、小麦やライ麦の残渣を圃場に被覆したところ、八〜九割も雑草を減少させることができたとの報告がある。ライ麦から、β-フェニル酢酸とβ-ヒドロキシ酪酸が分離・同定され、シロザやアオゲイトウの根の伸長阻害作用をもつことが報告されている。

図2　ムギ類（コムギ，オオムギ，エンバク，ライムギ）に含まれる他感物質の例

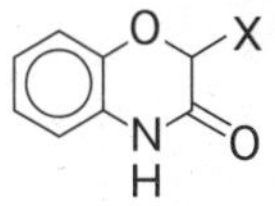

X=H　DIBOA
X=CH3O　DIMBOA

ライムギに含まれるDIBOA，
コムギに含まれるDIMBOA
（ヒドロキサム酸誘導体）

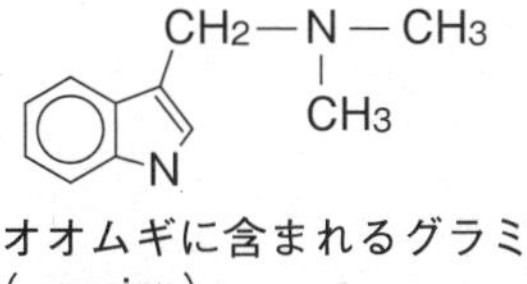

オオムギに含まれるグラミン
（gramine）

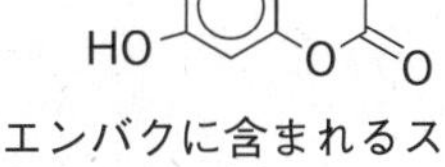

エンバクに含まれるスコポレチン
（scopoletin）

また、小麦、ライ麦に含まれるDIBOAやDIMBOAなどのヒドロキサム酸誘導体が他感作用へ関与しているとの報告もある。ヒドロキサム酸は、カビなどの病害に対する抵抗性物質として麦類から見出された物質であるが、雑草抑制効果も強い。その阻害作用は、双子葉類に対して顕著であり、単子葉類である自分自身は阻害しない。そこで、アメリカ合衆国の一部では、小麦やライ麦を天然の除草・抑草資材として利用している。

②ヘアリーベッチの他感物質と利用

ヘアリーベッチ（*Vicia villosa*）は明治時代に牧草として導入されたマメ科植物で、欧米ではよく利用されている。マイナス二〇℃まで耐え、東北以南で越冬が可能な越年草である。

筆者らのグループはヘアリーベッチの他感物質として、根から出るシアナミド（図3）を同定している。ヘアリーベッチは現地圃場でも雑草抑制作用が強く、緑肥効果と土壌保全効果も期待できる。花がフジに似ているのでナヨクサフジ、シラゲクサフジの和名がある。

ヘアリーベッチは、秋まきで春先から初夏に圃場を全面被覆して雑草をほぼ完璧に抑制し、開花後は一斉に枯れて敷わら状になること、一〇a当たり一〇～二五kgの窒素固定をして緑肥としても利用できることから、果樹園の下草管理や休耕地、耕作放棄地の雑草管理に最適な植物である。ヘアリーベッチはテントウムシなどの生物相を多様にして害虫密度を下げることも報告されている。

図3　ヘアリーベッチ，ムクナに含まれる他感物質の例

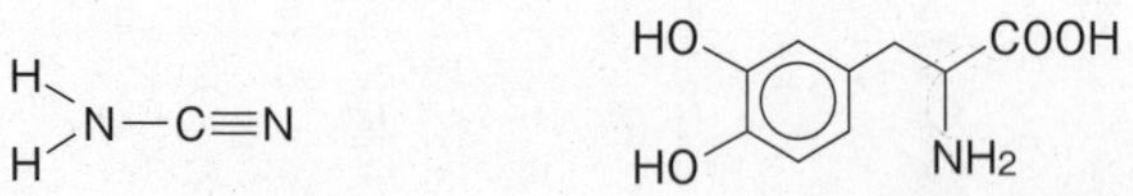

ヘアリーベッチに含まれる
シアナミド（cyanamide）

ムクナ，ソラマメに含まれる
L-ドーパ（L-DOPA, L-3,
4-dihydroxyphenylalanine）

具体的には、一〇a当たり三～四kgを、東日本では九月下旬～十月、西日本では十一月頃までに播種する。散播でよく、覆土は通常不要である。北海道では春まきが望ましい。

ヘアリーベッチに含まれるシアナミドは、石灰窒素の有効成分としてよく知られており、抗菌性や耐虫性もあるうえ、土壌微生物によって容易に尿素に変化して窒素肥料となる。シアナミドはイネ科植物を阻害しにくいので、イネ科作物と相性が良いが、イネ科雑草が残ることがある。

ヘアリーベッチは、果樹園の草生栽培にも適しており、カキ、ブドウ、キウイフルーツ、ナシ、ウメなど冬に落葉する果樹に最適であるが、四国のミカン栽培地でも効果をあげている。

③ムクナの他感物質とその利用

マメ科植物ムクナ（*Mucuna pruriens*）は、ブラジルの圃場で雑草の生育を抑制することが知られていた。筆者らは、他感物質として、ムクナの生葉や根の中に生体重の一％にも達する多量に含まれる特殊なアミノ酸L-3、4-ジヒドロキシフェニルアラニン（L-ドーパ、L-DOPA。図3）を同定した。ドーパは、キク科やナデシコ科雑草の生育を五～五〇ppmの低濃度で阻害するが、トウモロコシやソルガムなどのイネ科植物には影響が小さい。

ブラジルではムクナをトウモロコシなどのイネ科作物と混植したとき、雑草は抑制するが、作物は阻害せず、収量を上げる混植農法が行なわれている。ドーパは雑草を完全に枯らすほどの効果はなく、土壌中では不安定で速やかに分解されて腐植成分となり、後作に影響を残さない。

なお、ドーパは、ヒトの脳内の神経伝達物質であるドーパミンの前駆体であり、パーキンソン病の特効薬として知られている。

図４　線虫や土壌伝染性病原菌に対して効果のある他感物質の例

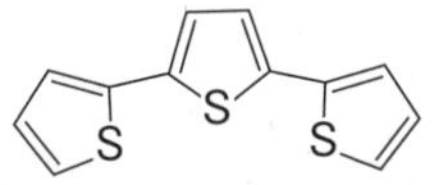

マリーゴールドに含まれる
α-テルチエニル（α-terthienyl）

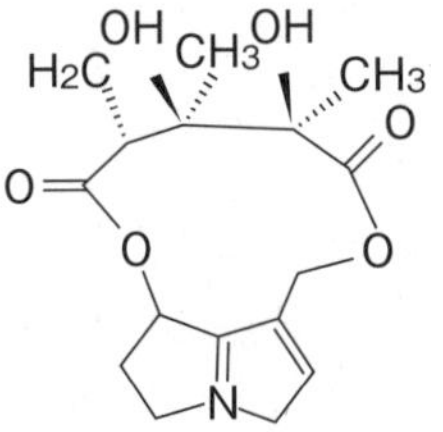

クロタラリアに含まれる
モノクロタリン（monochrotaline）

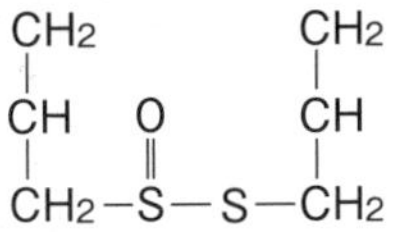

ネギ，ニラに含まれる
アリシン（allicin）

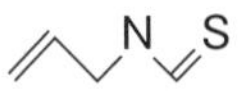

カラシナ類に含まれる
アリルイソチオシアネート
（allyl isothiocyanate）

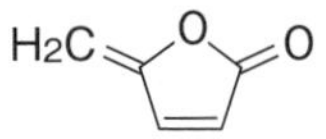

オキナグサ，センニンソウに
含まれるプロトアネモニン
（protoanemonine）

④線虫を抑制するマリーゴールドとクロタラリア

マリーゴールドはメキシコ原産のキク科の植物である。マリーゴールドの線虫防除効果が高いことはよく知られている。各線虫類に広い防除効果を示すが、とくにネグサレセンチュウに効果が高く、薬剤以上の効果と残効があるとされる。春から夏に三か月以上栽培すると土壌中の線虫密度は大幅に低下する。マリーゴールドはオンシツコナジラミ、ヤガ、ミナミキイロアザミウマなどの害虫を防ぐ効果もある。ただし、ヨトウムシ類の被害を受けることがある。

マリーゴールドに含まれる殺線虫物質は、α-テルチエニル（図４）であり、微生物や植物にも阻害作用が強く、雑草・病害虫防除に実用化されたアレロパシー植物である。

一方、マメ科のクロタラリアは、ネコブセンチュウの抑制に有効である。「コブトリソウ」「ネマコロリ」などの商品名で販売されている。その抑制成分はモノクロタリン（図４）というアルカロイドである。同じマメ科のムクナ、エビスグサ、ハブソウにも同様の効果が観察されている。また、エンバクの野生種（ヘイオーツ、ハイオーツ）、ギニアグラスも線虫抑制作用が強い。

⑤土壌の病気に効果のあるユリ科ネギ属、アブラナ科、キンポウゲ科の植物

日本でも、ネギ属植物を混植するとカンピョウの病害を防止することが栃木県の農家の知恵として伝承されていた。栃木県農試の木嶋利男氏は、ネギが出すアリシン（図４）という抗菌物質と、ネギの根に共生する微生物がつくる物質が病原菌を抑えることを解明し、トマト、ナス、キュウリ、スイカなどの病害防止にも実用化された。伝承農業が科学的に証明された例といえる。

一方、シロガラシやワサビなどのアブラナ科植物には、抗菌性物質であるイソチオシアネート類が大量に含まれている。これらを刈り取って残渣で土壌を被覆したり、すき込むことで土壌伝染性病害の軽減に役立つことが明らかにされている。また、センニンソウやオキナグサなどキンポウゲ科植物には、抗菌活性の強いプロトアネモニン（図４）が含まれている。これらを被覆植物やクリーニングクロップとして利用できる可能性がある。また、これ以外にもハッカやタイムなどハーブとして知られる植物の抗菌活性の利用が期待される。

四、水田作での他感物質の利用

①米ぬかによる水田雑草の抑制

米ぬかを、田植え後一週間から十日に一〇a当たり一〇〇〜一五〇kg、水田の全面に散布するか水口から流し込むことによってほぼ完璧に除草ができる。ただし、これ以上大量に施用すると、稲自身にも阻害作用が出たり、いもち病の発生も観察されている。

米ぬかによる除草効果は、微生物などの繁殖による酸欠と還元状態、および「とろとろ層」をつくることによる遮光効果と推定されているが、米ぬかが分解する際に生成する物質も作用していると思われる。

米ぬかを用いた場合、水は茶褐色になり、発酵臭や悪臭が出る。この水には強い抑草活性がある。その本体は、米ぬかが分解する際に生成する酢酸、プロピオン酸、酪酸、吉草酸などの低分子有機酸、硫化水素、アンモニアなどによるものと推定される。今後これらについて作用成分の詳細な同定と評価を行なう必要がある。

米ぬかによる除草はコストも安く、資源の循環になり、今後大いに普及すると期待される。日本で生産される米ぬかの四〇%は未利用と推定される。これを水田に一〇a当たり一〇〇kgの割合で散布すると、全国の水田の一〇%で除草が可能となる。

②籾がら、おから、くず大豆、刈敷き農法、温水堆肥による水田での雑草防除

米ぬか以外にも、籾がら、おから、くず大豆を散布しても強い除草作用があることが報告されている。また、ヨシやマコモの「刈敷き農法」にも他感物質が関与していると推定される。刈敷き農法とは、ヨシやマコモなどの草を刈り取り、水田に敷いて除草を図るとともに、その分解物に由来する肥料成分を期待する農法である。

一方、津野幸人氏が考案された「温水堆肥」にも他感物質が関与していると推定される。温水堆肥は、水田の水口に刈り取ってきたヨシや雑草・野草類を積み込み、ここを通して水田に水を入れる農法で、草が発酵し、堆肥化し、水とともに水田に導入して肥料とする農法である。このとき、植物残渣から黒い汁が出るが、この汁に強い雑草抑制効果があることが報告されている。これらの農法では植物残渣分解物の他感物質が作用していると推定される。

③レンゲのアクによる水田での雑草抑制

レンゲを栽培した後、代かき前に水を入れると「アク」が出て、強い除草作用があり、除草剤を使わずに稲の栽培ができることが報告されている（『安全でおいしい有機米づくり』、家の光協会、一九九三年、p.56、p.88）。ただし、水を入れて二週間以上たってから苗を移植しないと、稲まで枯らしたり、分げつを抑えることがある。この作用はレンゲの分解過程で生成する有機酸、硫化水素、アンモニアなどが他感物質として作用して雑草の発芽を抑制するためと推定されているが、詳細についてはさらに研究を要する。

④ヘアリーベッチ不耕起稲作による無除草剤・無化学肥料農法

ヘアリーベッチを、水田に秋に直播し、五月の開花期に入水して耕起することなく水稲を移植すると、無化学肥料、無除草剤で稲作が可能である。この「ヘアリーベッチ不耕起栽培法」では、除草剤を用いる慣行法と同程度以上の雑草抑制効果がある。

しかし、ヘアリーベッチの他感物質の影響のためか、稲の初期生育も抑制され、後から窒素が効いてくる秋まさり型の生長となり、収量は二〜三割の減収となることが多い。入水後の土壌の酸化還元電位は低下するが、この変化だけでは雑草の抑制や稲の生育阻害について説明ができず、ヘアリーベッチ残渣に

由来する他感物質の寄与が推定されている。

この方法では、ヘアリーベッチに含まれる窒素のため、稲のたんぱく質含量が増加し、食味の低下が懸念される。このようにまだ克服すべき点があるが、除草剤と化学肥料を節約した稲作が可能となるので、今後検討すべき農法であると考えている。

⑤稲自身に含まれる他感物質の利用

これまでの他感作用に関する研究で、古くから伝わる神社米などの赤米の系統には雑草抑制が強いものがある。また、江戸時代に不良環境で栽培されてきた伝統的な品種にも雑草に対する競争力の強いものがある。このような稲品種は、草丈が高く開張性で、光の競合によって抑草する力も強いが、他感作用による抑草も含まれると推定され、これまでの検索でこのような赤米系統に強い他感作用が検出されている。とくに徳島県在来の「阿波赤米」や「唐干」は活性が強い。「コシヒカリ」からモミラクトンが他感物質として報告されているが、関与する遺伝子は複数あることが報告されており、さらに複雑な他感物質が関与していると推定される。

農業技術大系土壌施肥編第二巻　他感物質とその農業利用　二〇〇三年

アレロパシー物質と植物の検索

藤井義晴

一、アレロパシーの意義

タバコのニコチン、ワサビやカラシの辛み成分、毒草の有毒成分など、特定の植物にのみ存在する二次代謝物質の存在意義は、植物が病害虫や他の植物から身を守るために獲得した防御物質であるとする「アレロパシー仮説」が提唱され、動くことができない植物は、このような化学物質による武器をもつことによって、病害虫や他の植物から身を守ってきたのではないかと考えられている。一属一種の古い植物に有毒植物やアレロパシー活性の強いものが多いのもこの原理で、偶然獲得した二次代謝物質によって現在まで生き延びてきたためかもしれない。

植物間の競争では、光や養分競合の寄与が大きく、アレロパシーの寄与率は一～二割程度と見積もられている。しかし、光や養分競合のような物理的競合に、アレロパシーのような化学的競合が加わることで強い抑制効果が発生する。したがって、被覆する速度が速く、物理的にも他の植物を抑制する力の強いカバークロップ（被覆植物）や匍匐性の植物が現場での雑草抑制効果が強い。

アレロパシーは害作用が顕著に現われることが多いが、促進作用も含む概念である。最近の研究は、昆虫・微生物・動物に対する作用にも広がっており、化学物質による生物個体間の攻撃、防御、協同現象、その他情報伝達に関する相互作用を意味する。現象の報告は多いが、特定の物質で現象を完全に説明した報告や作用機構に関する研究は少ない。

二、アレロパシーの強い植物の検索

筆者らは、栽培試験でアレロパシーを実証する手法の開発を試み、置換栽培法、階段栽培法、無影日長栽培法などを開発した（藤井、二〇〇〇）。また、実験室規模でアレロパシーを検索する手法の開発を試み、アレロパシーの経路ごとの生物検定法を開発した。その

表1　プラントボックス法によるアレロパシー活性の比較

和名	科名	活性*
ムクナ	マメ科	91
ポーランドコムギ	イネ科	87
キビ（四国在来種）	イネ科	86
ソラマメ	マメ科	85
野生エンバク	イネ科	82
ヘアリーベッチ	マメ科	81
アマ	アマ科	80
コンフリー	ムラサキ科	79
ウマゴヤシ	マメ科	79
ライムギ	イネ科	78
マツバギク	ツルナ科	78
エンバク	イネ科	75
タチナタマメ	マメ科	74
ハルガヤ	イネ科	70
コムギ	イネ科	67
オオムギ	イネ科	62
キマメ	マメ科	60
ハゲイトウ	ヒユ科	58
モロコシ	イネ科	56
キンセンカ	キク科	50
ルーサン	マメ科	49
トマト	ナス科	48
ヒマ	トウダイグサ科	44
ケンタッキーブルーグラス	イネ科	43
トウモロコシ	イネ科	40
オオクリキビ	イネ科	39
ムラサキバレンギク	キク科	38
カイトウメン	アオイ科	37
オーチャードグラス	イネ科	35
レンゲ	マメ科	33
キュウリ	ウリ科	33
ヒマワリ	キク科	31
シロザ	アカザ科	27
ネズミムギ	イネ科	26
ネギ	ユリ科	24
リードカナリーグラス	イネ科	24
オオキンケイギク	キク科	18
ダリスグラス	イネ科	18
ダイズ	マメ科	17
ヨモギ	キク科	15

注　*活性は、供試植物の根表面におけるレタスの幼根阻害率（%）で示した。100%は完全阻害を、0%は阻害がないことを意味する

なかで、根から出る物質を検定するプラントボックス法と、葉から出る物質を検定するサンドイッチ法は、寒天を用いて植物から放出される物質によるアレロパシーを特異的に検出する方法であるが、アレロパシーの一次検索に有効である。

①根から出る物質によるもの

表1にプラントボックス法による根から出る物質による作用の強い植物を示す。マメ科の緑肥作物であり、すでに他感物質としてドーパ（L-DOPA）を報告しているムクナが最も強い活性を示す（藤井、一九九〇）。ムクナは後述するが、実用性が高い植物として、中南米やアフリカで雑草防除効果の強い緑肥として実用化されている。

ムクナに次いで、ポーランドコムギ、日本在来のキビやエンバクの野生種、ヘアリーベッチなどが強い活性をもつ。ポーランドコムギやエンバク野生種などは、農薬や化学肥料が使われる以前に農業上利用されていた作物であり、これらの古い作物・系統が強いアレロパシー活性をもつ傾向が見られる。

これらに比べると、大豆、キュウリ、トウモロコシなどの近代的な作物、レンゲ、オーチャードグラス、リードカナリーグラスなどの改良された牧草類はアレロパシー活性が比較的弱い。概して近代的な作物ほど、活性が弱くなっている傾向にある。

②葉から出る物質によるもの

表2にサンドイッチ法による葉から出る物質による作用の強い植物の一例を示す。レモンユーカリ、チェリモヤ、タマリンド、タイワンレンギョウ、ホウオウボク、ギンネムなどの外来植物の活性が強いが、ナンテンやド

ウダンツツジのような在来植物あるいは古くから日本にある植物にも活性の強いものがある。メタセコイア、ヒマラヤシーダ、イチョウのような化石植物といわれる古代から生き残ってきた植物の活性も強い。

このようなアレロパシー活性の強い植物の落ち葉を集めて田畑に敷きつめることで、雑草を抑制することができる。このような落ち葉はその後徐々に分解して天然の肥料成分となるので資源の循環にもなり、一石三鳥といえる。しかし、落ち葉を集めて田畑に入れるには労力がかかり、実用性についてはさらに工夫が必要である。

三、マメ科植物の非たんぱく態アミノ酸

①ドーパ

筆者らは、マメ科植物ムクナがブラジルの圃場で雑草の生育を抑制する現象を研究し、ムクナの葉や根に生体重の一%にも達する多量に含まれる特殊なアミノ酸L‐DOPA（ドーパ）が作用物質の一つと報告した。

ドーパは、キク科やナデシコ科雑草の生育を阻害するが、イネ科植物に対しては阻害しない。したがって、ムクナをトウモロコシやサトウキビなどのイネ科作物と混植したとき、雑草は抑制するが、作物は阻害せずに収量を上げる共栄関係にある。ドーパは雑草を皆殺しにするほどの効果はなく、土壌中では速やかに分解して活性を失い、後作の障害となることはない。むしろ、重合して腐植成分となり窒素成分は肥料分となるので、地力増進効果が期待できる。

筆者らのムクナのアレロパシーに関する研究以降、ムクナを緑肥・カバークロップとして利用した農法が中南米やアフリカで広がりつつある。

②ミモシン、カナバニン

ドーパと同様に、マメ科植物に含まれる非たんぱく態アミノ酸が他感物質として働く例が報告されている。たとえば、オジギソウ、ギンネムからミモシンが、ナタマメからカナバニンが他感物質として報告されている。

表2　サンドイッチ法によるアレロパシー活性の比較

和名	活性*
レモンユーカリ	100
チェリモヤ	97
ナンテン	97
タマリンド	94
メタセコイア	90
ホウオウボク	89
ドウダンツツジ	88
タイワンレンギョウ	88
イカダカズラ	86
セコイア	84
ヒマラヤシーダ	84
ギンネム	84
デイゴ	81
ツバキ	80
イチョウ	77
コーヒーノキ	76
エゾマツ	66
エンジュ	66
クリ	56
ポプラ	56
イソフジ	55
アメリカフウ	53
オオフトモモ	51
クスノキ	50
イロハカエデ	46
アカマツ	46
カラマツ	43
バナナ	39
クヌギ	37
ウバメガシ	32
アラカシ	28
レンギョウ	27
イヌブナ	24
アカガシ	19
レイシ	17
マカデミア	8
シラカバ	3
ホオノキ	2
ブナ	-7

注　＊活性は、供試植物の根表面におけるレタスの幼根阻害率（%）で示した。100%は完全阻害を、0%は阻害がないことを意味する

ミモシンはドーパと構造が類似しており、また必須アミノ酸であるチロシン、フェニルアラニンの類縁体である。

カナバニンはアルギニンの類縁体で、アミノ酸代謝を乱す可能性がある。近年、健康食品、とくに痩身茶としてナタマメ茶が販売されているが、ナタマメ葉に含まれるカナバニンは正常なアミノ酸代謝を乱し、多量に摂取すると毒物として働き、アレルギーを引き起こす原因となることがあるので注意が必要である。

四、カテコール構造をもつ他感物質と含有植物

筆者らは、アレロパシーが強い植物として選抜したソバ、ダッタンソバ、ニセアカシアに含まれる他感物質を分析した結果、カテキン、ルチン、ロビネチンなどのカテコール構造をもつ植物生育阻害物質を同定した。ドーパと同一の作用機構をもつ可能性が高い。

この他、日本原産のフキからフキ酸、北アメリカの砂漠地帯に生育するクレオソートブッシュからNDGAなどのカテコール化合物が他感物質ではないかと報告されている。

また、カフェー酸は、植物生育阻害活性はやや弱いが、タンポポやイネ科植物の根など多くの植物に含まれる生育阻害物質として知られている。

カテコール構造をもつ物質の植物生育阻害機構として、活性酸素の発生とそれに関連した脂質酸素添加酵素系の阻害を提案している（藤井、二〇〇〇）。

五、最近発見した作用の強い他感物質

①シアナミド

アレロパシーの生物検定で強い活性を示すヘアリーベッチに含まれる他感物質として、シアナミドを同定した（藤井、Kamoら、二〇〇三）。シアナミドは、石灰窒素の成分として百年前に人工合成されていた物質であり、除草・抗菌・殺虫活性があることはすでに知られていたが、シアナミドが植物に含まれることを明らかにしたのは筆者らの研究が世界で最初である。この発見はヘアリーベッチを用いた雑草抑制に役立つ。

②メチルイソチオシアネート

アブラナ科に近縁であるが、フウチョウソウ科という珍しい科に属するクレオメ（風蝶草）に含まれる揮発性の他感物質として、メチルイソチオシアネートを報告した。この物質がクレオメ属植物に含まれ、抗菌活性をもつことは知られていたが、抑草活性も強いことは新たな知見である。クレオメは殺線虫活性も強いので、カバークロップとして栽培し、土壌にすき込んで線虫抑制効果を期待できる。なお、メチルイソチオシアネートは、ワサビやカラシの辛み成分であるアリルイソチオシアネートに類似した物質である。

③ジメチルジスルフィド

植物の葉や根から出る揮発性物質による植物生育阻害活性を、ディッシュパック法という揮発性物質のアレロパシーを検定する手法で調べた結果、チンゲンサイ、ミズナ、コマツナの根に強い阻害活性があることを見い出した。阻害物質の本体はジメチルジスルフィドであった。この成分は、アブラナ科植物を土壌にすき込んだあと一～二週間以内に発生し、後作の生育阻害の原因となっている可能性がある。

④サリチル酸

日本の伝統的な被覆植物（カバークロップ）であり、根は漢方薬「麦門冬」となるリュウノヒゲ（別名ジャノヒゲ）は、前述のアレロパシー生物検定で最も活性の強い植物であった。その活性の主成分としてサリチル酸(salicylic acid)を同定した。サリチル酸は、医薬品や防腐剤として合成物が広く利用さ

れ、その誘導体のアセチルサリチル酸はアスピリンという商品名できわめて毒性の低い解熱鎮痛剤として広く利用されている。サリチル酸が植物に含まれることはよく知られており、微量で植物ホルモン様作用をしていることが明らかになりつつあるが、多量に存在してアレロパシーに関与することは興味深い。

⑤エモジン、カフェイン

日本原産で、ヨーロッパに持ち込まれ雑草化して問題となっているイタドリ、オオイタドリの他感物質として、北海道大学の水谷・西村らのグループは根に大量に含まれるエモジンなどのアントラキノンを報告している。

また、コーヒー、チャ、南米パラグアイ原産のガラナやマテなどの葉や種子に大量に含まれるカフェインは、人間に対して興奮作用や強心作用があり嗜好飲料として好まれる著名な天然物であり、人間に対する毒性は低いことが長年の飲用経験から明らかになっているが、植物に対しても生育阻害活性をもつことが、インドのリズビーやアメリカ合衆国のウオーラーらによって報告されている(藤井、二〇〇〇)。

エモジンやカフェインはキノン構造をもち、酸化還元反応によって植物生育を阻害している可能性があるが、カフェインはＤＮＡに直接作用する可能性も示唆される。

⑥プロピレングリコール

国産の間伐材から抽出した成分に含まれる植物生育促進活性のある物質を探索した結果、1，2-プロパンジオール（別名プロピレングリコール）を同定した。この物質は合成化学物質としてもよく知られており、毒性が低いことから餃子の皮などの防腐剤や車の不凍液として利用されている。

この物質は低濃度で植物の生長促進活性があることを明らかにし特許を申請している。原液を五千倍程度薄めた液に切り花を長持ちさせる効果や、大豆・小麦・ジャガイモの収量を向上させる効果が認められる。

⑦シスケイ皮酸

筆者らのグループは、サンドイッチ法でアレロパシーの強い植物を検索する過程で、ユキヤナギやシジミバナなどの日本在来のバラ科植物に強い活性があることを見出し、その作用成分として、シスケイ皮酸とその配糖体を同定した。トランスケイ皮酸は植物界に広く分布するありふれたフェノール性物質である。その異性体であるシスケイ皮酸も天然物として存在することは知られていたが、トランス体の千倍の強い阻害活性をもつことを初めて明らかにした。

この活性は植物ホルモンとして知られ、天然物として最強の阻害活性をもつアブシジン酸に匹敵する強い活性であったので、特許を申請した。

⑧シンフィチン

現在、寒さに強い被覆植物として東北地方や北海道で利用されることがあるが、雑草化することも指摘されているコンフリー（和名はヒレハリソウ）のアレロパシーを研究中である。

コンフリーは健康食品として知られ、カフカス地方原産とされ、古くからヨーロッパで野菜として利用された植物である。しかし、アメリカの研究者らによって肝臓障害を引き起こす成分を含むことが指摘され、厚生労働省は二〇〇四年からコンフリーの利用を禁止する勧告を出しており、農水省も飼料としての使用を自粛するように通達している。その有毒成分としてシンフィチンというアルカロイドが報告されている（藤井ら、二〇〇五）。

農業技術大系土壌施肥編第二巻　アレロパシー物質と植物の検索　二〇〇六年

あっちの話こっちの話

オンシツコナジラミにはニラが効く

若泉健治

最近、トマトにニラを混植する農家も多くなりましたが、このニラが、オンシツコナジラミの駆除にも効果があるということは、意外と知られていないのではないでしょうか。

愛知県渥美郡田原町のＦさんは、ハウストマト主体の専業農家。一昨年よりトマトにニラの混植を始めました。余ったニラの種を、連棟ハウスの谷の部分にまくと、ほおっていくうちにズンズン育ってきます。

これを見て、「もしかしたら…」、第六感の働いたＦさん。サクサクとニラを細かく切り刻んで、トマトのうねにまき散らしたのです。すると臭いのせいでしょうか、ニラをまいたハウスだけ、オンシツコナジラミが姿を消してしまったのです。

あんなに困っていたオンシツコナジラミが、こんな簡単なことでいなくなるなんて……。それからというもの、Ｆさんは、ハウスの支柱の立っているスペースには思いきりニラをはやし、切り刻んではまいているそうです。

一九九一年五月号　あっちの話こっちの話

いちごの欠株には大根を播く

鴨谷幸彦

宮城県気仙沼市の畠山秀子さんのつくるいちごは、直売所でも大人気。でもいちごはどうしても欠株が出る。そんなとき秀子さんは、その穴に大根の種を二粒ほど播きます。

するとすくすくと育ち、普通よりもずっと大きくてきれいな大根ができるそうです。「いちごが食べない肥料を大根が食べるのじゃないかしら」と秀子さん。

この大根、友達にあげたら「こりゃ一本でもしばらく食べられるわ」と驚かれたそうです。いちごの欠株には大根！ ユニークな混植をみなさんも試してみませんか？

二〇〇七年十月号　あっちの話こっちの話

Part 2

輪作、緑肥が栽培の基本

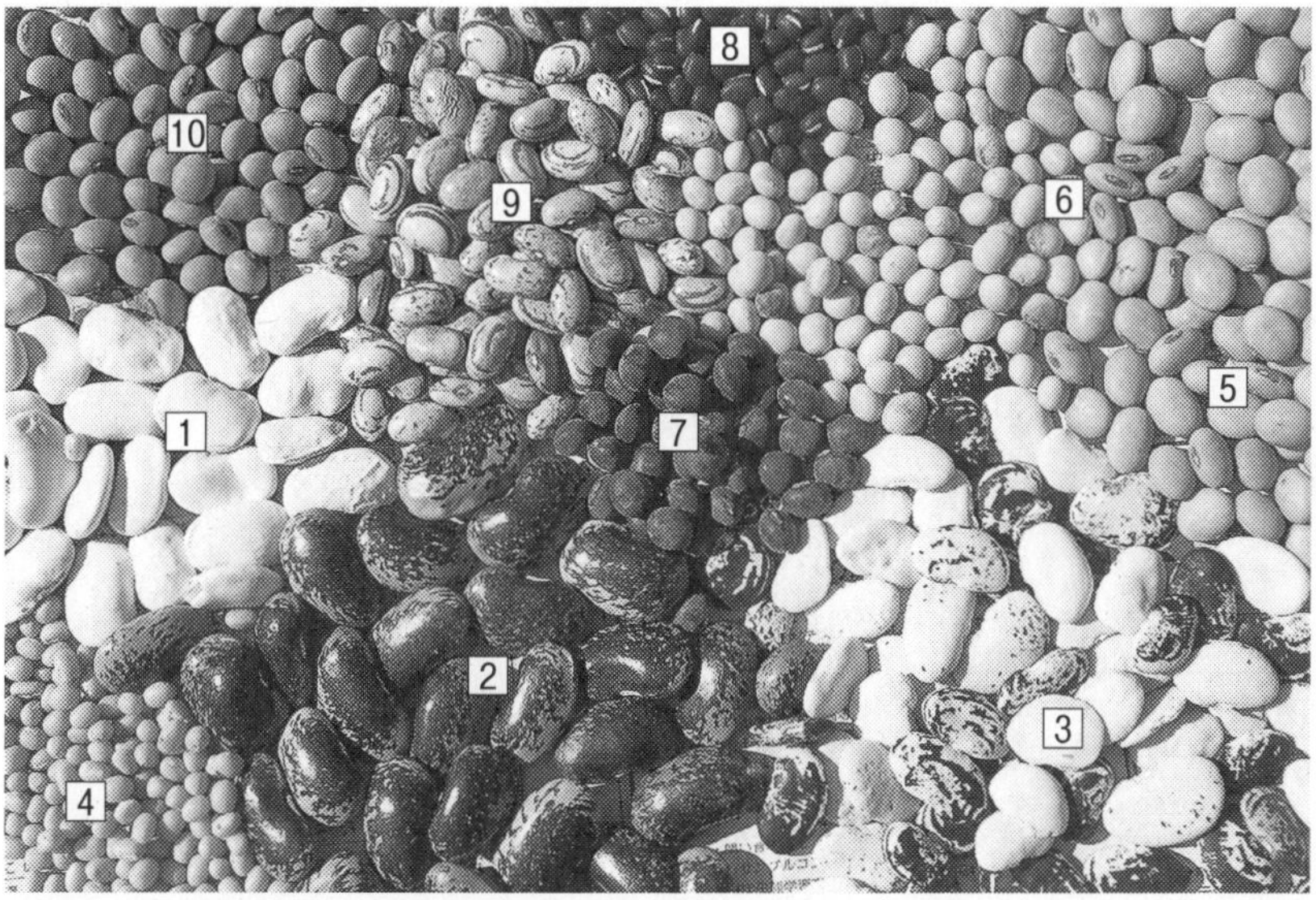

古来より、輪作体系は、イネ科作物とマメ科作物の輪作が基本である。現在一般に流通する豆類は、大豆、小豆、えんどう、いんげんであるが、昔は非常に多くの品種が存在していた。上の写真は、福島県会津地方に伝わる豆の品種。1～3は、ささげの仲間。4白小豆、5青豆、6味噌豆、7黒豆、8小豆、9モロッコインゲン、10大豆。（撮影　倉持正実）

落花生輪作・混作できゅうりのセンチュウ退治

松沼憲治　茨城県総和町

「落花生の後作にはセンチュウがつかない」そんなお話を土壌センチュウの研究者である三枝敏郎先生に聞きました。農薬いらずでセンチュウ退治できるなら…。そう思い、さっそく七月上旬、抑制きゅうりのハウス内にテストのつもりで播いてみました。

四十年間きゅうりを連作してきたが…

私のハウスは前作が促成きゅうりです。すでに四十年にもわたってきゅうりを年二作つくり続けていることもあって、年や作型によっては部分的に生長が悪いところがあり、とくに夏に定植の高地温でスタートする抑制きゅうりにその傾向がありました。そのため、促成きゅうりが収穫し終わる六月上旬すぎ、部分的に土壌消毒をし、無消毒区の生長と比較しながら毎年栽培してきました。

実際、六月末に三枝先生にハウスの土を見てもらうと、無消毒区では、土五〇g中にネコブセンチュウが一〇〇〇頭以上いました。

三枝先生によると、圃場によって差はありますが、ネコブセンチュウは多いところでは土五〇g中に一〇〇〇頭以上いて、植物の根に入り込み、養分を吸って作物をしおれさせるとのこと。私の無消毒区のきゅうりがしおれるほどの被害がでていないのは、生の有機物を大量に施用し、土の中で発酵分解させているおかげで、ネコブセンチュウを死滅させる微生物や捕食性センチュウがたくさんすんでいるからかもしれません。

落花生を混植、ネコブセンチュウがゼロに

さて、落花生を播いたのは、ハウ

8月25日に落花生の間にきゅうりを植えたところ。右端のベッドサイドには落花生のみを植えてみた。今年の抑制は、前もって落花生を2か月ほど育てた後に抜き取り、そこへきゅうりを植えてみるつもり

スの三ベッドあるうちの一ベッド。二条に、三〇cm間隔で二粒ずつ播き、足で覆土しました。水分は十分だったのでかん水はしていません。約一週間で発芽しました。

発芽後の落花生はよい生長でした。当初このベッドは、きゅうりを休ませて落花生だけを育てるつもりでしたが、抑制きゅうりの苗が一〇〇本ほど余っていたので、試しに八月十七日、落花生の間に植えることにしました。すると、きゅうりの生育がよいのです。

定植から一六日後の九月二日に三枝先生に土の検査をしていただいたところ、ネコブセンチュウはゼロでした。ネコブセンチュウもいなくなったようだし、きゅうりのための肥料分も食われてしまうかもしれないので、その後、きゅうりの株間にある落花生だけ（全体の三分の一くらい）を残し、根元近くの落花生は鎌で刈り取りました。そのせいか、きゅうりの生長に支障はなく、圃場の肥料不足も感じられませんでした。

その後のきゅうりの生長は他の区と変わりなく、十一月下旬まで収穫を続けました。収穫した落花生は、今年の種にするために、乾燥させています。

筆者。きゅうりと落花生を混植（写真は平成15年抑制きゅうり）。きゅうりは40年連作している

落花生を一作つくれば三〜四年被害なし

三枝先生によると、落花生の根には毒素（それが何であるのかは不明）があるため、落花生をつくるとネコブセンチュウは死滅してしまうのだそうです。落花生を一度つくれば、三〜四年は発生がないとのこと。

また、品種はとくに選ぶ必要はなく、あえていえば、根張りがよくて食べておいしい「千葉半立」がよいとのことでした。私の場合は、急を要したために種苗店で間に合う種（品種は不明）を買って播きました。露地なら六月初めの播種が理想だそうです。

土壌消毒剤より安い

二月十日現在、前作で落花生を播いたあとへ十二月末に定植した促成きゅうりは、土壌消毒なしにもかかわらず、他と同様に生長よく、収穫を始めています。

今年の抑制はさらに落花生を播くところを増やし、七〇〇坪あるハウスのうち、二〇〇坪をネマトリンなどで土壌消毒し、残り二〇〇坪は落花生と混植し、三〇〇坪は落花生を二か月くらい育てたあとに抜き取り、そこへきゅうりを定植するつもりです。昨年くらいの播種量（反当換算で五〜六ℓ）なら反当一万円くらいで、土壌消毒剤より安くすみます。

きゅうりに限らず、すいかやメロンなどのウリ類には、前作に落花生がよいのではないかと思っています。

二〇〇四年五月号　農薬いらずできゅうりのセンチュウ退治

だんだん土がよくなる輪作体系

千葉県八街市　浅野悦男さん

この順番なら土が育つ

お金をかけないで土づくりする方法がある。作物に土づくりしてもらう方法がある。土をつくってくれた作物も、売ればお金になってしまう……それが輪作のいいところだ。

千葉県の畑作地帯・八街市の浅野悦男さんは、二町三反の畑を土壌消毒なしでやれている。それでいて、一ケースの値段が、人より何でも二〇〇〜三〇〇円高い。単価の高いものだけに作目を絞って、苦労ばかりするよりも、輪作で品質のいいものをとれば、結果的にはよっぽどもうかる。作物同士で土づくりしてもらって、人間はらくしてもうけている。

だからといって、ただやみくもに、どんどん輪作すればいいってもんでもない。作物同士の相性がある。トウモロコシの後にさつまいもを作付けると生育障害が多い。昔からの言い伝えだったのに、浅野さんもついうっかりしてやってしまったことがあるが、見事、出荷基準から外れた芋しかとれなかった。

さつまいもあとの里芋もよくない。生姜《しょうが》と里芋も駄目だ。

基幹作物は三つ

十七歳で農業を始めたとき、埼玉県の人にさつまいもづくりを教わった。その人がいうに、「さつまいもをつくるんじゃなくて、さつまいものできる畑をつくれ」。まだ右も左もわからない少年だった浅野さんは、その言葉をそのまま真に受けて、以来、ずっと畑づくりばかりやってきた。

輪作体系を組むには、まず、自分の家の基幹作物を三つに定めるのが大事だ。三脚を考えればわかることだが、二本では立てない。四本ではかえってぐらつく。そして、その三つの作物それぞれの面積の上限を、耕地全体の三分の一に定めること。一品目でそれ以上多くすると、輪作体系がきしむ。どこかで無理がくる。

浅野さんの三つの作物は、さつまいも、里芋、にんじん。ただし、現在にんじんが大根に変わってきている。一品目六反くらいが上限ということになる。

さつまいもの前年は落花生

なかでも、浅野さんが輪作体系の一番基本に考えているのはさつまいもだ。さつまいもだけは、三年くらい同じ畑で連作する。だけどさつまいもというのは、多肥にするとつるばかり伸びてしまうので、あまり肥料を入れられない。肥料を入れないのにどんどんつくるわけだから、畑の養分やミネラルをどんどん吸ってしまう。いわば地力が消耗する。

そこで、三年さつまいもをつくったあとは、肥料を結構やれるにんじんや大根を入れる。

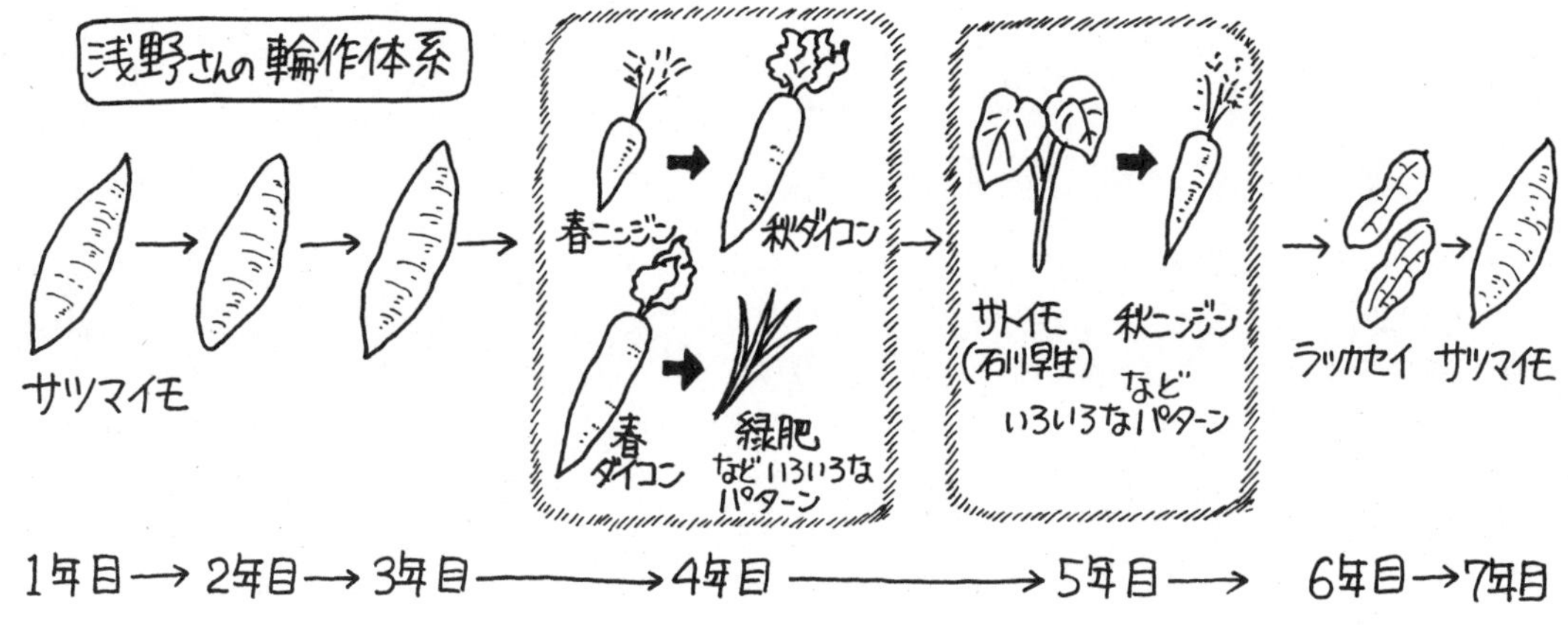

ちょっと調子がおかしいなと思ったら、緑肥を入れてもいい。翌年になれば、里芋も入れられる。消耗した地力を取り戻すための二年間なわけだ。そして三年目には落花生を入れて、その翌年またさつまいもに戻る。

さつまいもの前年は、必ず落花生。落花生はセンチュウを減らしてくれるありがたい作物だ。さつまいもを連作し、その後いろんな野菜をつくって、センチュウの密度はだんだん上がってきているはずだ。ここで落花生をつくらないと、さつまいもが被害に遭う。

さつまいものつくれない畑というのも結構ある。浅野さんの畑の中でも低いところだ。ここには、わりと水の好きなトウモロコシが、毎年場所を変えて入る。トウモロコシのあとには、秋大根か秋にんじん。多肥のトウモロコシのあとで、ほとんど無肥料でできてしまう。余分な窒素を吸ってくれて、畑も綺麗になる。コブトリソウなどの緑肥が入ることもある。トウモロコシにはセンチュウ抑制力はないので、緑肥を一回入れておくと、その後の里芋などがよくできる。

マメ科緑肥は地力をつける

緑肥はいろいろ試したが、今のところコブトリソウが気に入っている。ネコブセンチュウを減らすといわれているが、マメ科なので、窒素を固定してくれて、つくるだけで地力がつく。これを花まで咲かせて、霜がくるまで置いておいて、ロータリですき込む。

何の緑肥でもそうだが、浅野さんはじっくりつくる。花の咲くものは咲かせて、麦類なら出穂直前まで置いて、一番栄養価が高いときにすき込みたいのだ。長い間畑に置くと、固くなってすき込みづらいと敬遠されがちだが、せっかくの緑肥だから、三か月は最低でも置きたいところだ。

さつまいものミナミネグサレセンチュウには、ギニアグラスが効くらしいが、発芽不良だし、固くてちょっとすき込みにくい。ソルゴーは、ガサがあるから有機物にはなるが、地力をかえって消耗させる。塩類の集積したハウスなんかにはいいんだろうが。ハブソウもここにはあまり合わない。

今、非常に注目しているのはヘイオーツだ。宮崎辺りの里芋・さつまいも地帯でも効果があったと聞いている。とすると、よくいわれるキタネグサレセンチュウだけでなく、ミナミネグサレセンチュウにもいいということかもしれない。コブトリソウより乾物重があるし、根の量も多い。柔らかくて処理もしやすいらしい。

さつまいもにマルチムギ!?

「お金になるものだけつくろう」と思ってたら輪作はできない。が、できればお金になるもので、輪作を組みたい。以前はセンチュウ密度を減らすのに、麦を間に挟んだりしていたが、麦があんまり景気が悪いんで、ここ二年ばかりやめている。落花生だって自由化で、輸入もののほうが安くて見かけもいいくらいだ。

今、浅野さんは、コンパニオン・プランツに興味を持っている。輪作もいいが、混作もおもしろい。両方収穫できるような混植体系があると、非常に便利だ。

今年、やってみようと思っているのはさつまいも+マルチムギ。さつまいものうね間にマルチムギを播くのだ。麦類というのは、だいたいセンチュウが住めないらしいから、一緒に植えておけば密度を減らすのに役立つんじゃなかろうか。それに、なんらかのアレロパシー作用が働いて、芋の品質もよくなるかもしれない。ついでに雑草抑制にもなるし、雨が降っても土が流亡しないだろう。夏には勝手に枯れてくれるので、手間がかからない。

これからは、ヤマトイモやジネンジョづくりにも挑戦したい。芋とハーブの関係なんかももっと研究して、混作・輪作の相性を徹底的に利用した農業がやりたい。楽しみである。

一九九四年五月号　輪作で土壌消毒と無縁

落花生の性質とつくり方

難溶性リン酸の吸収力が強い

南アメリカのアマゾン一帯には野生のナンキンマメ属30種が自生しており、落花生の原産地はブラジル南部とされる。また、栽培種の地理的起源は、アンデス山脈の麓のボリビアといわれる。日本へは江戸時代に中国から渡来したが、明治期になって神奈川、千葉県を中心に広がった。

熱帯性の作物で、高温と多照を好む。発芽適温は23～30℃で、生育の最適気温は27～30℃である。21℃以下では結実しない。

土壌は、石灰に富み、適当な有機質を含む排水良好な砂質土壌が好適とされる。ただし、乾燥に強いうえ、やせ地でも安定した収量が得られるので、一般には火山灰土や、河原、砂丘地などの干ばつ地帯や不良地に栽培されている。

種子は莢のまま貯蔵しておき、種まきに先立ち、むき実にする。

畑に、播種2か月くらい前に、堆肥、石灰を全面に施してから耕うんしておく。種まき2～3日前に元肥を全面に施し、砕土、整地を行なう。高さ5cmくらいのうねを立てる。うね幅は露地栽培で55cm、マルチ栽培では60cm（通路75cm、マルチ床45cm）で、上からポリフィルム（幅95cm）を張る。

種まき　露地栽培は5月中旬～下旬に、株間18～20cmで、一粒ずつ目測でまき溝に落としていく。鍬で覆土を3cmていどかける。

ポリマルチ栽培では、5月上旬にまき付ける。株間は25cmで、フィルムの穴に一粒ずつ親指の先で、深さ3cmていどに種を埋め込む。覆土は通路の土でフィルム面に平らになるように行なう。

中耕・土寄せ　露地栽培では、6月下旬～7月上旬に一回目の中耕を管理機で行なう。二回目は土寄せをかねて一回目から10～15日後に行なう。最後は8月に入ってから土寄せする。マルチ栽培では土寄せ作業は行なわないが、7月中旬に通路だけ管理機で中耕する。

掘り取り時期は、露地栽培では葉が6～7割落葉した10月下旬である。この時期より遅くなると、過熟粒が多くなり品質が悪くなる。マルチ栽培のばあいは開花から110日くらいたった10月上旬。

落花生は難溶性リン酸の吸収力が強いことが知られており、輪作によって他の作物の収量が増加するという。　（『農家が教える　家庭菜園春夏編』より）

あっちの話こっちの話

佐久にもありました、ナギナタガヤの自生種！

大平峰雄

六月に入ると自然に枯れるナギナタガヤ。園地一面を覆ってしまえば、枯れた草がマルチ代わりになるので、暑い夏の除草剤散布も草刈りもいらなくなります。

長野県佐久市でりんごとプルーンの果樹園二町歩を経営する臼田弌彦さんも、三年前から少しずつ自生種のナギナタガヤを増やしています。佐久市に自生するナギナタガヤの草丈は五月下旬で二五～三〇㎝くらいと短め。心配していたように足にからむこともなくパートさんの評判も上々です。

ナギナタガヤはふつうは秋に播種するといわれていますが、「九月以降はりんごの葉摘みや収穫で忙しいだろう。だから春から夏のうちにまいておくんだ。いったん除草剤を散布して他の雑草を枯らした後で種をまけば、いつまいてもちゃんとナギナタガヤが優占するよ」とのこと。

種がつく八月以降なら、その辺の穂を摘んで振り歩けば種が広がります。八月より早く播種するときは、前年の種がついた穂をりんごケースに保存しておき、それを使うそうです。

二〇〇三年五月号　あっちの話こっちの話

トンネルメロンには間作麦が一番

中山龍平

「やあ、農文協さん。おかげさんで今年のメロンのできは上々だったよ。やっぱり間作麦はいいねぇ!!」とおっしゃるのは、北海道富良野市のMさんです。

Mさんの畑は傾斜のある砂地のため、大雨が降るごとに地割れができてメロンに被害が出る。これが悩みの種でした。そこで今春、トンネル用ベッドの間にえん麦を播いてみたのです。本当は条播きがいいと思ったそうですが、手間の関係でばら播きにしたとのこと。それから耕うん機で軽く起こしました。

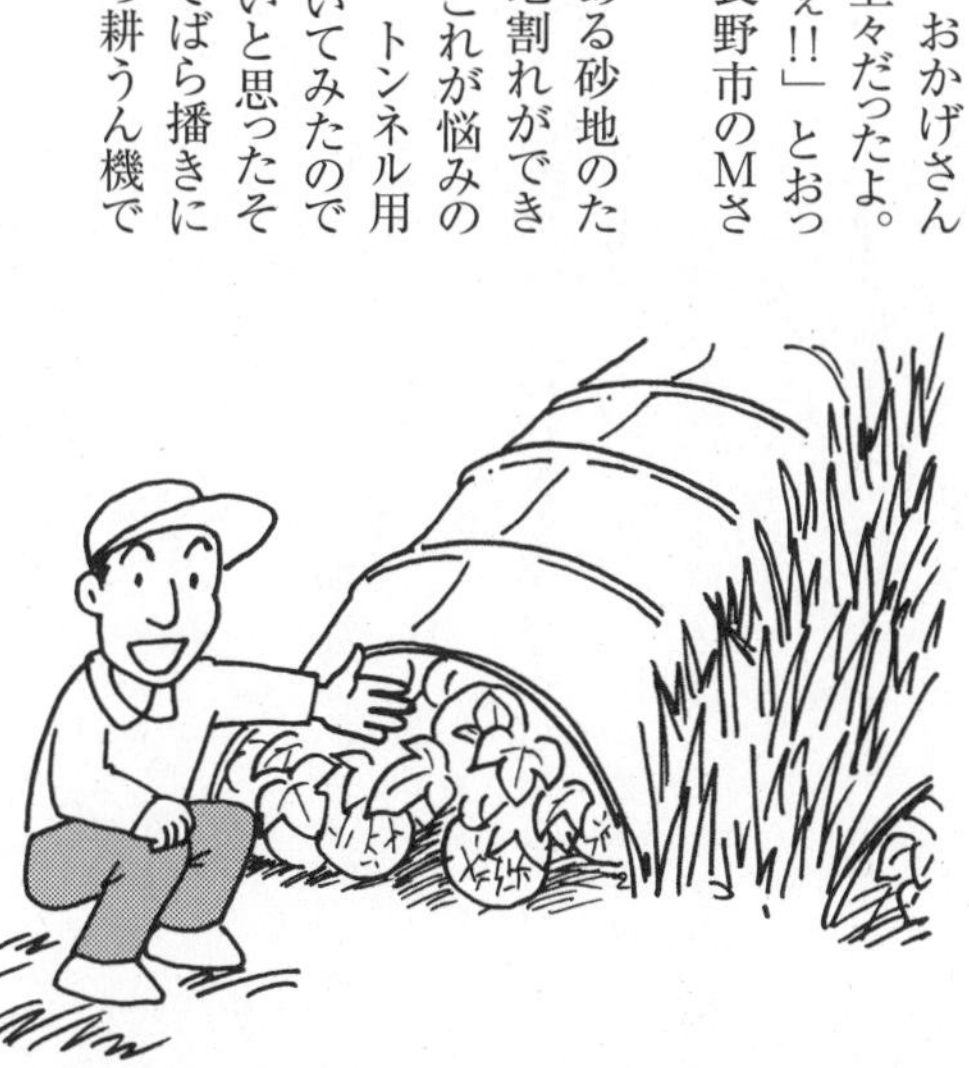

Mさんによると、間作麦は五つの効果を発揮したそうです。①雨で地割れしたり流される心配がなくなった、②暑い日が続くと砂地のために地温が急上昇していたのが、えん麦のおかげで防げた、③雨後の収穫のとき、ぬからないので一輪車での運搬がらくだった、④メロンのつる（樹）が格段に丈夫になった、⑤つるが丈夫になったので農薬の散布回数が二回ですんだ（主にベト病対策）。

ちなみに、メロンを片づけた後、えん麦は緑肥としてプラウですき込むそうです。

一九九二年十二月号　あっちの話こっちの話

イネ科とマメ科作物の輪作で土づくり

文・新海和夫（新海農園）

茨城県牛久市　高松　求さん

一、農地を守りたい

高松さんの住む牛久市は、茨城県の南部に位置している。気候は比較的温暖で年平均気温は約一四℃、年間降水量は約一、四五〇㎜で、暴風雨による災害も比較的少なく、農業に最適な気象条件に恵まれている。

しかし、土壌条件からみると、牛久沼周辺を除いて、ほとんどが関東ロームの褐色の火山灰が堆積し、表面の黒い耕土を起こすと、すぐ下からは褐色のローム層が深くまで続いている。女化《おなばけ》地区の開拓は明治以降に始まり、やせた褐色の火山灰土壌と筑波おろしによる風害と干ばつとの戦いであったという。

高松求さん（撮影　倉持正実）

そんななか、この地帯に昔から定着していた陸稲栽培や、冬の間の風食害を防ぎ、有機物補給、土壌改良を支えてきた麦作は急減してきている。都市近郊農業共通の都市化の波と高齢化の波には勝てず、遊休農地が増えてきている。一方で最近は、環境保全型都市型農業への動きも始まっている。

関東ローム層の台地に広がる畑作地帯である牛久地域の軽しょう土は、ひとたび乾燥すると細かな土ぼこりになって風に舞う。茨城県農業試験場の調査によると、十二月から四月までの五か月間に飛ばされる作土は、裸地状態だとじつに一〇a当たり一・三tに及ぶ。

牛久地域で陸稲と落花生の作付けが盛んだった理由には、水田がなく、畑も地力がなくやせた地域であったことがあげられる。地域の人々は家畜糞の堆肥、麦作、くず麦緑肥栽培を熱心にとり入れ、肥えた作土をなんとか守ろうと努力してきた。

しかし、戦後は化成肥料の使用によって、堆肥づくりや、地力増進のために輪作が行われなくなっている。その結果、現在で地域の土壌に、いくつかの問題点があげられる。

①化成肥料の多投与による窒素とカリの過剰状態。

②冬季の麦栽培の減少や有機物が不足によ

り、乾燥期に土ぼこりとなり、夏の水害時には土が流出する害が多くなった。

③単一品目の連作による障害が出やすく、とくにセンチュウの被害が多くなった。

二、有機物の利用

高齢化で堆肥づくりが困難

「土をよくするために堆肥を入れなさい」といわれる。しかし、高松さんは年をとるにしたがって、堆肥場まで材料を運び、それを積み上げて、切返しをしながら堆肥をつくり、再び水田や畑に運んですき込むという作業が苦痛になってきた。田畑を荒らしたくない気持ちは人一倍強いと自負していただけに、悩んだ。

悩んだあげく、この際いろいろな土つくりを試してみようと考えた。運んだり切り返したりするのがたいへんだったら、その水田、その畑でとれるものをうまく活かすことによって、土がよくなっていかないだろうか。こうして始めたのが、稲わら、麦わら、青刈麦、緑肥など、その水田、その畑でとれた有機物を全量すき込んで、その場で堆肥をつくる方法であった。

ただし、この方法には問題もある。水田ではわらが浮いてきて、田植えのときに欠株が出やすい。また、有機物が土壌中に多いと、ガスがわいて、稲が根腐れを起こしやすい。畑ではわらが表面に突き出して、マルチが破れてしまうこと。これらの問題を克服しなければならない。

それを解決してくれたのが、プラウによる反転耕だった。試してみると、確かに水田の代かき作業のときもわらが浮いて困ることはないし、急激な還元も起こらない。畑でもみごとにわらが土中にすき込まれる。しかも年々、作がよくなってきている。高松さんは「こんなこと、体力があった若いころには考えもしなかった」と話している。

もみがら、米ぬかの活用

現在も、もみがら堆肥とボカシ肥づくりは続けている。もみがらは、腐りにくいために、堆肥などにはあまり利用されておらず、大量に入手可能である。高松さんは、わらやもみがらを堆肥化する微生物資材「わらエース」を利用している（図）。自前のくず麦、くず大豆、やまといも、じゃがいものくず、雑草など、すべて堆肥材料になる（雑草の種子は、七〇℃以上の発酵熱で死滅する）。

有機栽培にとくにこだわっているわけではないが、ＥＭ菌、米ぬか、油かす、もみがらのボカシ肥も作っている。ボカシ肥を買うと高価だが、身の回りから出てくる有機物を利用すれば、安くできる。嫌気発酵させ、それを基肥として利用している。ボカシ肥をほどこすと肥効が長持ちし、根の張りもいい。

もみがら堆肥づくり

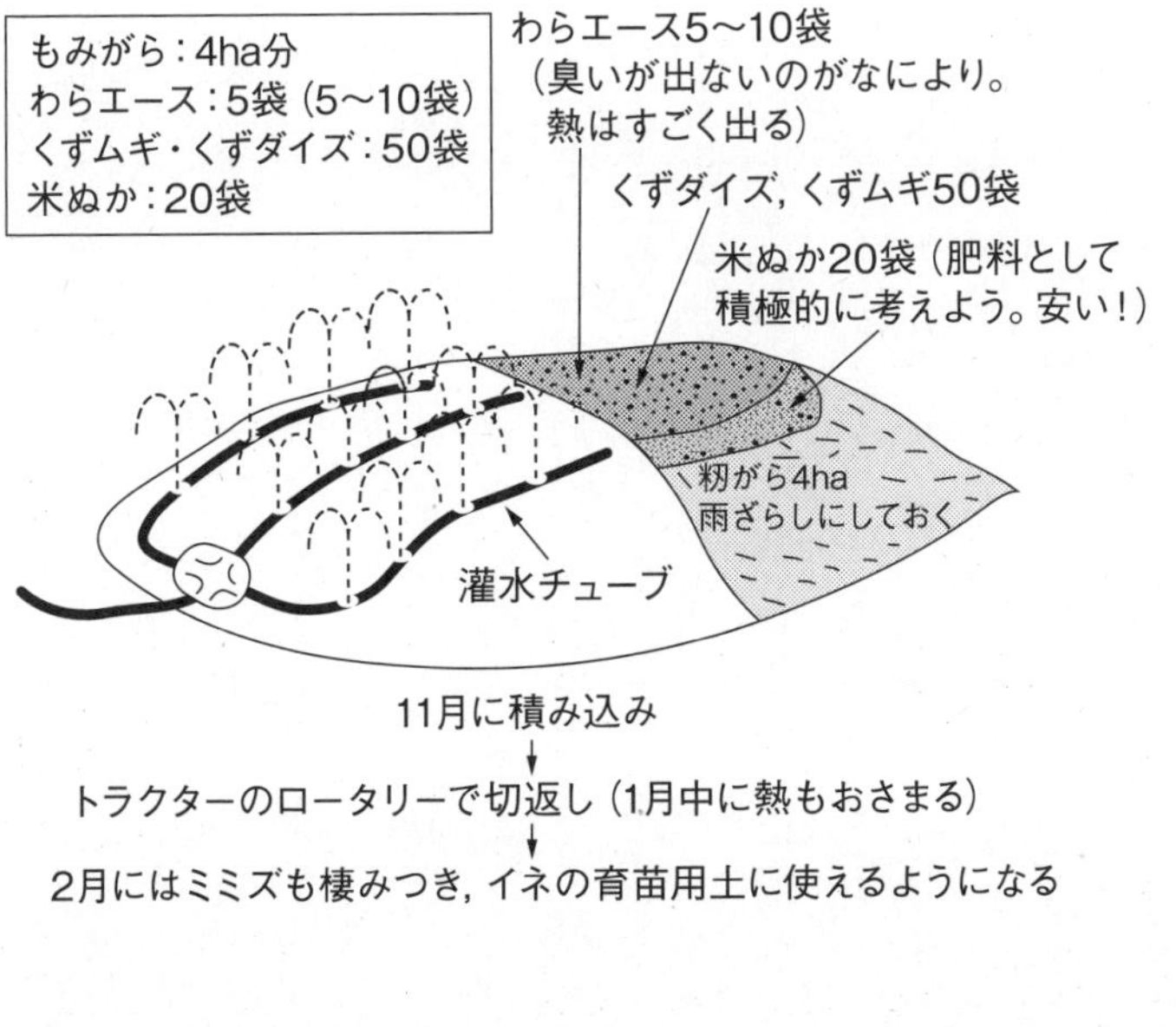

三、輪作の実際

高松さんは、働き手のいなくなった近所の人から、原野化した耕作放棄地を畑に戻すことを頼まれていた。また、雑草も満足に生えないやせ地の四五aの畑から始まった自身の営農体験のなかから、開墾地でも陸稲ならつくれることが記憶に残っていた。作物に土を耕してもらう、作物に有機物をつくってもらう、土の中の微生物の力を借りる、体力勝負の部分は機械にお願いする、特別のことをしないでも土ができていく。これが基本である。

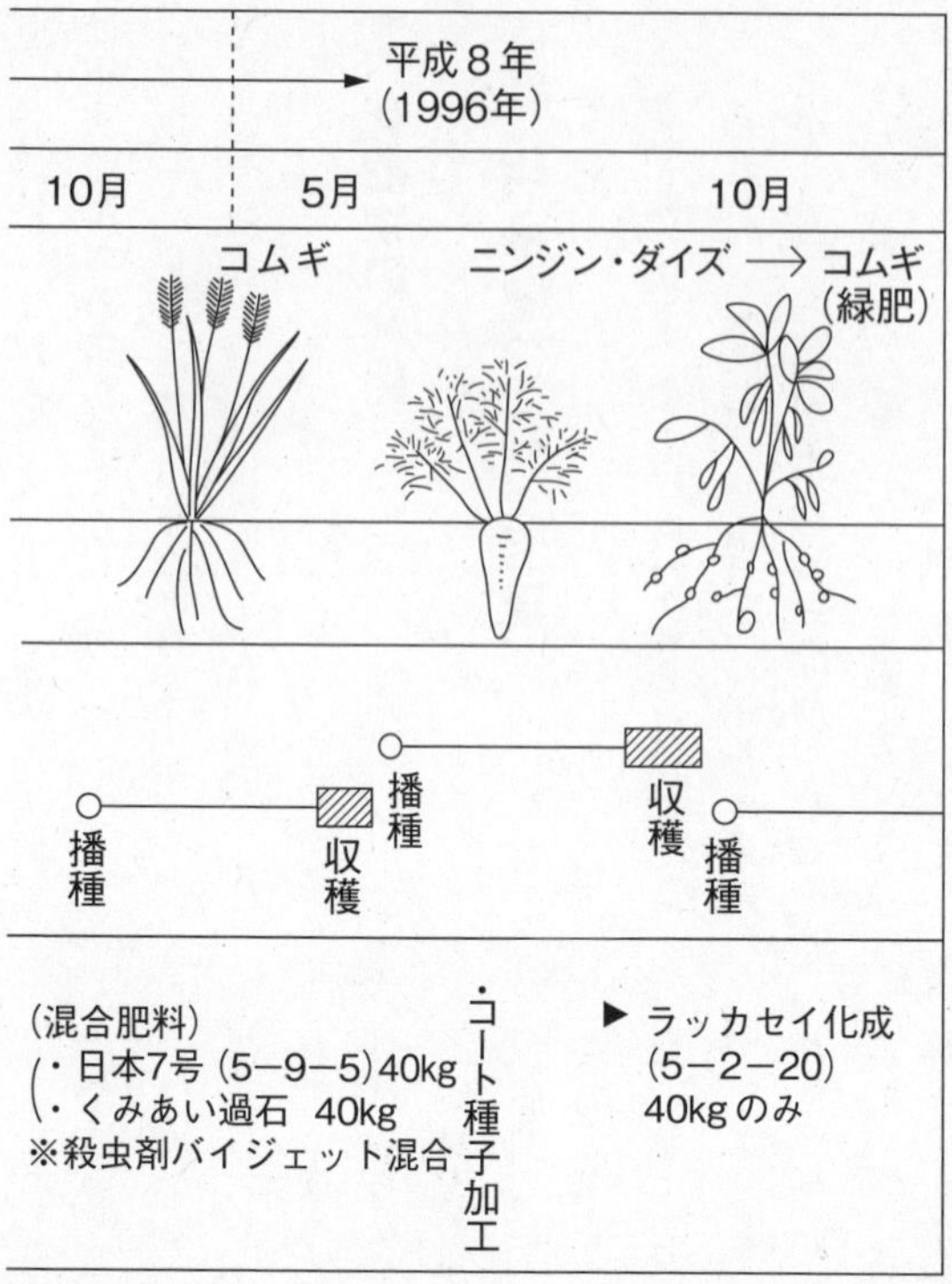

一年目春　地力のない畑には陸稲をつくれ

仕事は、草がぼうぼうに生えた畑の草刈りから始まった。同時に土壌診断を行なった。すると、畑として使ってきた場所ではほぼpH六であったが、長く雑草畑になっていた場所では五・六くらいの酸性に傾いており、バラツキもあった。もともと酸性土壌に向く陸稲だが、せっかく土壌改良してきた畑については陸稲のために酸性化させるのもおかしなことなので、とくにpHの調整は考えなかった。

雑草畑については、まず開墾のような作業が必要であった。灌木化した雑草を刈り払って火入れし、その後にサブソイラをかけ、プラウで三〇cmにすき込んだ。

四月に入ってからドライブハローをかけて均平にし、陸稲（在来もち種・トヨハタモチ）をドリル条播した。肥料は、硫安一袋（N四kg）、過石二袋（P二・四kg）、硫加（K五kg）を混合し、利用した。

除草は、除草剤ゴーゴーサン土壌処理を一回、あとはレーキを使用しての除草を一回、中耕爪を改良しての中耕除草を一回。雑草に学ぶ高松式除草はみごとであった。上農の見本「草をみずして草をとれ」の諺どおりである。

筆者はかつて、高松さんから「草を取るより作をつくれ」と教えていただいたことがある。ドリル播で条間を狭くした意図のひとつもそこにある。作物で草を抑制するのだ。そして狙いは的中した。

一九九三年は史上最悪の冷害の年だった。荒れた畑に播いた陸稲は、防除はいもち病と紋枯病に対して三回行なっただけだった。それでも収量は五俵。収量は並だったが、約一haで一〇七袋を販売。米選下（くず米）はわずか五〇kgしか出なかった。知り合いから聞いた話では、この年の陸稲では二〜三割の米選下は当たり前だったという。

余談だが、この陸稲が当たった。米不足のなかで、なんと一俵三万円で飛ぶように売れていった。

「地力がない畑には陸稲をつくれ」の諺どおり、やせた畑にもかかわらず、わらの量がすごかった。ふつうの速度では稲刈りができず、ギアを一速落として刈り取るしかなかった。わずかな肥料がこれだけの有機物を現地

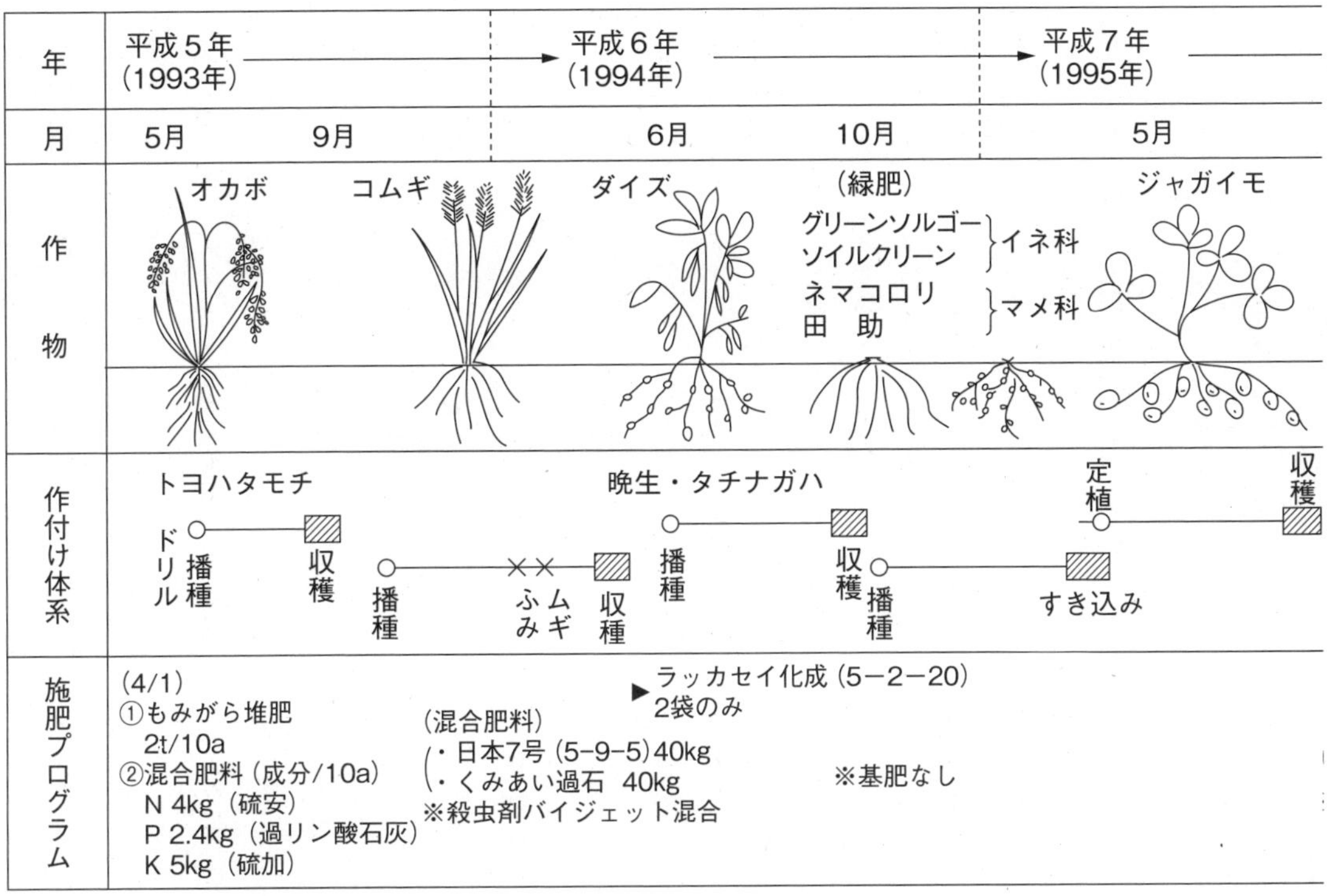

調達してくれたのである。

一年目秋　小麦の播種

九月に陸稲の刈取りを終え、十月初めに稲わらをプラウですき込み、十一月初めにはドライブハローをかけて、小麦を播種。

二年目春　小麦の収穫

六月下旬、小麦（品種：農林六一号）の収穫。一〇a当たりの収量は七俵（四二〇kg）で、七〜八万円の稼ぎは見込めた。それよりも何よりも、金では代えがたい三つの収穫があった。

①雑草が生い茂り灌木まで侵入していた最も荒れている畑の小麦が、じつによい実入りだった。一番だめだったところは落花生連作の畑だった。荒地の小麦が一番だめだろうと思っていただけに、高松さんは驚いた。

②根の働きに驚いた。プラウで起こしたとき、根を掘った。すると、一m以上の深さまで根が入っていた。

③この地方特有の、冬の間の肥えた表土の飛散がなかったこと。

二年目夏　大豆の播種

六月下旬、小麦を収穫したあとに大豆を播種。刈取り適期の幅を広くしたくて、晩生品種のタチナガハを選択。

①肥料設計：落花生化成（5―2―20）二袋

②収量性：一〇a当たり五俵

「一俵一万四〇〇〇円だからたいした稼ぎじゃないけど、土が肥えてくるから」と高松さんは語る。

二年目秋　大豆の収穫、イネ科とマメ科の緑肥

十月末に大豆を収穫し、すぐに緑肥を播いた。イネ科の緑肥を二品種。また、マメ科の緑肥二品種で、地力の状況もみることとした。緑肥栽培で、品種の生育状況によって地力のムラも判断できる。

プラウ耕後、ドライブハローをかけ、ごん

べえ播種機により条播。基肥はなし。

緑肥品種の特性は次のとおり。
①グリーンソルゴー（雪印）…イネ科。ネコブセンチュウに効果大。
②ソイルクリーン（雪印）…暖地型。イネ科。ネコブセンチュウ、ネグサレセンチュウに効果大。従来のギニアグラスのナツカゼより初期生育が早く、雑草との競合に比較的強い。
③ネマコロリ（雪印）…暖地型。マメ科。サツマイモネコブセンチュウ、キタネコブセンチュウの抑制効果が抜群に高い。初期生育が早く、短期輪作に最適。マメ科のため、空中窒素を固定する経済緑肥。
④田助（デンスケ）（雪印）…抜群の耐湿性。転換畑で生育旺盛。マメ科のため炭素率（C／N比）が低く、後作小麦などへの窒素飢餓の心配がない。繊維質にもすぐれ、良質多収の後作小麦を生産できる。
翌年は、じゃがいもや野菜をつくるため、有機物確保、病害虫抑止、土壌改良をにらんだ緑肥利用をすすめたのである。

三年目春　加工用じゃがいも

「三年目以降は、どんな作物でもつくれる土に変わっている」と高松さんはいう。

一九九五年三月半ば、七～八月収穫のじゃがいも（品種トヨシロ）を定植。収穫作業を外部委託した高松さんの加工用じゃがいも契約栽培である。雑草は、改良した培土機を使って管理する。草はほとんど見あたらない。

K社に掘り取ってもらい、一〇a当たり手取り九万八七五五円。雨が降り続いたり干ばつが続いたりと大変な年だった。それでも一〇a当たりの収量は約三t。地域の平均収量を三割ほど上回った。

三年目秋　小麦播種

経済作物を栽培しながら有機物を確保し、土を改良する作物として、小麦を作付けた。収量は一〇a当たり約五〇〇kg。風と干ばつを受けた部分以外は、まあまあのできだった。水田裏作の小麦のような粒張りの良さがすばらしかった。

四年目春　にんじんの契約栽培

リバーシブルプラウで、麦わらを土の中にすき込む。その後ハローをかけて、にんじんなどの細かな種子の野菜でも播種できるようにする。そのため、新しい播種機を購入した。

八月初め、大豆が葉を伸ばし、数日前に播種されたにんじんが、暑さよけにもみがらを被覆されて発芽を待つ。このもみがらも収穫後は土に還る。

リバーシブルプラウで麦わらをすき込む

四年目秋　にんじんの収穫

にんじんが発芽した後、茨城県地方は台風一七号の風雨で大被害を受けた。近所のにんじんはほとんど潰滅状態であった。しかし高松さんのにんじん畑は、一部土ごと吹き飛ばされたが大勢に影響なく、実りの秋を迎えた。

荒地が、いつの間にか近所でも目を見張るような畑によみがえった。四年目の秋のこと。休耕畑利用輪作プログラムの完成である。

この後、ぜひうちの休耕畑も利用してくれないかと相談が何件かあったそうだ。

四、大型機械の共同利用と小型管理機の活用

これまでも高松さんは、年をとっても終生現役を続けたいと願いながら、機械化を進めてきた。播種機の工夫、バーチカルハロー、ドライブハロー、プラウなどの大型の機械を協同で利用する仕組みをつくりながら導入してきた。

プラウは有機物のすき込み、水の縦浸透をよくするなど、基本的な作業機だと高松さんは考える。毎作プラウをかける必要はないが、土を管理する基本だと考える。

バーチカルハローは、地表面に対して垂直方向から表面を攪拌する作業機だが、これをかけることによって、浅くても正確な表面攪拌が可能になり、地表面からの水分蒸散を抑制し、その下の部分の水みちは残したままの耕うんを可能にした。

バーチカルハロー　ツメが垂直についており，土壌表面を攪拌

また、ドライブハロー＋播種機＋鎮圧ローラー（播種した部分のみ）の組合わせは、表面の土を細かくして均一播種を可能にし、緑肥などの有機物すき込みに活躍してくれている。また播種した部分だけをすじ条に鎮圧することで水分を安定させて発芽をよくすると同時期に、水はけも確保する。

精密な播種機は、それまで圃場の両端から一直線のひもをはって、そのひもにそって「ごんべえ」などの播種機で播いていた作業を、作物ごとに調整した精密播種機によって条間・株間ともに、人力で播種してきた以上の正確さで播種することを可能にした。正確な播種ができれば、除草作業も機械化できる。

播種と耕うんには最新の機械を用いるが、いったん播種してしまえば、小型の管理機を走らせ、除草剤を使わずに雑草を退治する。小さな農機具置き場には、小さな管理機といろいろに工夫された培土板やカルチベータ、クリーナなどの最新のアタッチメントが、きれいに管理された状態で置かれている。

五、イネ科緑肥の利用

水田にはイタリアンライグラス

高松さんは今、二年に一回、稲の後にイタリアンライグラス（品種ハナミワセ。極早生品種で水稲の前作に向く）を播く。

稲刈り後プラウまたはロータリ耕うんし、バーチカルハローで深さ五cm程度攪拌して、十～十一月にイタリアンライグラスを播種（播種量三kg／一〇a）。すぐにバーチカルハローで攪拌・覆土して、ハローの後につけた鎮圧機で十分に鎮圧・覆土する。

春、土を掘ってみると、イタリアンライグラスの根は七〇～八〇cmの深さにまで伸びていた。それを田植えの七～一〇日前にロータリですき込む。あとは、代かきだけでいい。サクラワセが土を耕してくれているので、表面を平らにするくらいの軽い代かきとしている。心配になるのが、田植えのときに邪魔になる稲わらやイタリアンライグラスの浮き上がりだが、代かきのときの水分条件さえ気を配れば、問題になることはないという。

高松さんがもう一つ気を配っているのが、秋雨によるイタリアンライグラスの発芽不良

である。そのため、水はけの悪い圃場に対しては、溝切りを行ない、速やかな排水を可能にしている。そうすることで生育もよくなり、圃場に還元できる。

畑にはソルゴー（もろこし）

じゃがいも後作や麦の前作には毎年ソルゴーを播く。有機物の補給だけでなく、前作の残肥料の吸収、秋に刈り倒した残稈を表面被覆することによる雑草抑制、根による土の耕うんなど、ソルゴーにはいろいろに働いてもらう。茨城大学の調査では、ソルゴーを栽培した場合の窒素吸収量が八・九kg／一〇aであるのに対して、裸地の場合はわずか〇・一kg／一〇a（雑草の吸収量）。しかも、裸地の場合は無機態窒素が下層に移動していることが明らかにされた。ソルゴー栽培は、圃場の外への窒素流亡をも防止している。

ソルゴー栽培は有機物補給が目的だから、秋、二mほどに生長し、出穂してはいるがまだ完全には実っていない状態のソルゴーを刈り倒す。播種量は五kg／一〇aとやや密播（点播）しているため、小型トラクタによるロータリによる刈り倒しができる。その稈を畑一面に覆い、一月半ばにその上からEMボカシ肥一〇〇kg／一〇aと石灰窒素をひとつかみ散布し、冬の間の残稈の分解を促進させる。

圃場にすき込むのは、次の作付けの約一か月前までである。深さ一〇～一五cmでロータリ耕うんする。このとき、残稈の間から伸びだしてきている雑草も一緒にすき込み、その後、プラウで約三〇cmの深さで反転耕する。ロータリで表面一〇～一五cmにすき込まれていたソルゴーの残稈は、プラウ耕によって深くにすき込まれるため、有機物分解による異常還元の心配はないし、地表面に現われることもない。

プラウ耕の後、そこに水稲を植える場合は一〇cmほどの深さでバーチカルハローをかけて鎮圧。じゃがいもを作付ける場合は一〇cmより浅くバーチカルハローをかけて鎮圧する。気をつけるのは、できるだけ均一に播くこと。また、雑草が侵入しやすい畦回りの一～一・五m幅については、手で多少厚めに播種するようにしている。

大切な冬の麦づくり

高松さんは、女化《おなばけ》地域の先人たちの開拓の苦闘の歴史を記録した『女化　土つくり　ムラづくり苦闘百年』を大切にしている。そこには、関東ロームの赤土だった痩せた土地を開拓し、現在の豊かな土地に育てていった村の記録が残されているからだ。その先人たちに追いつきたい、そしていつかは追い越したいと頑張ってきた。高松さんは、しみじみ「土は人の表現だ」と感じるという。

「土地は、本来は私有地ではないです。豊かな作物を育てる用土です。受け継いだ用土を少しでも豊かにして引き継ぎたいと思います。それが農業を大きく育ててくれると思う」。

かつて、女化の冬にはどの家の畑にも麦が播かれ、春には緑のじゅうたんを敷きつめたようになっていた。麦がつくられなくなった今では、冬の間、開拓当初のように筑波おろしの風で表土が飛ばされていく。それが高松さんには耐えられない。「麦をつくらなかったらどうなりますか。草刈りが必要になるし、除草剤も手放せない。まったく何も生産しないことに一万円も飛んでいきます。私には、農作物の輸入は国土を売っているとしかみえません」という。

そして、緑肥で覆われた高松さんの水田に立てられた看板には、「…水田の養分保持や、夏場の稲つくりの養分にもなる冬期緑肥栽培は、化学肥料の使用を低減し、霞ヶ浦などの水質を保全するのはもちろん、冬場の水田風景を美しく一変させます。…」と書かれている。

農業技術大系土壌施肥編第八巻　実際家の施肥と土つくり　二〇〇七年より抜粋

水田輪作で野菜も稲も無農薬

古野隆雄　福岡県桂川町

私が完全無農薬有機農業を始めたのは一九七六年ころであるが、わが家には二haの水田と山林二・五haがあるだけで、畑がなかった。そこで仕方なく水田の一部を畑にして、無農薬で旬の野菜をつくり始めた。

現在では〇・六haで無農薬の野菜をつくり、残り一・四haの水田で合鴨水稲同時作をしている。野菜を三年間つくったら再び水田に戻す水田輪作である。

私は二十年以上、約百世帯の消費者と提携して、米、野菜、卵、味噌、小麦粉、漬物などをセットで届けてきた。できるだけ多種多様な作物を、年間を通じて切れ目なく供給することが、私の長年の課題であった。

私の水田では、①水田輪作、②合鴨水稲同時作、③畦畔の活用（いちじく）の三つに大別される。

水田輪作は便宜上、「田畑輪換」と「水田裏作」に分けられる。「田畑輪換」は、水田で夏に稲をつくらずに、畑として野菜をつくることである。「水田裏作」は、稲を収穫したあと次の田植えまでの期間の秋から春に、じゃがいもや玉ねぎや小麦などの稲以外の作物を水田に作付けることをいう。

そして、四枚の合鴨田では、稲、合鴨、アゾラ、どじょうを同時に育てる。

水田裏作のポイント

図1は水田裏作の作付け暦である。当地方の田植えは六月十日ころ、稲刈りは十月十日ころである。この稲作期間が裏作の作付時期を規定する。裏作田では、夏野菜の後の畑と違って、害虫の害は少ない。

また、水田裏作の成功のポイントは、田んぼをよく乾かすことである。その具体的な方法は後述する。

一般に合鴨田では、合鴨の中耕濁水効果によって、地表面から五cm下まで、粒子の細かい粘土、中くらいの砂、疎い砂の三層構造が形成される。そのため、水を落とすと田面に大きなヒビ割れが入り、水の縦浸透を促す。だから、秋の刈取り時期に田んぼがとても乾きやすくなる。そのため、刈取り直後の堆肥散布や耕起が可能となる。

裏作後の水田では、堆肥も有機肥料も化学肥料も元肥も追肥も何も施さない。無肥料である。裏作の野菜や麦に堆肥を投入して土つくりをしていること、さらに乾土効果や合鴨効果の相乗効果で稲は無肥料で十分育つ。

じゃがいもや玉ねぎ、小麦をつくったところは、周りの田より二〜三週間田植えが遅れるが、それによって減収することはない。当地でも七月上旬までに田植えすれば、大した減収はない。

六月二十日ころまでの田植えでは坪三六株とし、それ以降は坪四五株の疎植にしている。しかし、稲は太茎、太株、大穂に育つ。

田畑輪換のポイント

水田を畑にしたら、三年間は畑状態を続けて、そのあと水田に戻している。湛水状態の水田と、乾燥状態の畑とでは、発生する雑草の種類と量がまったく違うことを利用するためである。水田を畑にすると、一年目の夏は畑雑草の発生が少なく、生えるのは主にヒエ、カヤツリグサ、タカサブロウなどの水田雑草だけだ。全体的に雑草の発生量も著しく減少

図1　水田裏作の作付け暦

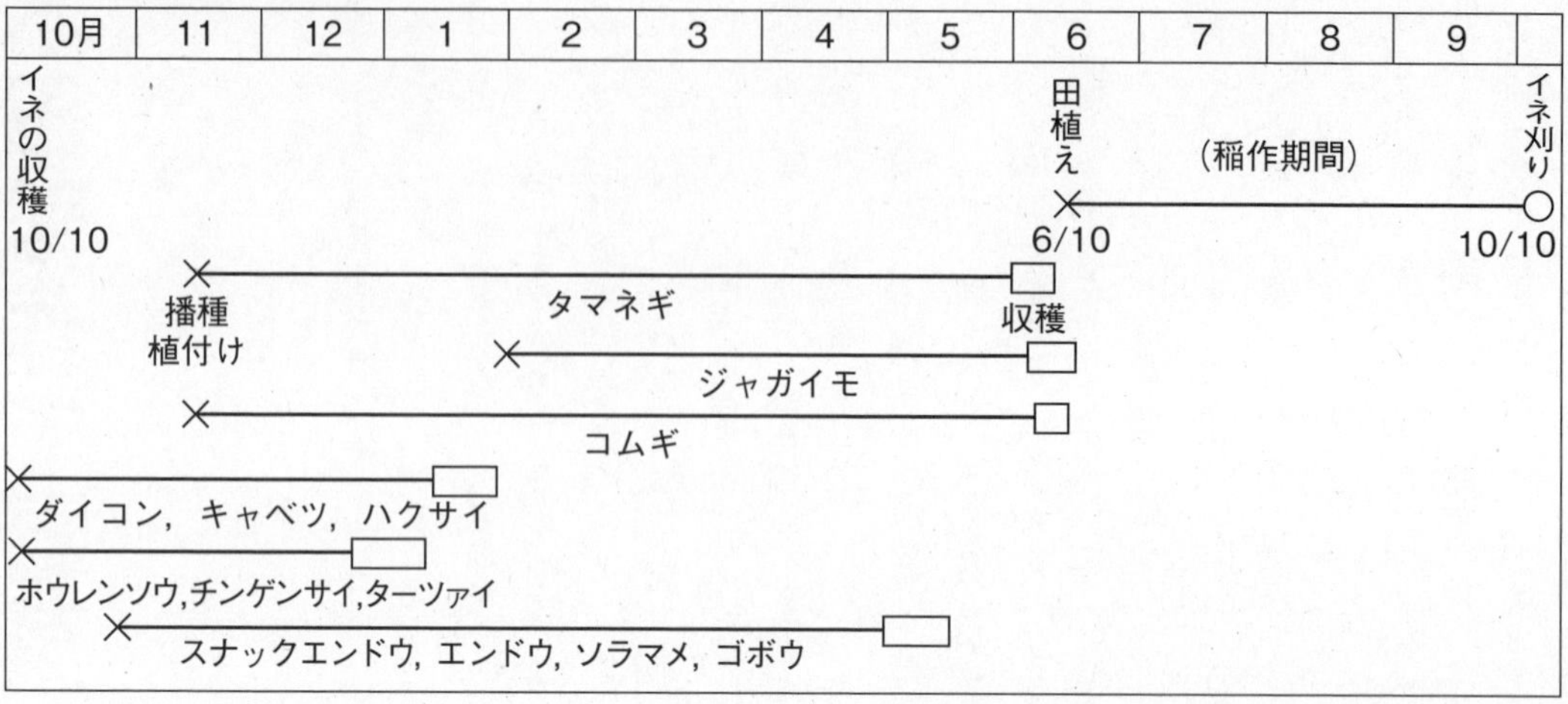

する。

しかし、畑にして二年目、三年目になると、スベリヒユやナズナ、オオバコ、ギシギシなどの広葉の雑草が発生してくる。これは排水がよくなり、乾きやすくなったからである。

三年を越えて畑状態を続けると、畑雑草の発生が多くなりすぎる。そこで、水田に戻す。畑から戻して一年目の水田では、水田雑草の発生量が少なくなる。これも、水田で稲を連作すると水田雑草の発生が増えてくる。つまり田畑輪換は、水で雑草をコントロールする雑草防除技術でもある。

また、水田を畑に輪換して一年目は、害虫の発生もきわめて少ない。ところが、輪換して野菜畑の状態を三年以上続けると、どうしても畑連作に起因するナメクジ、モグラ、ヨトウムシ、コガネムシの幼虫、ダイコンサルハムシなどの被害が増えてくる。そこで「水攻め」して水田にしてしまう。

水田に戻した年の稲は合鴨水稲同時作であれば無肥料でよく育つ。一年目の稲は茎が固く、幅が広く、茎数が多く、茎太で丈夫になる。紋枯病などの病気も少ない。

水田のときは、合鴨を水田に放飼するだけで、堆肥や肥料は一切投入しない。輪換畑のときに堆肥を投入し、深耕や土つくりに努めている。一年、二年、三年と堆肥を投入していくと、土は目に見えてフカフカになってくる。水田状態のときに比べて、畑状態のときのほうが土壌が肥沃になっていく。しかし、これも、肥沃にすぎると野菜が軟弱になってしまう。

田んぼを乾かす方法

このように、水田輪作にはいくつものすばらしい長所がある。しかし、もちろん短所もある。それは、過湿によって野菜に病気が発生しやすいことである。

田を乾かすことこそが、水田輪作の第一の課題となる。土壌の水分が多い状態で耕起や播種、定植をしても、根が発達せず、生育は極端に悪く、根腐れやカビ性の病気にかかりやすい。夏の大雨では、一日でも冠水するとトマトやピーマンは青枯病、すいかやメロンは裂果を起こし、病気が広がる。

そこで、まず、次のような対策を講じた。夏、用水路の水がU字溝のすき間から、輪換畑にどんどん浸入してくることがある。こうなってからでは、もう手遅れである。だから、秋から春の水が流れていないときに、U字溝の接合部分や取水パイプの接合部にモルタルを詰めて補修しておく。金属のブラシでこすってゴミを除き、割れ目にモルタルを詰める。

これで、驚くほどの防水効果が期待できる。

排水口のつくり方

基盤整備田ではふつう、排水パイプは水田の下側（図2のA）に一個だけあるが、これだけでは、夏場の大雨のとき輪作畑の表流水をすみやかに排水することは困難である。そこで、Bのパイプをもう一個埋設する。

Bのパイプは重要で、水は上の隣りの田の畦畔のモグラの穴から浸水してくるからである。これを防ぐためには、まずモグラの穴に泥を詰めてもらう。畦波シートを心土まで打ち込んでもらう。承諾が得られれば、あぜ塗り機でていねいに畦塗りをしてあげる。

しかし実際は、いずれの方法でも、高低差があれば水が漏れてくる。そこで上の田の畦下は特に深く、心土に達するまで幅広く溝を掘り、排水パイプBにつなぐ。この効果は大きい。

また、図3のように、うねの高さは五〇cm以上にする。トラクターで深くうねを上げ、その後レーキでうね溝の土をかき上げる。これは、土壌を乾かすため、表土を有効利用するため、表流水を速く流すため、そして冠水しないためである。

図2　排水溝を掘り，排水パイプにつなぐ。
30aに排水口は２つ以上つくる

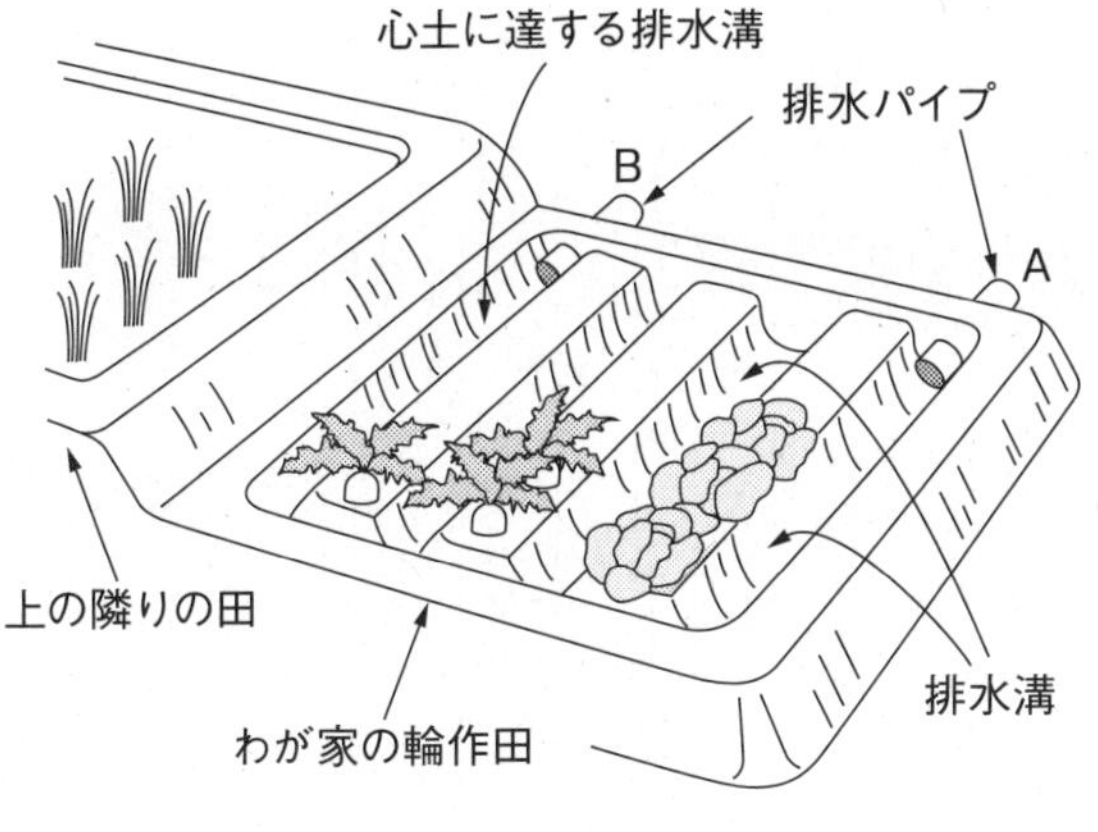

図３　水田輪作畑では高うねに

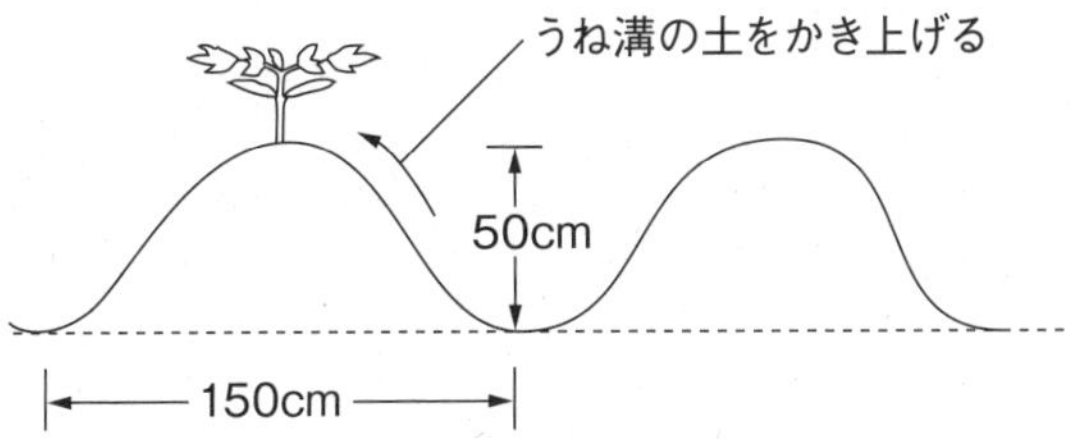

堆肥施用、深耕、暗渠

裏作、田畑輪換のいずれも、稲刈り後可能な限り早い時期に、マニュアスプレッダーで自家製堆肥を一〇a当たり五～一〇t散布し、深さ三〇cmくらいの心土まで深耕して、天地返しをする。土に日光がよく当たり、土がよく乾く。このようにして風乾した後、ロータリーをかけて高うねをつくる。

こうすれば、微生物の力で輪作畑全体の土がふかふかになる。なお、輪換畑では一作ごとに堆肥散布と深耕を行なっている。

さらに、転作畑にする最初の年や、裏作で小麦をつくるときには、トレンチャーや弾丸暗渠を斜めか横方向にかける。この方法は最も手っとり早く縦浸透を促す方法である。しかし完璧な方法ではない。土の性質によっては暗渠の近くの土壌は乾いても、少し離れると乾かないこともある。

これまで述べた方法を組み合わせれば、一年、二年、三年と田畑輪換を続けるにつれて土が乾くようになる。もちろん、野菜の根や葉からの蒸発で土が乾く力も大きい。特に里芋は土を乾かす力が大きい。

土壌水分と野菜の関係

水田輪作では図4、5のように、一うねごとに異なった種類の野菜を植え付けている。一枚の田んぼでも、場所によって乾きやすさ土質にかなりの違いがあるからだ。

私の体験から、水に対する強弱で野菜を分けると表1と表2のとおりになる。土壌水分が多すぎると、根腐れや青枯れ、尻腐れなどの病気が出やすい。また、根の発達が悪くなる。さらに、スズメノテッポウなどの雑草が多発する。

そこで、畦ぎわや用水路側の土壌水分の多いところに、ナスや里芋、エンサイなど比較的水に強い野菜を植える。田の中央部や、排水路側の比較的乾きのよいところに、トマト

図4　1999年の夏の輪換田一枚の作付け

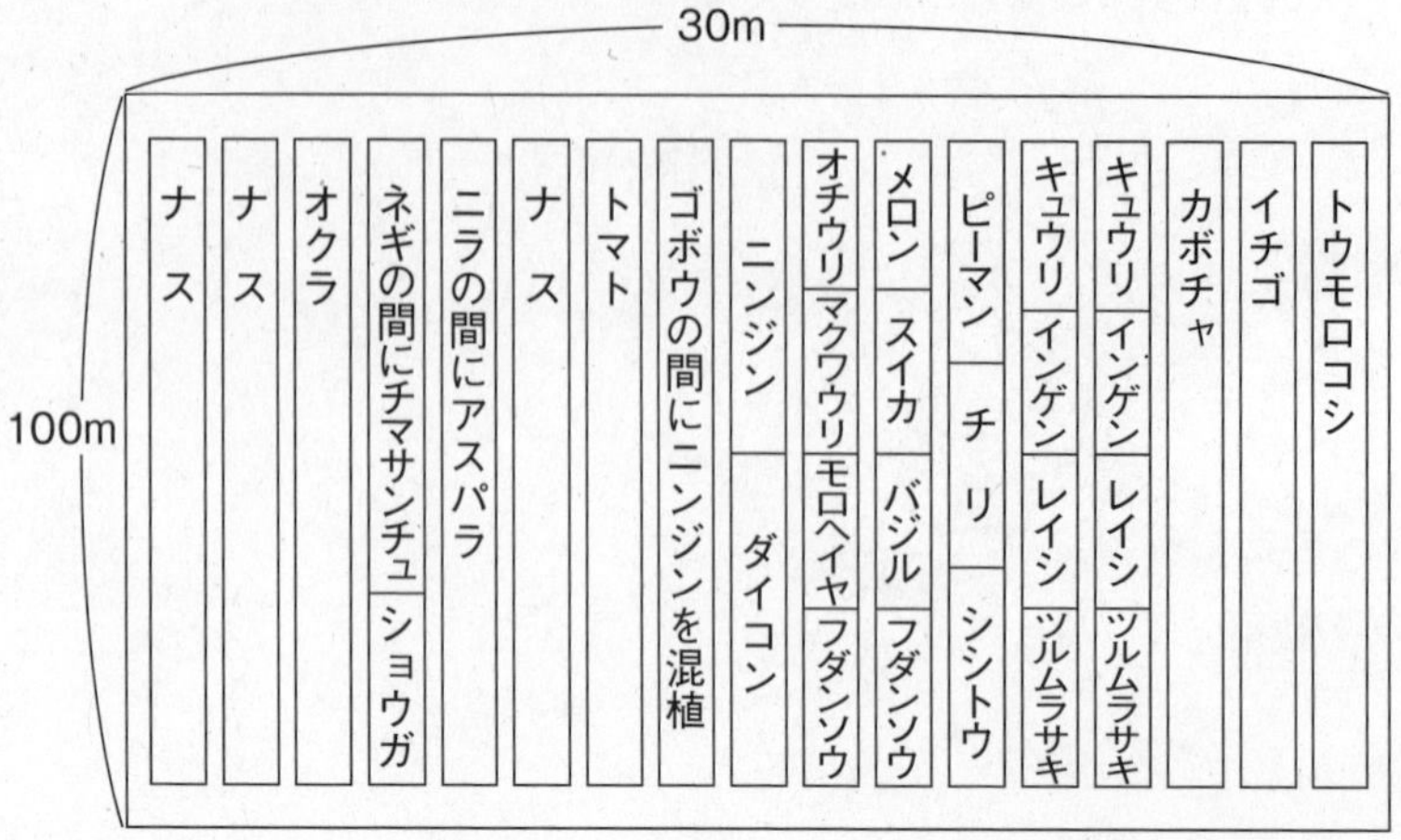

図5　1999年秋の輪換田1年間の作付け

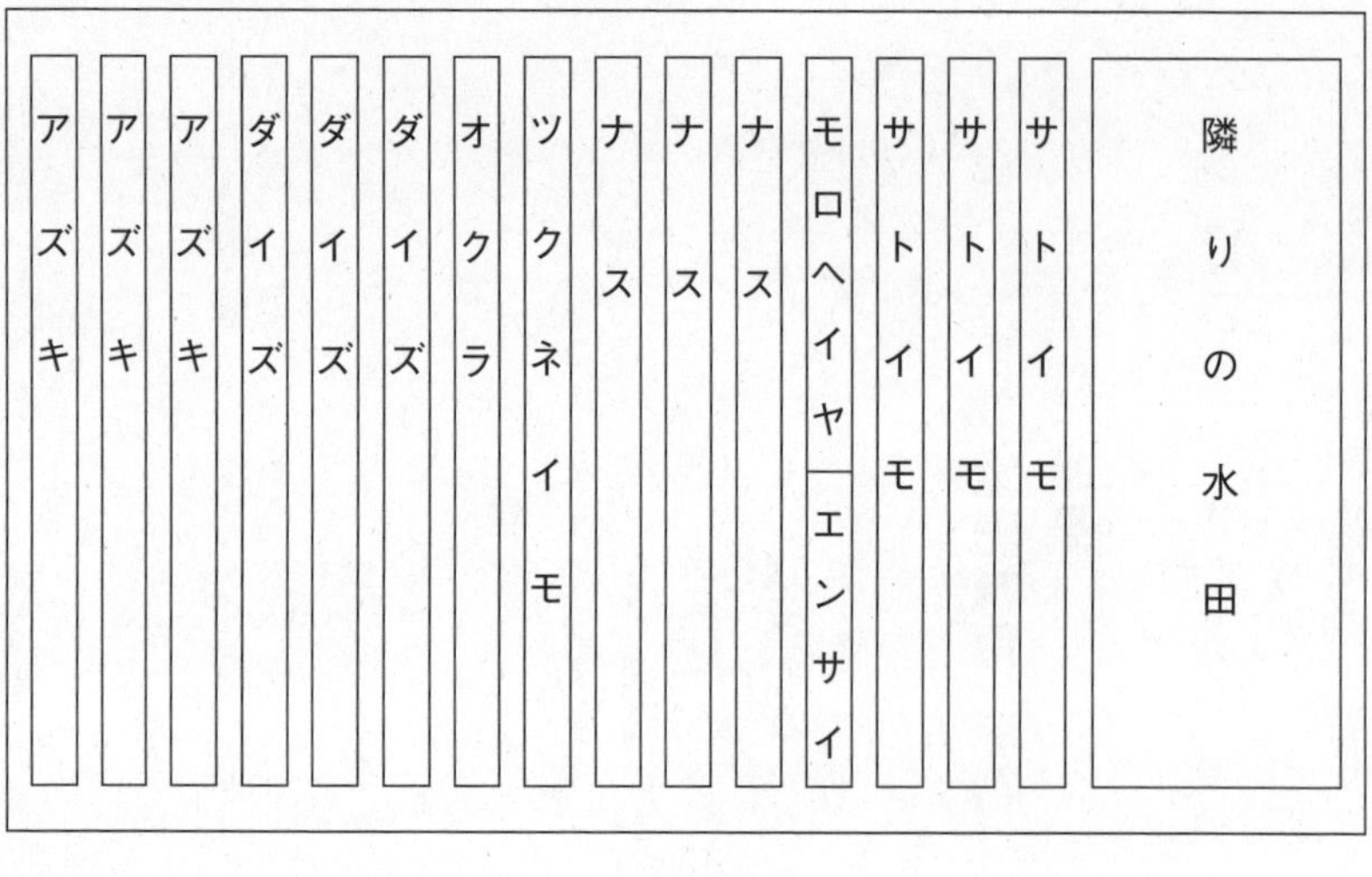

表1　春夏野菜の耐水性の強弱

湿気を好み耐水性あり	サトイモ、エンサイ、オクラ、ナス、ニガウリ
中間	キャベツ、レタス、チシャ、スナックエンドウ、アスパラガス、ニラ、ネギ、フダンソウ、トウモロコシ
湿気に弱く耐水性なし	ホウレンソウ、トマト、ピーマン、シシトウ、スイカ、カボチャ、メロン、キュウリ、ニンジン、ゴボウ、サツマイモ（過湿で味が悪くなる）、イチゴ

表2　秋冬野菜の耐水性の強弱

水にやや弱い	ハクサイ、ホウレンソウ、シュンギク、ニンジン、コカブ、タマネギ、ジャガイモ、レタス
水にやや強い	ネギ、キャベツ、ブロッコリー、カリフラワー、チンゲンサイ、タアサイ、タカナ、広島菜、サトイモ

注　春夏作に比べると雨量自体が少ないので、「水にやや弱いもの」と「水にやや強いもの」の2つに分類した

図6　わが家の有機農業の循環

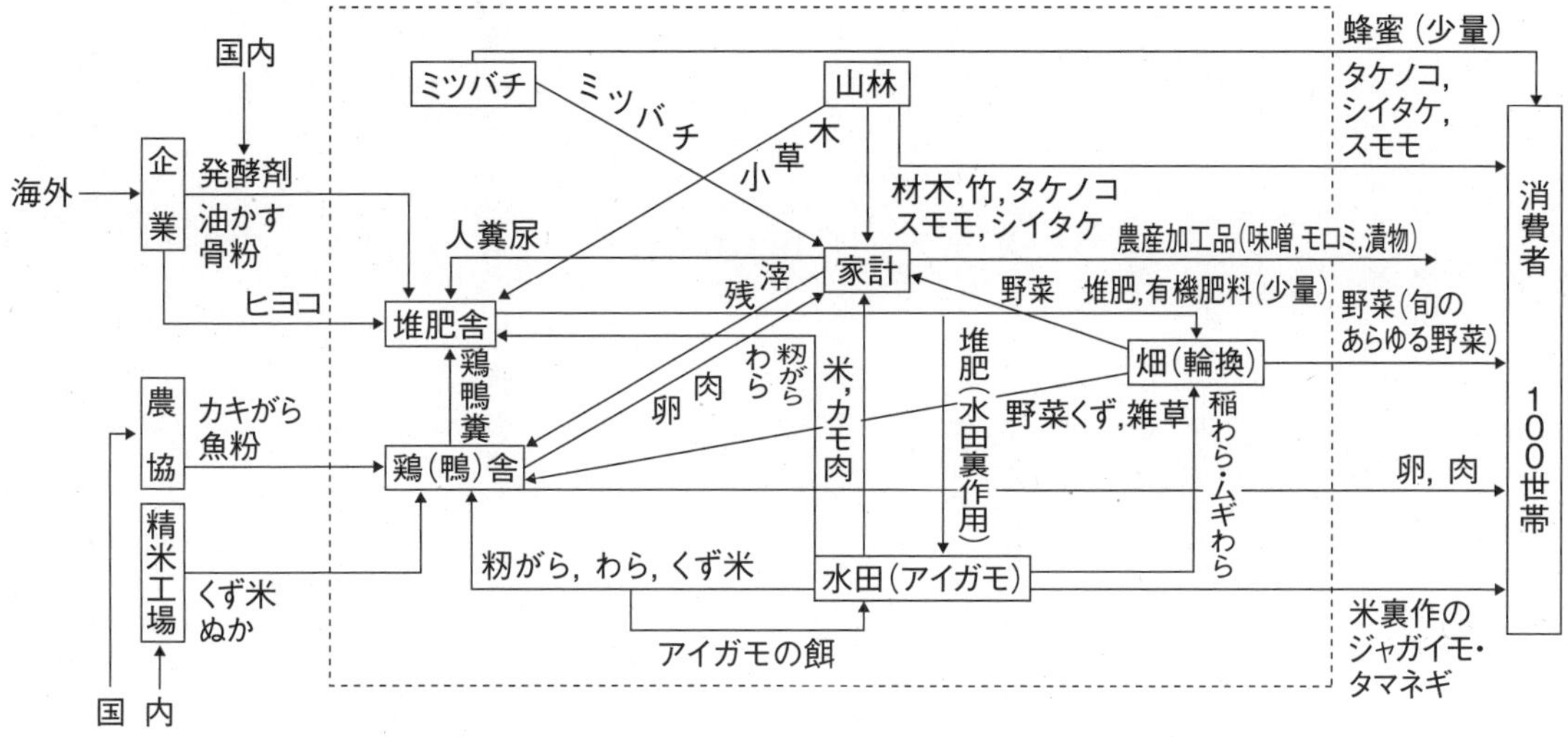

やピーマンなどの水に弱い野菜を植える。

水田を輪換畑にして一年目の里芋やナス、ねぎは驚くほどよく育つ。里芋は人の背丈より高くなり、ナスは霜が降りるまで成り続ける。これらは水田輪作に最適な野菜といえよう。

水田輪作では品種の選択も重要である。トマトでは禅光がよい。梅雨期にも裂果が少なく、青枯れも少ない。ただ、疫病がやや発生する。大浦ごぼうは、太くて短くて、地下水位の高いところでもつくりやすく、掘りやすい。肉質はやわらかである。下仁田ねぎは、土寄せしない太ねぎである。やわらかくて、味がよく、人気のある提携向きのねぎである。

さらに、畦にいちじくの木を植えている。いちじくは、他の果樹と違って、水田の畦でも結構甘い実をつける。苗は挿し木で簡単に増やせるし、合鴨の休む日陰にもなる。

問題になる害虫と対策

完全無農薬栽培で実際に問題になる害虫は、秋の白菜、キャベツ、大根などにつくコオロギ、青虫、ヨトウムシ、ダイコンサルハムシなどである。

コオロギは八月中下旬に直接畑に白菜を播種すると、出たばかりの双葉を食べてしまう。そこで、わが家の透明トタンのひさしの下であらかじめポットで育苗し、九月になって涼しくなり、コオロギの元気がなくなったころに定植する。

大根、白菜、キャベツにつく青虫やヨトウムシ、ダイコンサルハムシは、定植や播種の一週間後に手で一匹一匹殺す。特にキャベツと白菜は芯を食べられないように注意する。ダイコンサルハムシの成虫は、冬場も活動する。あまり移動能力のない幼虫は、ブロワーで吹き飛ばす。成虫は電気掃除機で吸い取る。この虫だけには今のところ手を焼いている。

農業技術大系作物編第八巻　水田輪作で野菜もイネも無農薬、すべて産直　一九九九年より抜粋

センチュウ害を減らす輪作組合せ

山田　盾　農業研究センター

一番怖いキタネグサレセンチュウ

大根は種子が大きく、発芽力が大きいうえ、生長も早く、作りやすい野菜の一つである。しかし、連作を続けると、白いきれいな肌の大根作りは意外に困難となる。

この大きな原因はキタネグサレセンチュウ（以後自明のときはセンチュウを省略）である。強制的に主要なネグサレセンチュウを接種したときの大根の被害は、表に示すように、キタネグサレとクルミネグサレは白斑、ミナミネグサレは黒斑を生じさせムギネグサレは増殖するが収穫部位には被害を与えない。だが、クルミネグサレおよびミナミネグサレは大根の栽培により密度が減少する傾向があり、被害が拡大していくことは少ない。したがって、最も注意を要するセンチュウはキタネグサレといえる。

里芋を一作はさむだけで被害はほとんどゼロ

当研究室では、四～六月に大根の連作を長年続けている。図1は有機物を一切施用しない条件で大根を連作したときのキタネグサレによる斑点被害の様子を示したものである。連作区は二年目で八〇％を超える被害を出し、その後は全滅状態となっている。これに対し、里芋を含む輪作ではほとんど被害が出ていない。これは、里芋→大豆（枝豆）→春大根・秋白菜の三年輪作である。

なお、連作区に一年目から五〇％近くの被害株が出ていることに疑問をもたれるであろうが、これは試験開始前に、連作区はキタネグサレの好適寄主であるシュンギク、輪作区では里芋が作付けられていたためであり、やはり、里芋の効果が大きいことを示している。

では、栽培法によって里芋輪作の効果やセンチュウ被害が変わるのか。図2は緩効性肥料と黒マルチ栽培の組み合わせで、無追肥栽培を行なったときの様子を示したものである。結果は、連作下でも被害株率が徐々に低

表　センチュウの種類による寄生の差異

種類＼項目	病斑 白斑	病斑 黒斑	病斑内の寄生密度
ミナミネグサレセンチュウ	－	＋	⧻
クルミネグサレセンチュウ	＋	－	＋
ムギネグサレセンチュウ	－	－	－
キタネグサレセンチュウ	＋	－	＋

注：1.　病斑　＋－発生しない発生する

2.　寄生密度　－（無）　＋（少）　⧻（多）

図１　化学肥料のみで連作をしたダイコンは全滅

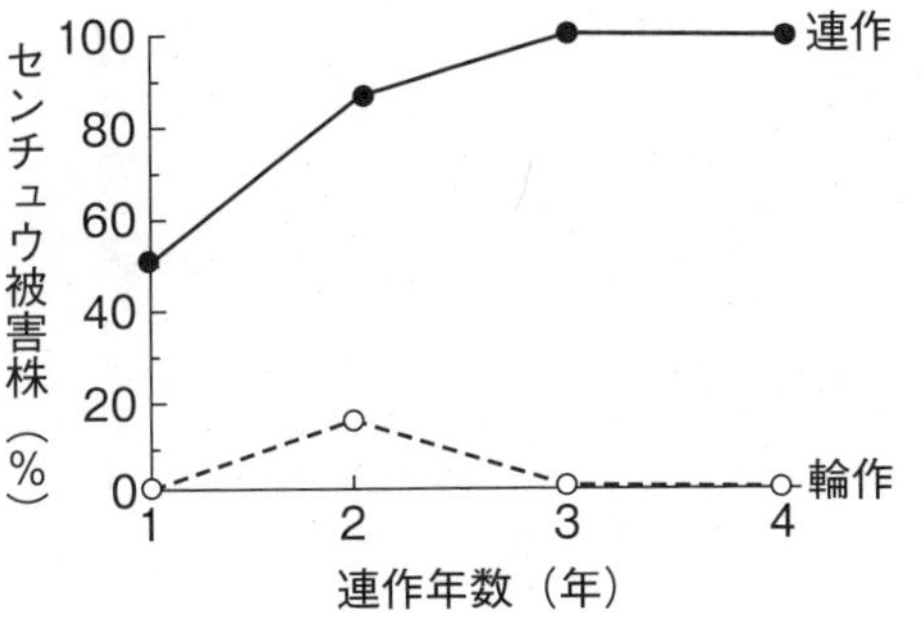

図２　緩効性肥料・マルチ栽培で連作をしたダイコンは被害が減った

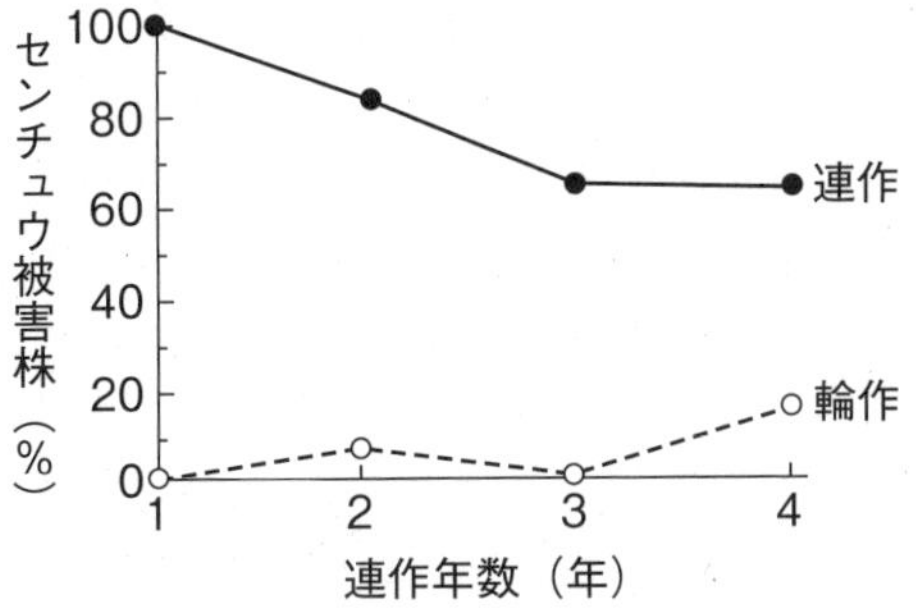

図３　有機肥料のみで連作をしたダイコンを，乾燥牛フンに切り替えたら被害激減

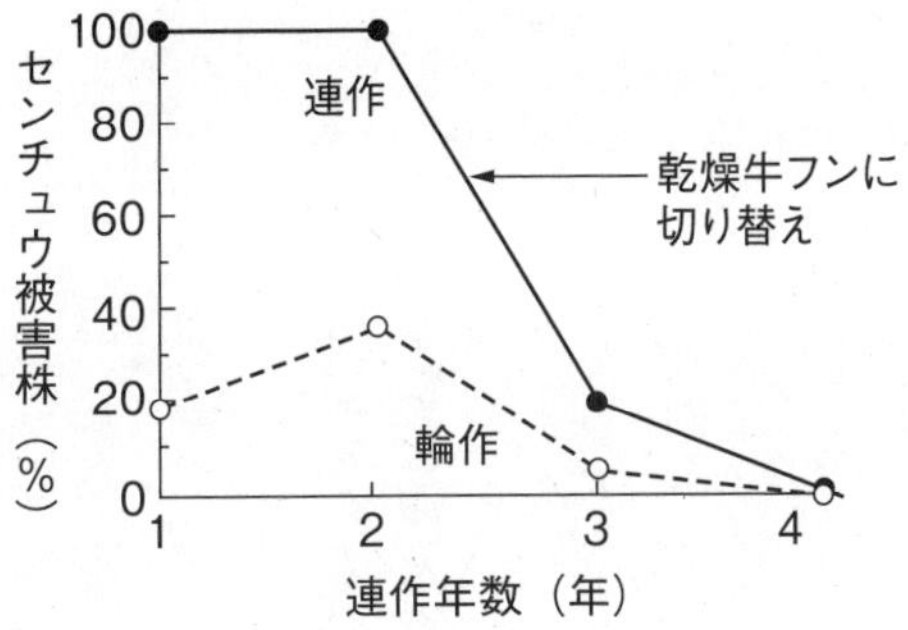

下しているが、依然として六〇％以上であり、輪作の効果は高いといえる。マルチ栽培が被害を若干軽減しているのは、六月に大根を収穫し、九月に白菜を植え付けるまでマルチをそのまま放置して、夏期の高温にさらしたためではないかと推定している。

乾燥牛糞もキタネグサレを減らす?

連作障害に対して有機物の効果が古くから期待されてきた。図３は有機質肥料のみで栽培したときの様子を示したものである。連作三年目から被害が著しく低下した。この年から、有機質肥料を牛糞堆肥から乾燥牛糞に切り替えたのである。乾燥牛糞については、最近、枝豆などに寄生するシストセンチュウに特異的な効果があることが発見されており、大根に被害を与えるキタネグサレに対しても何らかの効果があるのではないかと思わせる様相である。現在、この効果については、再確認中であり、十分検証されたわけではないことをお断りしておくが、いずれにしても、里芋を含む輪作は、例外なしにキタネグサレの被害を防いでいることを強調しておきたい。

キタネグサレを減らす作物・増やす作物

いっぽう、近岡がキタネグサレの寄生について、四八科一七二種の植物について調べたところによると、

◆キタネグサレの非寄生植物はマリーゴールド三種と雑草のハマスゲのみで、一六八種に寄生する。

◆寄生のきわめて少ない作物は里芋、アスパラガス、茶、サツキのみである。そのほか、ケイトウ、チョウセンアサガオ、コブナグサ、イヌタデ、スイバ、ツメクサ、ドクダミがある。ただし、これらは対抗植物として栽培するわけにはいかないであろう。

◆寄生の少ないものには落花生を始めとして、稲、そら豆、キャベツ、白菜、ほうれん草、じゃがいも、唐辛子、さつまいもなどかなり多数にのぼり、活用できそうなものが多いが、研究者により食い違う点があり、確実ではな

い。

◆もっとも増殖する寄主は連作区の前作であった春菊、いんげん、ごぼう、ふき、レタス、オクラ、ねぎ、スーダングラスであった。これらは大根の前作や輪作作物としては要注意である。大豆もキタネグサレを増やすほうである。

以上の結果をみると、今回の輪作では、まず里芋でキタネグサレが減少し、次の枝豆で条件が悪いと増加する。しかし、大根の被害を出すほどのレベルに達しないため、大根が安全に栽培できる。輪作区で年により若干の被害が出るのは、枝豆が間に入っているためだろう（図４）。

里芋あとのにんじんは、サツマイモネコブが増える

里芋が大根のセンチュウ対策に大変貴重なことはご理解いただけたと思う。それでは、里芋の品種は何か？　残念ながらそのようなデータは見あたらない。とりあえず石川早生を使った結果である。逆に里芋を侵すセンチュウに対しては品種間差がないのだから、キタネグサレに対しても品種間差はないのかもしれない。

図４　サトイモ輪作でダイコンのセンチュウ被害が出ない機構の模式図

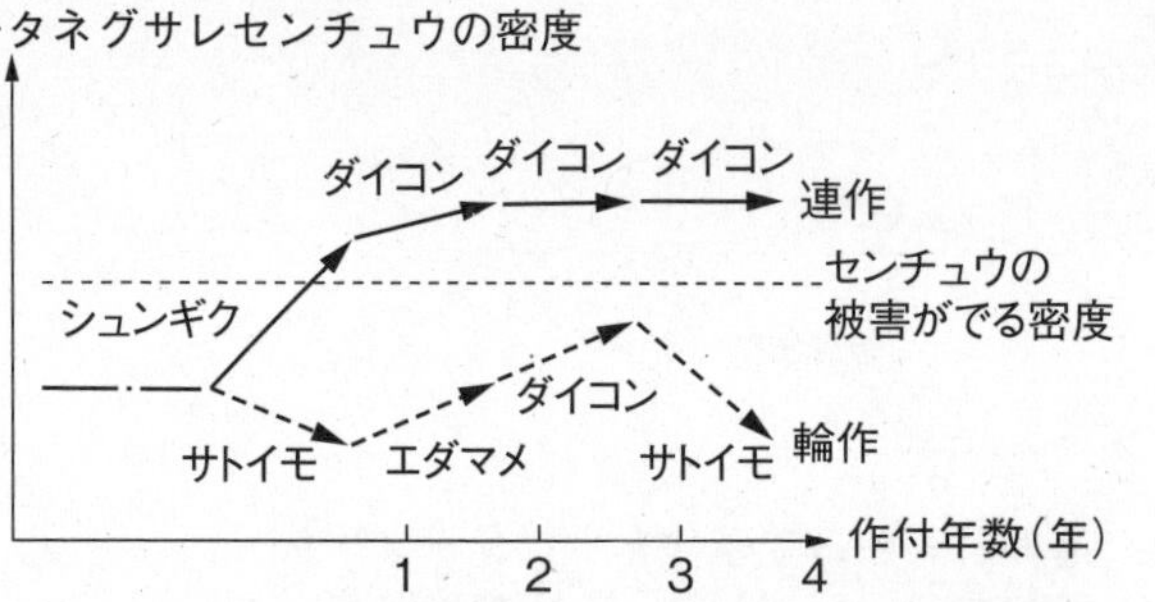

注：センチュウの密度は，それぞれの作物で決まった密度以上には増えにくい

当研究室で採用した輪作よりも里芋↓大根↓大豆のほうがよい輪作だと思われる。また、里芋↓大根の二年輪作でもよいかもしれない。いずれも、本年から実験している。里芋の代わりに落花生やさつまいもの一部の品種で効果が期待できるが、すでに紹介したように、適当な作物は非常に限られている。

ところで、間違っても里芋↓にんじんとやってはいけない。里芋にはあまり被害を与えないが、サツマイモネコブが取り付き、それがにんじんを加害するからである。また、都合の悪い作物は前述のように多く、それらが大根の直前に作付けられる輪作は、都合の悪い輪作といえる。

野生えん麦のステリゴーサもキタネグサレを抑える

最後に対抗植物に触れておくと、マリーゴールドは、ネコブセンチュウ、ネグサレセンチュウに効果があり、最も間違いがない。ギニアグラスも抑制力がやや小さいが、両センチュウに有効で、緑肥としての利用もできる。クロタラリアは、なかにはセンチュウを増加させるものがあるので、種まで正確に確認する。肥大が進むと茎葉処理が困難になる。

麦類はネグサレセンチュウを増殖させる場合が多いが、野生えん麦のステリゴーサ（ヘイオーツやニューオーツなど）はキタネグサレを抑制し、栽培管理が楽で低温期に栽培できるため、マリーゴールドに代わって導入されるケースが多くなっている。だが抑制効果はマリーゴールドより劣るようである。他にハブソウ、グリーンパニック、ムクナ、オオテンニンギクなどが知られている。

一九九七年十月号　サトイモを作ればキタネグサレセンチュウはたじたじ、肌のきれいなダイコンになる

あっちの話こっちの話

いちごの連作障害にはアサツキやシドケとの輪作

原ノ後真一

連作障害ときくと、誰もが「困った、困った。何かいい方法あるのかぁ?」とくに野菜農家、とりわけハウス農家は深刻です。

盛岡市の二十年近いいちご連作地で頑張るベテラン農家Iさんに伺いました。「何といっても輪作でまわし作りすることだね。私の家では二つの輪作をやってます」

一つは、四〇坪六棟ハウスでの苗の輪作。つまり、アサツキ（ネギ類）→苗代（イネ科）→ほうれん草（アカザ科）→いちご苗（バラ科）。

「『現代農業』を二十五年読んでいるが、去年からいちごの萎黄病にネギが効くと載っていたね。アサツキもネギの仲間だから、こいつが菌を食ってくれているのじゃなかろうか。ほうれん草入れて、稲の苗の立枯れが心配じゃないかなんて言われるけど、立枯れの薬は使ったことはないなぁ」

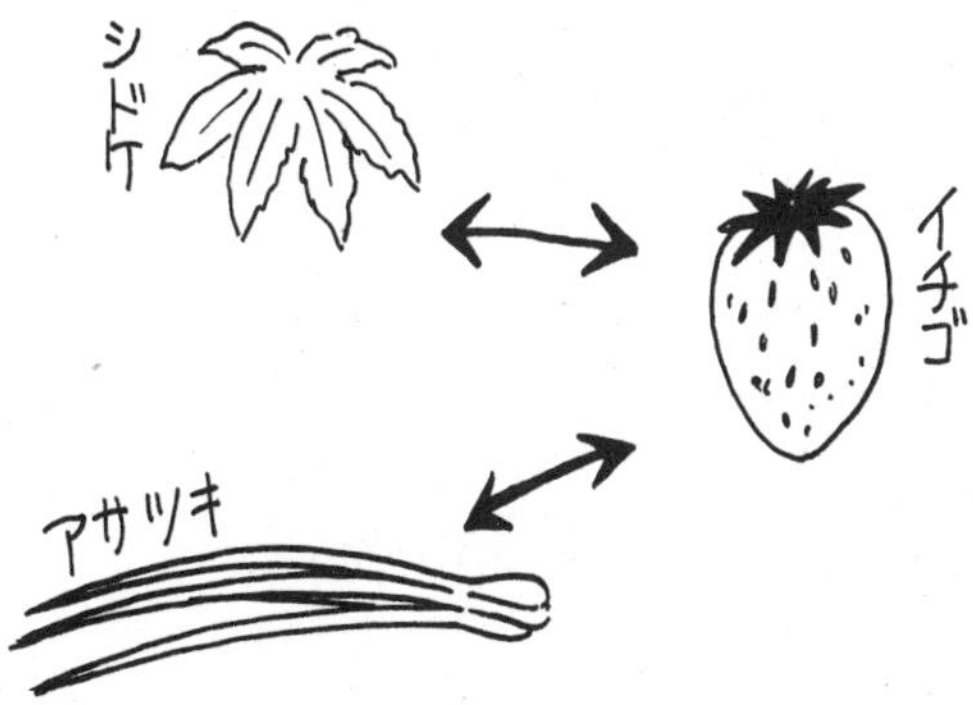

二つめは、七五坪のハウスでの本輪作。こちらは、シドケ→いちご→シドケとまわしていきます。

「でも、これからは耐病性品種も考えている。盛岡一六号は、黒斑病にも弱いから、二二号・二三号・二四号と新しく出てくる品種を導入して……」Iさんは品種更新にも目配りをおこたりません。

一九八八年七月号　あっちの話こっちの話

陸稲輪作で、きれいなごぼう

渥美悟

茨城県小川町のTさんは、ごぼうの栽培にかけては町一番と、評判の農家です。

ごぼうは連作するとヤケ症がでて、売り物にならなくなりますが、Tさんは、ごぼうの翌年には陸稲《おかぼ》を播いて、二〜三年間隔で連作できるようにしています。「近所の人は『ロクにゼニにもならんもの作って』と笑うけど、陸稲が肥料を吸ってくれるから、うちのごぼうはモノがいいんだ。損して得とれだよ」と、Tさんはいっていました。

元肥は大粒過石だけ。鶏糞も、完全発酵したものを使い、カリ過剰には気をつけているそうです。

一九九一年七月号　あっちの話こっちの話

極上漬物は畑の土にあった自家種と緑肥から生まれる

針塚藤重さん　群馬県渋川市

「F1はすばらしい技術です。コンパクトカメラのように誰がつくってもそれなりのものができる。しかし、それぞれの家と土地にあったものということになると、それぞれの家で選抜を繰り返してきた固定種が一番です。私は米も漬け菜も、農産加工の主流となるものは長い時間をかけて自分で育種してきたものを使っています」

こう語るのは、群馬県渋川市で麹漬物をつくる針塚農産代表の針塚藤重さんだ。

針塚農産の漬物は、飽きの来ない味として喜ばれている。そのおいしさの秘密の一つに、漬物用品種に対する針塚さんのこだわりがあった。

よその優れた遺伝子を自家種に取り入れる

「品評会というのは、プロの百姓にとって非常に重要なイベントだったんです」

昭和三十年代、針塚さんは「血眼になって」各地のよい品種を導入しようとしていた。その品種導入の絶好の機会が、各地で催されていた品評会だったのだ。

当時、上泉大根という干し大根用のすばらしい品種があった。上泉という村の篤農家が選抜した自家種だが、その品質はすばらしく、品評会でも上位に入賞する。その血を自分のところの自家種に入れたい。そう針塚さんは考えた。

しかし、直接訪ねていってお願いしても、自家種を分けてもらえることはまずない。種というものは、長年かけて選抜、育成してきたものだから、お金で売り買いなどはしないのだ。こちらが優れた種を持っていって初めて交換が成立する。そんな、経済を超えたところに種の世界はあったのだ。

そこで、どうするかというと、品評会に出たその上泉大根を買うのである。食べるのではなく、種を採るために買うのである。品評会に出された大根は葉付きで出品されている。それを買ってきて、霜げないように（霜にあたらないように）伏せ込んで、花を咲かせて、種を採るのである。

だが、その種をふやして上泉大根をつくろうというのではないのだ。種をまけば遺伝的には上泉大根がつくれる。しかし、上泉大根をそのまま針塚さんの畑で栽培しても、本物の上泉大根と同じものはできない。なぜなら、選抜してきた篤農家は、上泉の風土とその家の畑の土に合わせて、最高の味の大根ができるように選抜してきたのであって、針塚さんの畑に合わせて育成してきたのではないからだ。

針塚さんは上泉大根の優秀な形質を取り込むために、自分で選抜してきた自家種と採種した上泉大根の種を交互にまいて育て、交配する。そして、上泉大根のよさと針塚さんの畑にあった性質を持った自家種をつくりあげようとした。

よそからの優れものと交配することがポイントで、自家採種で陥りやすい近親交配の弊害も改善される。違った風土のものを導入することが、自家種をよりよいものに鍛え上げていくのである。そして交配したものの選抜を繰り返して、自分の畑の土にあった、風土にあった品種＝自家種をつくりだしてきたのである。

野菜の契約栽培は五里四方の畑に限る

現在、針塚農産でつくっている漬物の原料野菜がすべて自家種というわけではない。しかし、それらの品種はすべて、針塚さんの七〇aほどの畑で栽培され、漬物用品種として合格した品種だ。

白菜の菜の花に囲まれた針塚藤重さん

自分の畑は品種の試作に使っているので、漬物原料の野菜は五〇軒ほどの農家や、農協に契約栽培をお願いしている。契約栽培農家の畑は、針塚さんの見立てによる品種のよさが生かせる五里四方の畑、同じ普及所管内の畑に限定される。

契約農家には、自ら選んだ品種をプラグ苗で供給し、トレイ一箱当たりJTの有機質肥料一袋と栽培マニュアルを提供している。

さらに八月、九月、十月はジープに飛び乗って五里四方の農場をまわる。よい農地を見つけては、自分でつくった品種を栽培してくれるようお願いすることもあるという。針塚農産によい品質の野菜が集まってくるはずである。

干し大根の品定めは畑と干し場を見て決める

たくあんにする干し大根は主に、前橋のある集落の干し大根が、市場に出たときに買うようにしている。というのも、この地域の農家は、針塚さんが行なってきた育成方法と同じようにして、自分の畑と気候にあった自家種を使って干し大根をつくってきたからだ。

よい干し大根はよい自家種と、よい干し場が必要だ。針塚さんはこの集落の農家の栽培している畑を見てまわり、生育状態をつかむ。その集落では、竹林の中の松に綱を渡して大根を干す。その大根を赤城おろしが上等の干し大根に仕上げてくれる。

針塚さんは、干し大根の品定めは、市場では行なわない。畑や干し場をみて行なうのである。

そしてこれと思った干し大根が、市場に出荷されたときに、よい値で買い付けるのである。大根農家に儲けてもらうことが、よい大根をつくりつづけてもらえることにつながり、おいしい漬物（たくあん）をつくることにつながる。お互いが儲けながら支えあうことが大切なのだ。

漬物に向く品種を選ぶ

針塚さんは現在、一〇社ほどの種苗メーカーからF1も含めた品種検定も委託されている。自家種も含めると一〇〇を超える。こんな中からいい種が見つかれば、それを買って契約栽培することもある。最も、固定種ならともかく、F1で漬物に向く品種は驚くほど少ないという。

検定は栽培のしやすさ、病虫害にどの程度強いか、そして最終的には漬物にして判断する。漬物の色調、歯ごたえ、そしてお客さんの反応を見て、初めて品種のよしあしがわかる。

現在、針塚さんが契約栽培しているもののうち、高菜やからし菜、野沢菜、清国青菜などの漬け菜類は十年がかりで自家選抜をしてきたものである。漬物用の品種は企業秘密的な要素が強いのだが、二つほど紹介すると…。

なすは「群交2号」。この品種は群馬県の農業試験場がつくったもので、皮も非常に軟らかい。朝、ぬか漬にすれば、昼にはおいしく食べられる。ゆでても皮ごと食べられるほど。だからふつうの流通にはまず乗らない。皮が軟らか過ぎて、「半日もしないうちに売り物にならなくなる」からだ。しかし漬物にすると軟らかくてすばらしくおいしい。

白菜で現在、一番注目しているのが、中国から導入した「青慶」という品種。これもいま改良を進めている最中だ。病害虫に強く、外葉も軟らかくておいしく食べられる。マイナス五℃、一〇℃になっても青々としてグリーンを保つ強さを持っている。つぼみ菜としても利用できるし、花茎は辛味があっておいしい。とにかく漬物でもおひたしでも、炒め物でも鍋物でも、何にしてもおいしい世界一の菘（中国の白菜の呼び名）と針塚さんがぞっこんの品種だ。

この品種は九六年に中国の要人から入手したもの。針塚さんの話では、中国は非常に種について厳しいお国柄だという。例えばザーサイの種は村々で管理されており、嫁に行った人でも種取りの時期は里帰りをさせないのだそうだ。針塚さんは青慶のお礼に、日本かぼちゃの種を渡したという。

緑肥混播で品位の高い野菜をつくる

お客さんがまた食べたくなるような漬物は、「品位の高い」野菜からつくられる。そんな野菜をつくるには、これまで見てきたような風土にあった「よい漬物用品種」と、それらの品種の個性を引き出す「肥沃な土」が必要だ。

針塚さんは、肥沃な土をつくるために緑肥を利用している。合計一〇種類からの緑肥の種を混ぜて、それを畑にまくのである。ソルゴーなどのイネ科植物やクロタラリアやセスバニア・ロストアラータなどのマメ科植物、マリーゴールドなどを混播するのだ。

この緑肥、単なる有機質の補給が目的ではない。ソルゴーなどはいってみればトウキビの仲間だ。稈にも実にも糖が多い。稈を折ってかじってみると確かに甘い。この糖がポイントで、糖含量の高い有機質を畑にうない込むことで乳酸菌や酵母などの微生物が盛んに増え、その微生物が畑を養生してくれるのだ。これをニプロのフレールモアでくだき、ロータリで畑にうない込む。三回も行なえば、きれいになってしまう。

また、緑肥が土壌病害虫を抑制する力も借りている。例えば夏の緑肥の中にはマリーゴールド・アフリカントールが入っているので、センチュウを抑えてくれる。その後にロータリ耕を数回行なって大根をつくれば、肌のきれいな大根が収穫できる。「大根十耕」という江戸時代のことわざを針塚さんは実行しているのだ。

何より、緑肥を使うことで野菜の風味が向上するのがうれしい。緑肥を入れて畑の肥沃度を増す。そのことが品位の高い野菜をつくるポイントなのである。この方法は、契約栽培農家にもやってもらっている。

緑肥に聞く作付と施肥

緑肥の効用はそれだけではない。緑肥を混播することで、畑の地力を知ることができる

針塚さんが改良したタケノコ型白菜「青慶」

長さ（高さ）が70cmにもなる「青慶」の上3分の2を収穫して漬物や鍋ものに。下3分の1は残し、とう立ちさせてつぼみや種を採る

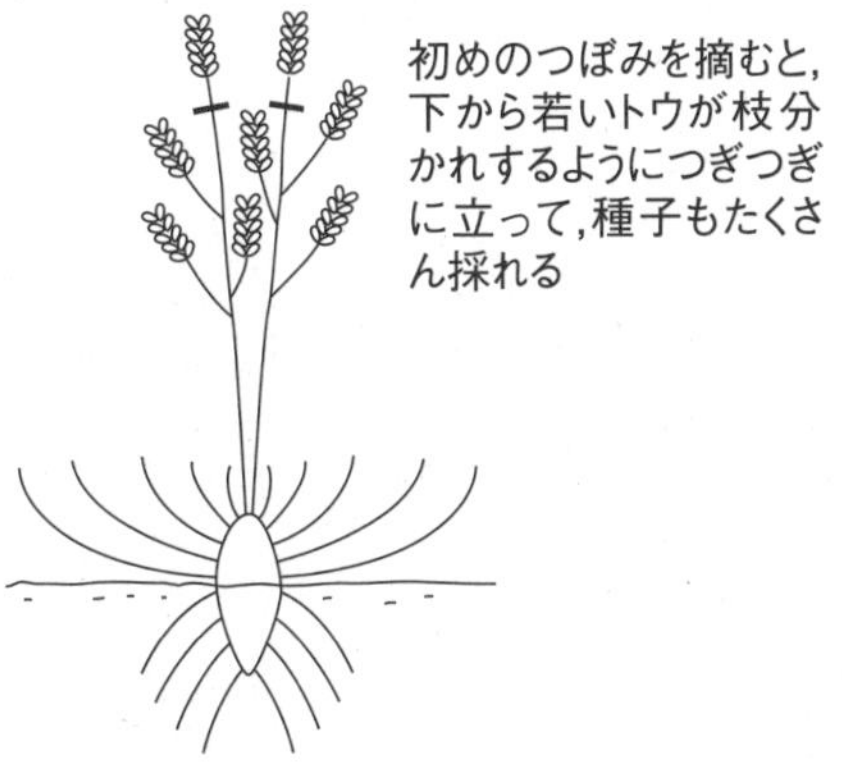
初めのつぼみを摘むと,
下から若いトウが枝分
かれするようにつぎつぎ
に立って,種子もたくさ
ん採れる

畑の土には，イネ科・マメ科の緑肥を30cmの深さにうない込んでいる。こうした「菌耕農法」のおけげで，とても根張りがいい白菜ができる

のだ。そしてその地力に応じて針塚さんは、作付ける野菜を決め、施す有機質肥料の加減をしている。

地力がある畑ではソルゴーが三m以上にも育つ。その生育にマメ科の緑肥は負けてしまう。しかし地力がない畑ではマメ科のほうがよく育つ。地力がないとソルゴーなどのイネ科は大きく育たない。しかしマメ科は自分で空中窒素を固定することができるから、地力がない畑では、イネ科に勝る生育をする。地力も高めてくれる。

高菜やからし菜、野沢菜などの漬け菜類は、地力の高い畑に、十分な量の有機質肥料を入れて栽培する。地力の低い畑には、リン酸を多く施して大根をまく。窒素分が多いと萎ちょう病などの病気にかかりやすくなるからだ。

土壌診断もいいが、「植物のことは植物に聞くことが一番」というのが針塚さんの考えで、植物（緑肥）に教えてもらった畑の状態をもとに作付けと施肥を行なうことが、品種の個性を引き出すことにつながっているのだ。

針塚さんは、上州の風土と畑の個性にあった品種にこだわる。そして畑一枚一枚の個性をつかみながら品位の高い野菜を育てる。そんな野菜でつくる漬物だから、針塚農産の漬物はひと味もふた味も違ったものになり、お客さんの大きな支持を得ているのだ。

（文・編集部）

一九九八年二月号　極上漬け物は風土にあった自家ダネと肥沃な土から生まれる

夏の雑草を生かして土を養生

愛知県豊橋市　水口文夫

夏の空き畑、雑草対策に耕耘すると、どんどん土がやせていく

夏に、要職にある人が視察して「ここらは耕作放棄が多い」といった。

しかし、私の周辺の地域では、年二作作付ける場合、九月定植の秋冬作のキャベツ、白菜、大根、ブロッコリーなどの後に、春作のすいか、メロン、スイートコーン、かぼちゃなどがきて六月頃までに収穫を終える。その後、七〜八月が空き畑になる。

経営面積の大きいキャベツ専業農家の場合は、キャベツを十月から翌年の七月まで収穫する。やはり夏は空き畑になる。

秋冬にキャベツなどを作付ける、暖地の畑作地帯で、夏に畑が空いているのは放棄したのではない。次の作付けへの準備期間であり、畑の養生期間である。

昔は、キャベツや白菜などの価格は、ほぼ作付面積に比例して高くなったり安くなったりした。ところが最近は、面積よりも天候が、大きく価格を左右している。

品種が改良され、技術が進歩したといわれるが、同じ畑で同じ時期に植えたキャベツが、気象条件がいいときは七〜八tとれるのに、気象条件の悪いときは二〜三tと大幅にダウンすることもある。

そしてそれが、畑によって差がある。生産力が高く、毎年同じように収穫できる高位安定畑と、その反対に気象条件がいい年は前者並みに収量が多いのに、気象条件が悪い年は著しく収量が低下する不安定な畑がある。野菜の種類によっては、収量が二倍も違ってくることは珍しくないのだが、不作のときは値段がいいので畑中こそげて出荷し、豊作で暴落したときは畑に捨てるものが多くなるので、収量差は実際ほど統計には表われない。

かような不安定な畑は、豊作のときは豊作貧乏、不作で値段がいいときは収量が上がらず不作貧乏となる。

年による収量変化が大きくなる原因はいくつかあるが、そのうちの一つが、土が悪くなったことである。そこで、私の最も嫌いな「土つくり」などという言葉が流行する。

土が悪くなった大きな原因の中に、畑の腐植の減少がある。だから、堆肥を施用して、畑の有機質を高めることが叫ばれる。だが、畑の有機質を高めるのに、堆肥などの有機物施用という方法のみでよいであろうか？

不耕起畑は肥えていた

テスト的に、五年間耕耘することなく野菜をつくり続けてきた畑があるが、耕耘しないで困るのは、現在の野菜全自動移植機が使えないこと。すべて手植えしなければならない

のだ。今回、この五年不耕起畑の半分を耕耘してみた。

この畑は作物の可食部を畑から持ち出す以外は、すべて残渣を還元してきた。ある農業指導者は「これでは病気が出て困ることになる。トマトを収穫したら後の残渣は畑から出したほうがよい」といってくれた。だが、五年間の試験の結果、病害虫の増加傾向は見られなかった。作物を害する微生物がいれば、その微生物をやっつける微生物がある。生物のバランスが重要で、バランスを保つことでさしたる被害も出ないようである。

さて、五年ぶりに耕起してみたこの不耕起畑、雨の翌日の耕耘だった。隣接の耕起畑は土がベタついて耕耘が困難であるのに、こちらは土がサラッとしていて、らくに耕耘できる。軽快な耕耘機の感触に、思わず「素晴らしい！」と叫びたくなった。こんな経験は初めてである。

さらに驚いたことに、耕起畑、不耕起畑の土を見比べただけで、不耕起畑が有機質に富んでいることがわかる。

夏に裸地にすると二tの有機質が飛ぶ

昭和二十年代前半までは、親から子へ、古老から若者へと農業上の教えが語り継がれてきた。

ところが、昭和二十年代中頃から、DDT、BHCなどの化学農薬が現われ、当時は驚くほどの殺虫力。四つん這いになって稲の葉で目を突きながらの辛い田の草とりからも、除草剤のおかげで解放された。まさに科学様々。科学万能時代への突入であった。「古老からの言い伝え」なんてものは、古いと捨て去られた。

その言い伝えの中に、「夏の畑耕しや裸地は貧となる」というのがある。これは、夏は畑を裸地にしたり、耕耘したままで放っておいたりすると、地力が消耗して損失が多く、収穫が上がらなくなり貧乏になる、と警告している言葉である。

夏は気温が高く、雨も多く、豪雨もある。光線も強い。ここで耕耘することにより、好気性菌の活動がさらに活発になる。すると有機質はどんどん分解され、消耗する。豪雨などにより、畑土の流出も多くなる。

耕地では、年間一tの有機質が自然消耗されるといわれているが、夏の耕耘では一回三〇〇～五〇〇kg。ということは、四回も耕耘すれば、合計一・六～二tもの有機質が吹き飛ぶ計算になる。

堆肥の材料確保に走り回り、積み込み、切り返し。できた堆肥の運搬、畑への施用……と睡眠時間まで削り、体力を消耗し、ただひたすら重労働に励んで「土づくり」してきた。一日の作業が終わればくたくたに疲れ、読書する気力など生まれない。

しかしそうやって汗みどろになって畑に施した堆肥も、夏の裸地畑や何回もの耕耘によって消耗し、なくなってしまう。一体何をやっていたんだろう？　草が生えないようにと考えて耕耘に費やした時間、トラクタの消耗、燃料代などを考えると、頭が痛くなるほど損失は多い。

エノコログサ　別名ネコジャラシ、ネコノオ、ケムシ、トトアワ

雑草に尿素をふって雑草緑肥

夏の空き畑で困るのは雑草である。草は繁茂すれば耕耘機や小型のトラクタは寄せつけなくなる。手で抜いたりカマで刈っていたのでは、もちろんらちがあかない。夏はとってもとっても、次から次へと雑草が生える。夏の空き畑を雑草から守るには、三回も四回も耕耘する以外に方法はないものか？

いっそのこと、発想の転換で草とりをやめて、尿素でもふって草づくりしたらどうなるだろう？――「そんなバカなことやると、手に負えなくなるぞ」と忠告してくれる人もいた。

だが、やってみなけりゃわからない。思いきって草とりをやめてみると…、やはり畑はまるで雑草の展示場のよう。メヒシバ、オヒシバ、チチクサ、イヌビユ、イヌビエ、エノキグサ、オニタビラコ、スベリヒユ、エノコログサ……。どこから種が飛んでくるのか、いろいろの種類の草が生えてきた。「やっぱりなー。とうとう雑草に負けたぞ」という声も聞こえてくる。だが、ここは忍耐。我慢のしどころと、雑草に尿素をふってみた。

メヒシバ　1本の茎に手のひらを広げたように穂が5本くらいつく。この1本に種が100粒くらいついている

肥料をふると、メヒシバが揃う

気温の上昇とあいまって、雑草は勢力を強めぐんぐん伸びる。だがどの草も、同じように生育するのではない。スベリヒユは、ちょっと除草が遅れると茎が太く伸び地表面を這うようにして広がる草だ。ロータリで茎が切断されても、切断されたその茎から根を出して伸び始める。乾燥しても細く萎びるだけで枯れないので、一雨来ればいっせいに復活する。根こそぎ抜いて畑から外へ出さなければ退治できない草である。ところがこの厄介なスベリヒユが、メヒシバの下になると生育をストップする。雑草間の生存競争は激しく、種類によって生育停止、枯死するものなども見られた。

だんだんにメヒシバ、イヌビエが優占してくる。メヒシバの中でも競争はあり、除草していたときは次から次へと生えてきたのに、

左からヒメイヌビエ、イヌビエ、ヒメタイヌビエ、タイヌビエ
（写真提供　森田弘彦氏）

除草をやめると、後から生えてきたメヒシバは生育を停止したり枯れたりして、最初に生えた生育の旺盛なものに圧倒されて、それ以後は生えてこない。つまり、いつの間にか、メヒシバ、イヌビエの生育が揃ってくる。これならば、「雑草緑肥」としていける！

雑草緑肥畑は排水もいい

穂が出た頃にハンマーナイフをかけると、雑草は敷物を敷いたようになる。二〜三日乾燥させてから、畑の中にすき込む。メヒシバの発酵はきわめて早く、よい土中堆肥ができる。

雑草緑肥もろともトウモロコシの残稈を片付けていくハンマーナイフモア。これなら残稈畑から持ち出さなくてもよい（写真は水口文夫さんの圃場で。撮影　赤松富仁）

雑草を生やして、それを畑にすき込んだところと、裸地にしておいて堆肥をすき込んだところとは、どちらも有機物をすき込んだのに、畑土は違うようになる。一年目ではわからないが、三年くらいたつと、長雨が続いたときの排水に違いが出てきた。

なぜ異なるのか。これはよくわからないのだが、畑に有機物を施用する目的の一つに団粒組織をつくることがある。団粒化といっても実際は大変に複雑なようで、団粒組織が内部・外部ともに斜列ならば、団粒組織の孔隙量は四五％であるのに、内部・外部ともに正列であれば七二％にもなるという。どのような団粒組織になるかによって、土の孔隙量が変わり、保水・排水力も変わってくる。植物自体の力でつくった土は植物がすみやすい土だと思われる。団粒構造の性質が堆肥と雑草緑肥では違うのかもしれない。

種子代なし、勝手に生える超小力雑草緑肥

畑の有機質を増やすために緑肥を使うなら、生草量の多いものを選ぶべきだ。ソルゴーなら一〇ａ当たり六ｔとれるが、メヒシバでは二〜三ｔである。軍配は文句なくソルゴーに上がる…。本当だろうか？

緑肥にかかわるアンケート調査を行なったところ、「空き畑ができても緑肥をつくらない理由」に、「つくるのが面倒である」「効果がハッキリしない」「種子代が高い」などの答えが多かった。いろいろな種類の「緑肥作物」があるが、それほど普及したとは思えない。だがメヒシバなら、種子代はいらない。種播きしないでも自然に生えるからつくる面倒はない。問題は効果である。

ちなみに私は、畑を一色にしないことにしている。勉強や問題解決の場は自分の畑だと考えている。そして広く社会から農業関係の情報を得るのは雑誌であり書物である。疑問は次から次へと湧いてくるので、試す題材に苦労することはない。メヒシバの雑草緑肥の畑の一部にソルゴーをつくったり、堆肥のみの施用の場所を設けたりしている。研究者ならば、データを出さなければ意味がないので、施設も必要であり、作業も大変であるが、私にはデータを出す必要はなく、観察だけで十分。そして自分の畑に向くやり方を探り出すことが目的である。

メヒシバ主体の雑草緑肥、ソルゴー、堆肥とそれぞれの畑にカリフラワーを作付けたところ、雑草緑肥が初期生育は最もよく、ソル

ソルゴー（ソルガム）　イネ科モロコシ属で、タカキビ（高黍）、モロコシ（蜀黍）ともいう。アフリカ原産

ゴーは劣った。

なぜだろうか？　偶然だろうか？

一般的には、難分解性の繊維含量が高いソルゴーなどをすき込むと、微生物の活動に土壌中の窒素が奪われて、窒素飢餓を生じることがあると解釈される。だが、私は分解のときに生じる有機酸のせいではないかと考えている。メヒシバとソルゴーを別々に堆積して置いておくと、メヒシバを積んだ跡地には早く雑草が生えたが、ソルゴーを積んだ跡地には、しばらく何も生えなかった。生育を阻害するような酸が働いたのではないだろうか？

緑肥試験は三年間続けてみても、やはり生草量の多いソルゴーより、メヒシバのほうが後作のカリフラワーの収量が多い。緑肥作物は、生草量が多ければいいとはいえない。

「緑肥作物」なんて特別なものはない。緑肥といえば「緑肥作物」なる特別なものがあるように思っている人が多いが、メヒシバもエノコログサも目的を持つと、雑草ではなく緑肥である。

緑肥をあえて播く場合でも、畑に合った植物を選ぶこと。病害虫の害が出ないもの、自家採種できるものを選ぶこと。緑肥は直接それを売って稼ぐ作物ではない。そんなものに金やひまをかけるのは本末転倒である。金もひまも力も使わずにつくれる緑肥を選ぶべきだし、そうでなければ緑肥作物として価値がない。

畑は一枚一枚条件が違う

私は、「農業は畑に合わせて、自分に合わせて行なうもの。だから画一的なマニュアルにとらわれるのは意味がない」ということを信条にしている。

畑に合わせるというと、すぐに砂地だとか粘土質だとか肥えているとか痩せているとかの土壌の性質のみが取りざたされるが、畑一枚一枚のミクロ的な気象の違いもきわめて大きい。私の畑は大きく分けて五か所に分散しているが、図面上ではすべて海抜一五～二〇ｍのところにある。しかし、一〇～六〇〇ｍくらい離れている。

太陽光が十時から十六時まで当たる畑と、八時から十四時まで当たる畑がある。当たる時間は冬場で六時間と同じであるが、カリフラワーを植えてみると、前者の畑では「晩月」は駄目なのに、後者では良質な花蕾が収穫できる。その「晩月」が駄目な畑も、「ＮＹ７」ならばできる。畑によって、品種選択もまるきり変わってくるものである。

病害防除なども、畑によってまるで違う。農薬散布回数が三回で十分な畑もあれば、一二回もやらなければ虫に食害されて駄目な畑もある。

畑を取り巻く環境も大切である。平坦地の野菜地帯では堆肥の入手は困難であるが、酪農や肥育牛の多い地帯では牛糞などが手に入りやすいし、落ち葉などの得やすいところでは堆肥をどんどん使うことを考えればよい。

小豆、タヌキマメ、エビスグサ、キビ…前作の中にばらまけばよい

畑に合わせた緑肥選びとは、ようするにそ

の畑で最もつくりやすいものを選ぶということである。

緑肥のためにわざわざ耕耘したり、うねをつくったり、播き溝を切ったり、覆土したりしなければいけないようでは、緑肥つくりの価値はないと思う。ましてや除草などおかしなことである。

前作がまだある中に、種をふりまくだけで発芽し生育するようなものがらくである。たとえば前作のスイートコーンなどの収穫が終わっても片づけはせず、立毛中のところへ緑肥の種子をふりまく。緑肥が生育したら、スイートコーンの茎葉や雑草と全部一緒にハンマーナイフで倒せばよい。

イナキビ「釜石16」（岩手県農研センター、長谷川氏提供）

裸地に播く場合は、種をふりまいてから、浅くロータリをかけておけば十分だ。私の畑では、このやり方で、晩生小豆、タヌキマメ（クロタラリア）、エビスグサ、キビなどを畑にふりまくと、うまく生えて育つ。

また、タヌキマメやセスバニア（マメ科）はいい緑肥だと考えられるが、外皮の繊維が強く、ロータリにからまってうまくすき込めない。作業がしにくいものは、なるべく使いたくない。

※エビスグサ　中国名は胡草。熱帯地方に広く分布するマメ科の小低木。種子は決明子《けつめいし》で生薬の一つ。

害の出ないすき込み方

育った緑肥をハンマーナイフモアで倒したならば、真夏なら二～三日干せばカラカラになるので、乾燥させてからすき込む。立毛中の生状態のものを直接すき込むのはよくない。

気象条件や緑肥の種類にもよるが、すき込むときの緑肥の水分の多少は、土壌中で堆肥化するときに、発酵型か腐敗型かの分かれ道になる。これは、ボカシづくりをするとよくわかることだ。材料を堆積するときに水分が多いと腐敗菌が繁殖して悪臭を放ち、ヘドロのような色を呈する。有機質は消耗して二割くらいに減ってしまう。これを作物に施しても、効果がないだけでなく、害作用がある。ところが発酵菌が繁殖していれば、ボカシは香りがよく、できあがったものの色もよい。堆積した材料と同じくらいの量のボカシになる。作物に施せば生育がよくなる。

緑肥を畑にすき込んでも、水分が多くて腐敗菌を繁殖させると、有機物は著しく消耗し、二〇〇〇kgの量が八〇〇kgくらいに減る。畑に穴を掘り、生のままの草を二〇kgかために埋めたものと、乾かしてから同じ量を埋めたものを、十日くらいして掘り出して土と混合し、かぶの種を播いてみると、乾燥させたほうは発芽生育ともによいが、生草は発芽が悪く、生育が悪いことが多い。

すき込みのときに腐敗菌を畑に繁殖させてしまうと、その後、その畑は病気が蔓延しやすい圃場になってしまう。腐敗菌が優占してすみ着いているので、ちょっと条件が悪いとすぐ病気が出て、薬ばかりかけるような畑になってしまうのだ。

緑肥分解時の有機酸が悪さをする

緑肥後で生育が悪くなるのには、水分の問

題ともう一つ、有機酸の問題がある。緑肥をつくらない畑は生育がよいのに、緑肥を入れたほうの畑は生育が悪い、大根の肌が汚くなった、ということが往々にしてある。

緑肥をすき込んで、分解するときに出るのが有機酸である。酢酸、酪酸、プロピオン酸、パリアン酸、蟻酸、サプリン酸などが知られているが、これが原因で発芽障害や根傷みが生じ、生育が遅れたりする。

だが、これらの有機酸は、雨水で簡単に流れる。だから、雨がある年は緑肥の害は見られないが、干ばつ気味の年はいろいろ問題が起きる。また、過石でも簡単に中和されて無害になる。土壌酸度によって有機酸の消失が異なり、pH六くらいで最も早く揮発するが、アルカリでは揮発性が弱い。緑肥の害は、pH六・八～七・六くらいの範囲に集中しているので、多量にすき込むときは過石をふったほうが安心だ。

緑肥の種類によっても発酵の仕方や有機酸の出方には違いがあり、メヒシバやキビなどはすき込んでから作付けまでは五日もあれば十分だ。ソルゴーやスイートコーンでは十五日以上ほしい。

ネコブセンチュウはホウセンカで診断、タヌキマメ、ギニアグラスで防除

センチュウは種類が多く、有益なものもいる。農作物に被害が多いのが、ネコブセンチュウとネグサレセンチュウである。

ネコブセンチュウは根を調べると、細い根がふくらみこぶになっている。サツマイモネコブセンチュウやジャワネコブセンチュウはコブが大きく数珠状になっているが、キタネコブセンチュウはこぶが小さく、連なることは少ない。

白菜やキャベツなどのねこぶ病は病気で、センチュウとはまったく別物である。ねこぶ病はコブが地際の近くにでき、ネコブセンチュウに比べて大きいので区別できる。

ネコブセンチュウの診断は、畑の数か所からとった土を鉢に入れ、ホウセンカを播く。二十日くらいして根を抜き、ねこぶの有無を見ると、ネコブセンチュウが多いか少ないかわかる。

ネコブセンチュウの防除を目的に緑肥をつくる場合は、タヌキマメ（クロタラリア）やギニアグラスを五～六月に播き、二か月くらいしてハンマーナイフモアで倒し、二～三日乾燥してからすき込む。

ネグサレセンチュウはノボロギクで診断、エビスグサで防除

ネグサレセンチュウのほうは、キタネグサレセンチュウが、大根への被害が著しい。根部に直径一～五㎜くらいの、少し浮き上がっている感じの白い斑点ができる。やがてその斑点の中心が割れて、黒変するために、大根の肌が汚く、商品としての価値がなくなる。大根の地上部の生育が悪くなるようなことはないので、収穫して初めて気づくことが多い。

ネグサレセンチュウの有無を調べるには、雑草のノボロギクの根を掘って、洗ってみる。根に赤い斑点があると、センチュウがいる。

キタネグサレセンチュウは農薬での防除は難しいが、エビスグサなら根が深く張るので、深いところにいるセンチュウまで防除できる。六月に播種して、二か月ほど生育させ、ハンマーナイフで倒してから二～三日乾燥させてすき込めばいい。これで驚くほど肌の綺麗な大根ができるようになる。

（実際家・元愛知県農業改良普及員）

一九九八年七月号　夏、畑をあけるとき、土をよくするチャンス

えん麦、ソルゴー、レタス、小麦、とうもろこし輪作で病害虫予防

松本孝志　奈良県奈良市

丸なすの周囲をソルゴーで囲う

Uターン農家と一緒に、勉強会結成だ

なぜ伝統野菜の減農薬栽培をすることになったかというと、もともと私は農薬を使うのが嫌いでした。なぜなら自分の体によくないと思うからです（自分自身よっぽどのことがない限り薬を飲みませんし）。植物も同じかな。

しかし、農薬なしでは市場で売れる作物がとれません。そこで、まず土づくりのために、腐葉土や堆肥を施したり、圃場の排水性をよくしたりなど、いろいろなことをしました。

どれも長い時間と手間、コストがかかりましたが、親の代からやっている露地の丸なす栽培でいろいろなことを試しながら、なんとか六～七年かけて慣行栽培の半分くらい（一四～一五回）の農薬散布で市場出荷できる品物がとれるようになりました。

自分では「まっ、こんなもんかな」と思っていた五～六年前、サラリーマンを辞めてUターンして農業を始めるという三人の仲間から「勉強会を作ろう」と呼びかけられ、他の専業農家も一緒になって六人で「大和高原野菜研究会」を作りました。

これがまたみんなすごい研究心旺盛な仲間でした。まず、「この地域では、どんな野菜が向いているのか」「どのような輪作をすれば病害虫が少なく、効率よく栽培できるか」「うもれた伝統野菜にどんなものがあるのか？」などを県の農林事務所（普及センター）や農業技術センターなどで勉強しました。

丸なすの周囲にソルゴー、農薬二〜三割減、傷果も減

まず、なすの減農薬栽培をするには、ソルゴー（モロコシ）を利用した障壁栽培を取り入れました。なんでもなすの畑の周囲にソルゴーを植えることで、イネ科の植物についてなすにはつかないアブラムシがソルゴーにつき、それを目当てに集まってきたテントウムシやクサカゲロウなどの益虫が、なすにつくアブラムシやアザミウマなどを食べるので、害虫の発生抑制になるということでした。

一年目は圃場の周囲にソルゴーをばら播きましたが、密植すぎました。そこで二年目は「一条植えがいい」「いや、一条より二〜三条植えにしたほうがいい」などなど、仲間で意見交換しながら実践しました。また、最初は畑の周囲に直接ソルゴーの種（ラッキーソルゴー、元気ソルゴー）を播いていましたが、芽揃いが悪いので、今は苗を仕立てて移植しています。

続けながらも、「確かに二〜三割農薬の散布が減ったな」「風よけにもなって傷果も少のうなった」「あぜの肩にシルバーマルチを敷くと反射してスリップスにええで」など会員同士でいつも情報交換しました。台風があったときも、「風で揺さぶられるから、ソルゴーの花穂は植木の高枝切りバサミで切ったらいい」という人もいて、自分一人では数年試行錯誤しないと気づかないことも、仲間がいると一年でわかることがあります。

この他に、丸なすの栽培においては、苗の定植前に生分解性コーンマルチを敷いて（以前は紙マルチを使用）、雑草の発生を抑制しています。

出荷用ダンボールには、「丸かろううまかろうまか郎」をキャッチフレーズとしたデザインを印刷し、箱の中にレシピを入れて、直売や宅配事業も行なっています。

えん麦輪作でセンチュウ、キスジノミハムシ抑制

祝い大根（雑煮大根）栽培では、農業技術センターで新たに開発された「エンバク（「ニューオーツ」カネコ種苗）輪作による害虫防除」を行なっています。

これは大根の前作となる四月にえん麦（一〇kg／一〇a）を播種し、その後、七月にトラクタで青刈り、すき込むことで、キスジノミハムシとセンチュウの被害を抑制する技術です。緑肥作物として土作りにも役立っており、一石二鳥の効果がみられます。

「丸かろううまか郎」の荷姿。これにレシピや栽培しているメンバーの紹介を入れたチラシを添える

実際、えん麦を導入してからは病害虫の発生が少なくなり、また大根の肌がきれいになって、取引先からも喜ばれるようになりました。

レタス、とうもろこしも輪作に

この他にも、輪作の作付け体系の一環として、比較的病害虫に強いレタス栽培を取り入れています。同じ圃場で二年続けてなすを栽培し、いや地が出るのでなすの残肥をいかし

て三年目はレタスを作ります。

レタスにはもみがら牛糞堆肥を反当二t入れ、生分解性マルチを利用して、後のすき込みをらくにしています。

このレタスは都市近郊の立地条件を生かし、日の出とともに収穫を始め、朝八時までに出荷してスーパーの開店までに届けています。「朝採りレタス」として好評をいただいております。また、レタスだけでなく、小麦や大麦、ソルゴーなどの緑肥も輪作体系の一つとして取り入れています。特にこの地域は耕土が一〇㎝くらいと浅く、しかも湿田地帯なので、三年くらい小麦を作ると、けっこう畑地化して排水も少しよくなります。白菜、ブロッコリーなどが作りやすくなりました。

その後はとうもろこしなどを栽培することもあります。かなり根張りが強いのか、排水性がよくなりますし、余分な養分も引き上げてくれます。その残渣も緑肥同様、すき込むことで土づくりに役立っています（ただし、サルの被害が多いのですが…）。

このようにいろいろな緑肥作物は、土質や排水性の改善にかなり利用価値があると思います。

大和高原野菜研究会の輪作の一例

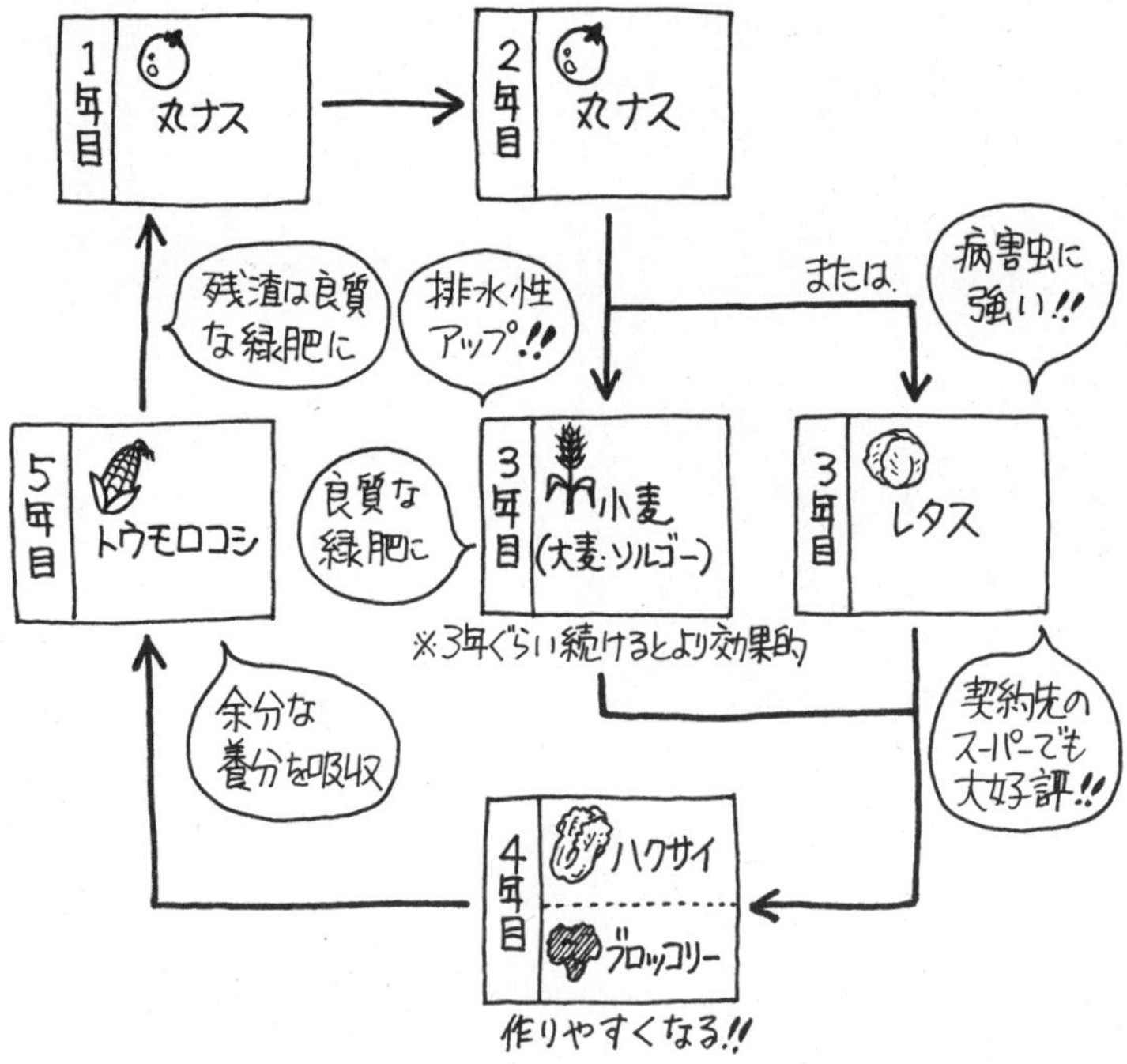

伝統野菜、減農薬・減化学肥料、土づくり、地産池消…

私たちの研究会ではこの他にも毎年堆肥を施用することを決めるなど、環境保全型農業に取り組んでいます。

堆肥は地域の畜産農家から牛糞もみがら堆肥を購入したり、鶏糞、稲わらなどを混ぜて、切り返しを行ない、畑でまるごと発酵をしています。施用にあたっては、JAのマニュアスプレッダを借り、散布作業の省力化をはかっています。

肥料は綿実油かすや菜種油かす、おから、魚かすなどの有機質肥料を中心とした施肥を行ない、化学肥料の低減に努めています。

流通は市場流通が主ですが、直売所や量販店のインショップ、また市内の飲食店にも直接販売し、地場料理の一品として提供されています。

また、地元の小中学校から学外授業の要請があり、毎年生徒の受け入れを行なっています。そばの刈取りから、そば打ちまでの体験や、落ち葉の堆肥作りなどを実施し、子供たちの元気な姿を見て私たち自身も楽しく、元気をもらっています。

二〇〇六年六月号　エンバク輪作で大根のキスジノミハムシ退治

焼畑復活！そば、大豆、とうもろこしも仰天の美味しさ

上田孝道　高知県高知市

写真手前の急傾斜地で焼き畑を行なった

灌木に覆われた桑園跡、急斜面

自分とはまったく無縁の人が自分とまったく同じことを考えている——。そういう場面に出会うと驚きます。「焼畑を復活させたい」と考える人が、そこにもここにもたくさんいたわけです。私たち「焼畑による山おこしの会」の発端はNPO土佐の森救援隊の中嶋健造さんらが集まった宴席でした。(株)西日本科学技術研究所の加藤正彦さんをはじめ、旧池川町の役場担当者と焼畑経験者、愛媛大、高知大、高知女子大、それに有志の賛同…。

まずは適地探しから始め、高知県仁淀川町坪井地区が復活の事始めとなりました。かつて養蚕団地として拓かれたところですが、今ではトマト栽培、土佐褐毛牛の放牧のほか、山菜栽培や特産地鶏（土佐ジロー）も取り入れられています。

テラス状の桑園跡と、それに隣接する急斜面は灌木で覆われていました。地区長はじめ皆さんに私たちの希望を伝えると、全面的に受け入れられ、現地踏査の結果、長老の竹村光則さんの山を使うことになりました。もちろん火入れ前に町長に申請し、許可も得ました。

雨が降らないのに発芽・生育

作業の流れは、伐開（樹木の伐採と整理）→乾燥（放置）→防火帯作り→火入れ→播種・攪拌→収穫です。とりわけ、近くの椿山地区で昔、焼畑生活経験を持つ中内福富さんが、枯れた葉や小枝を集め、マッチ一本で点火した炎が周囲に広がった瞬間、皆が感激しました。

不思議なのは、雨が全く降らないのに、播いた種子が発芽し、作物が生育することです。これは霧の水分でしょうか？　火入

火入れ前の儀式。「この山をこれから焼きます。山の神様、お守りください。秋葉様、初午様、お守りください。足のあるものは、はんで逃げてください。羽のあるものは飛んで逃げてください」　（撮影　山口聰）

火入れ前の伐開。焼畑経験者の指示で若者たちが作業

小枝を集めて点火。マッチ１本で炎が広がる

防火帯での散水。噴霧器は水の消費が少なく、移動も容易　（撮影　山口聰）

れ後、地表が熱いときに播種する「あく播き」の効果でしょうか？　いずれにしても焼畑の力です。さらに、今の作物栽培では耕したり、水をやったり、肥料を施すのが常識で、何かしら手を加えたくなるものですが、これらの作業をいっさい要しないのも焼畑の力です。

農薬も使いませんでしたが、目立った病虫害は発生しませんでした。

土壌養分を焼土効果で水溶化

牛たちと縁が深い私は、ノシバ放牧地作りに燃えたことがあります（詳しくは拙著『和牛のノシバ放牧』農文協刊参照）。伐採して樹木を集めて焼いた場所にノシバの苗を植えると、比較試験を要しないほどに生長がよいことを不思議に感じていましたが焼畑農業研究の権威、佐々木高明著『稲作以前』（NHKブックス）に出会い、焼土に植えたシバの生育が異常に早い理由が納得できました。佐々木先生は次のように述べています。

「私はこれについては、焼土効果と雑草根絶という二つの現象が大変重要だと考えている。表は北海道林業試験場と山形県農事試験場で実験した結果だが、これを見ると火入れの結果、地表に近い部分の土壌の温度が上昇し、これに伴ってアンモニア態の窒素やカリの量が二から二・五倍に増える傾向がはっきり出ている。つまり、火入れによって土壌の温度が上昇すると、これによって比較的水に溶けにくい形の肥料素が水に溶けやすい形に変わるわけで、水に溶けた養分を根から吸い上げる作物にとっては、これは速効的な効き目を持つ現象だと考えられる」（表参照）

そばは「3粒熟れたら収穫しなければならない」というほど実の落下が早い。適期を逃し減収してしまった　（撮影　山口聰）

がんぜき播き（あく播き）。鎮火後まだ熱いうちに熊手で灰・土と混ぜながら播種

そばの粉挽き。石臼は熱が高くならないのでおいしい

雨がまったく降らないのに、そばが発芽、生育する不思議

昔の赤蕪《かぶ》が攪乱刺激で蘇生

収穫祭ではそば、大豆、とうもろこしなど味わい、皆その美味しさに仰天。一同がこれまで経験したことのない味わいに驚きました。例えば石臼で挽いたそばは、本場のものよりはるかによい味です。化学肥料を使わない自然の味はこれだ！　と納得しました。

さらに、焼畑復活でかつての野菜も蘇生しました。火入れ後にいろいろな種子を播きましたが、驚くことに播かぬ種子が発芽・生育しました。これに気づいたのは愛媛大学農学部の山口聰先生です。山口先生によると「この斜面が桑園になる以前、焼畑に使われていた時代に栽培されていた赤蕪や菜っぱの種子が、今回の焼畑の攪乱刺激によって発芽生育したものだろう」ということです。

現在も綿密な植物学的な調査が進められています。この地域一帯には今でも赤蕪が栽培されていますが、山口先生は「調査でルーツが明らかになると、作物の物語ができて、『焼畑赤蕪』として生業に貢献できる可能性がある」と考えています。楽しみです。

火災、作業の遅れ、人身事故

焼畑は一歩間違うと山火事を起こして責任問題や賠償問題が生じます。点火から鎮火まで定められた手順はありますが、伐採した草木の量、乾燥状態、風速・風向、傾斜度などが複雑に関係しますし、無風状態でも火力による強い風が起こります。私たちは焼畑経験者の指導と実践に従いました。とりわけ、焼畑地と隣接地との間の防火帯作りに労を費やしました。さらに火入れ前と燃焼中に、園芸用の動力噴霧器を持ち込んで防火帯に散水しました。

　祝祭日や休日に作業する日曜焼畑の宿命ですが、作業が積雪や雨天に阻まれ、春焼き（年内に伐開し、春の乾燥期に火入れ）の予定が夏焼き（春に伐開し、夏に火入れ）になりました。さらに、収穫適期を逃して収量が減り、猿など野生動物にも先を越され、残念な思いもしました。しかし、意のままにならない自然を学ぶのも焼畑の楽しさです。

　チェーンソーや刃物などを使った傾斜地での作業は細心の注意で進めました。それでも、初心者と老練の経験者とを問わず、人身事故も覚悟しなければなりませんから、ボランティア保険（当日）に加入しました。

今ならまだ伝授と継承が可能

　焼畑はその起源も明らかでないほど長い歴史があります。日本の水田稲作は弥生時代に定着し、おもに国が統一された後の国家的な土木事業で発展しましたが、僻地や水利に恵まれないところでは、焼畑による食糧生産が昭和三十年代まで続きました。

　マスコミも含めて一般に「焼畑は禁止されている」とか「焼畑による農地開発が砂漠化など地球の自然環境を害している」と考えている人が少なくありません。しかし、日本の焼畑は自然循環型の農法です。火入れから三～五年間作物を栽培し、地味がやせたり、雑草が繁茂して作付けできなくなると、再び自然の山地に戻すというサイクルです。このことが意外と知られていないのです。

　今ならまだ焼畑経験を持つ老農がいて、技術の伝授と継承が可能です。いつしか年代別にわかれて行動するようになった昨今、私たちの焼畑には二十歳代の学生から七十歳代の焼畑経験者まで集いました。老練者が経験に基づく知識を若者に伝え、若者は体力を活かして作業を進めます。経験と体力の有り無しに関係なく参加者それぞれに出番があります。

二〇〇六年七月号　焼畑復活！ソバもダイズもトウモロコシも仰天の美味しさ

焼き畑による焼土効果

火入れによる地温の上昇	地表	地下5cm	10cm	15cm
	78度	38度	33度.	30度
火入れによる肥料分の増加	火入れの温度	アンモニア態チッソ	リン酸	カリ
	非焼	100	100	100
	50度	182	102	166
	100度	264	132	206

火入れしないときを100とした割合
（北海道林業試験場および山形県農事試験場）

たわわに実ったアワ。餅やご飯に混ぜる

30年以上前に栽培されていた赤蕪か？　焼き畑の攪乱刺激で発芽・生育

日本列島の焼畑

日本の食生活全集より

青森県上北郡七戸町

上北地方では地域によって、あわを主とするところと、ひえを主とするところに分かれるが、あわのほうがおいしく上等だと考えているところが多い。このあたりでは、あらぎおごし（焼畑）をすると、まず大豆を播き、その翌年にあわか大豆、その次にひえかそば、さらにその後大豆というようにくり返して作付けする。

あわは九月に刈り取り、島立てにする。十月に鎌で穂を切り、いろりにしつらえたかご台に広げてよく乾燥させる。かご台はいろりのまわりに五尺四方に角材を組み、それに竹を簀に編んでとりつけたものである（図参照）。いろりの火は中心からまわりにも広げる。一日に三回ほどとりかえて乾燥するが、一度に乾燥できる穂の量は、多いときには一俵近くである。乾燥させると、にや（屋内の作業場）で槌でたたいて脱粒する。こうして収穫して乾燥したあわは、長い間貯蔵できる。

ひえは長い間保存しても質が変わらないので、毎年必ず作付けし、貯蔵する。刈り取ると畑に島立てにして乾燥させる。ひえは乾くとこぼれやすいので、注意して脱粒する。

畑作物のおもなものとして、あわ、ひえ、そば、大豆、いも（じゃがいも）などをあげることができる。あわ、ひえは主食として重要な作物で、ほかの作物に比べると、多少低温のときでも適応性が強く、あるていどの収穫をあげることができる。

そばはやせ地でもよく、また比較的短い期間で収穫できるので、多く作付けされる。そば粉は、さまざまに調理して食べるので、この地域では、あわ、ひえに次ぐ重要な作物である。大豆は、味噌、豆腐、納豆などの材料になる滋養のある食べもので、この地方の火山灰台地の焼畑でも収量が多く、わりあい高価に取引きされるために、作付面積も広い。

いもは病気には弱いが、冷涼な気候でも収穫をあげることができる。

雨模様のときのいでたち　上北郡七戸町
（撮影　千葉寛『聞き書　青森の食事』）

主食を補うものとして、汁に多く入れたり、そのまま煮てこびり（小昼）にする。くずいもすてずに、澱粉をとる。そのため、上北地域は、いもの作付面積が目立っている。

『聞き書　青森の食事』より

岩手県九戸郡軽米町

昭和初期、県北のひえの生産量は日本一で、全国の四分の一、県の約半分を占めている。畑地の大部分は、ひえ―小麦―大豆の二年三毛のつくり回し（輪作）であるから、毎年のように、全畑地の四割ほどにひえを作付けしている。この地域でひえが定着しているのには、それなりのわけがある。ひえの名は「冷え」から生じたといわれるように、耐冷性が強い。また、貯蔵性がすぐれている。数年は種子の発芽力も落ちず、食味もあまり変わらない。

岩手は五～七月に冷たい霧を伴うヤマセ（偏東風）が吹くことによって、昔からケガツ（飢渇）をくり返してきた。そのため、ひえは各戸でせいろう（井楼。井げたに組む貯蔵施設）に大量に蓄えられ、昔からこの地方の住民のいのちの糧であった。また、ひえは、干ばつにも多湿にも、痩せ地にも適応し、安定して反当たり八十貫近くの子実収量があり、病虫害や雑草にも強い長所がある。生育期間も短くて、後作に小麦が播ける。実は食用、稈やぬかなどは家畜（馬）の飼料として最適であり、むだなく利用できる。

いっぽう、欠点としては、ひえそのものの味がよくないことである。ふだん炊いて食べるおむすひえ（黒蒸し法による精白――後述）は見た目にも黒っぽく、とくに、冷えると粘りがなくなってぽろぽろする。そのため、さまざまな長所をもつ作物でありながら卑しいもの（稗）とされ、地域の人々もひえに対して劣等感を持ってきた。さらに、稲、あわ、きび、もろこしのようなもち（糯）種がなく、すべてうるち（粳）種だけであり、利用法はかなりせまい。おむすひえのいっちょう炊きである、そっじらひえ飯がまずいので、いろいろな加工・料理法が工夫されている。

この地域のひえの精白法には、おむすひえと白干しひえとの二つがある。おむすひえは黒ひえまたは蒸しひえともいわれ、黒いがごはんには向き、日常のひえ飯に用いている。この方法の長所は、一時に大量に精白することができる、砕けが少なくて搗き減りしない、虫がつきにくい、それに、あらかじめ水洗いするので、ごみや砂などをのけやすいこと、などである。白干しひえは、天日に干して精白するだけである。これは日常の食事には用いられず、粉にして塩味をつけてこね、ひえしとぎなどにして焼いて食べたりする。寒ざらし粉にもする。

ひえの精白は意外に手間がかかるもので、一家総出の作業になる。おむすひえは、主として春早く一度に大量に蒸すが、その方法はつぎのとおりである。

直径二尺五寸くらいのとな釜（馬のえさを煮る釜）の上に、箱型のせいろ（蒸籠）か桶型の稗甑などをのせる。これに、水洗いして水漬けしたあと、水切りした玄ひえ三俵分（一石五斗）を入れて蒸す。一日三回、九俵分ができる。その後、ひえ室の中で火力乾燥する。ひえ室は、間口一間、奥行き一間半ほどの四方土壁の小屋で、その中に棚をつくり、とうかいた（蚕箱に似た用具）を入れ、蒸し上がったひえを広げる。そして、火力が一定して強く、炎が上がりにくいならの木を燃やす。これは、一日六～九俵ほど処理できる。

こうして乾燥したひえは再びせいろう（井楼）で蓄えるが、精白は、ばったり（水臼）か、やから（水車）で行なう。軽米の上舘部落を流れる沢は、いわゆるばったり沢で、ばったりが七つもある。これは、太い丸太の一方をくり抜いて水をため、満杯になると重みで下がる。同時に他方の杵がはね上がり、ついで水がこぼれて、杵がどすんと落ちるというシーソーの仕組みで、臼に五升の米やひえを入れておけば一日で精白できる。気の長い話だが無人でよいので、手間がかからない。部落には、三基の共有のやからができている。そして、春の雪どけ水の時期には割当て制で、夫婦二人が徹夜で作業するようになっている。ひえ室も共同で建てており、ひえ蒸しも部落によっては共同かまどの場合がある。ひえの精白歩合は、玄ひえに対しほぼ三分の一の歩留りである。

主食としてのひえは、ほとんどがおむすひえで、そっじらひえ飯やひえが多い寄せ炊き（二穀飯、三穀飯）では、冷めると粘りがなくなり、食べにくいので、とろろや納豆で食べることが多い。温かいうちと、米やあわなどを多く混ぜたものは粘りもあり、独特の香りもある。炭火で焼いたいわしやさけの塩引き、きゅうりの漬物、きのこのおろしあえなどとの味の相性がよく、少量の酒かすを加えた方領大根の葉の味噌汁（干し菜汁）の熱いものなどをつくって食べるのがふつうである。前述のように、しとぎやこねものは白干しひえが原料である。これは、米がない家での行事食、お供えものとして米の代用ともされる。結局のところ、ひえはそのほとんどが日常食、とくに三度の食事に炊いて食べられ、晴れ食とされることは少ない。

冬から春の朝の食事　納豆おろし、かぶの漬物、ひえ飯、干し菜汁。九戸郡軽米町（撮影 千葉寛『聞き書　岩手の食事』）

品種はいちじるしく多く、享保十二年（一七二七）書上げの『南部領産物誌』には、「早生二十九、中生二十九、晩生四十四の百二」と記されている。このあたりでは、白ひえ、紫、やりっこなどが多くつくられている。白や紫は穂の色で、やりっこは、穂が野生種に近い槍の穂の形である。

あわは子実、稈ともに、ひえより二割ぐらい収量が少ないが、ひえよりも高級とされ、味も優れている。あわには、もち種とうるち種があって、ひえにもち種がないため、水田を持たない農家ではとくにもち種が重要である。あわは、湿地をきらい高燥な条件を好むので、焼畑に最も適した作物となっている。ひえが幼苗期の干ばつにやや弱いのに対し、あわは初期から強い。しかも、ひえより倒れにくいので、つくりやすい。子実の収量は反当六十貫（四俵）ほどで、わら百貫ほどが副産物としてとれ、良質の飼料となる。

畑での島立て乾燥でなく、馬の背で家の近くまで運び、「あわゆら」という専用のはせを組んで、穂を下にして乾かす。脱粒には、刃を上に向けた鎌に束を押しつけて穂切りをし、掛け矢を小型にして柄を長くした粟槌でたたく。このやり方を「切り扱き」というが、あわ独特の方法で、種子も穂のままで貯蔵するなど、ほかの穀類と違った取扱いをする。こうしたやり方をするのは、あわが小粒で、もち種にうるち種が混じることを極端にきらうためである。もち種にうるち種が混じると、よいもちができず、神さまや仏さまへのお供えものとして向かなくなってしまう。

あわの用途は、ごはん、かゆ、もちが主体で、米の用途と似ている。

また、あめ、どぶろくとしても使われ、米よりも高級なものができる。在来の品種が多いが、県北の作物中では最も品種の数が多く、穂型も円筒形、円錐形、梶棒形、紡錘形から、先が分かれている猫足形までに分化している。

このあたりでは、きびともろこしを混同して、すべてきびといっており、加工、用途も同じである。もろこしは背が高いのでたかきび、きびは小きび、豆きび、あわきび、稲きびなどということもある。その利用は、製粉してだんごにするだけで、色は黒いが、ふわふわとやわらかく、ほかの作物にない滋味をもっている。稈は固くて飼料に向かない。そのことが、きび、もろこしが主作物にならなかった最大の理由である。

焼畑はあらき（荒起）とも呼び、火入れは春で、そこに夏作物を播く。土地不足を焼畑小作で補い、ゆいによって耕作するのである。まず、炭焼き後の雑木林を借りてあらき起こしをし、一年目は大豆、二年目はあわ、三年目はふたたび大豆をつくる。大豆とあわをほぼ三回（六年）ほど輪作し、ついでそばを二、三年連作する。焼畑の地力、肥料分をとことん使いきる「止め作」のそばは、少肥、やせ地に適応し、雑草に負けにくい。

このあとは、作付けをやめる。三年ほどかやを刈るうちに、あらかじめ残しておいた母樹から落ちた赤松の種子が芽を出してくる。赤松は四十～四十五年で伐採するが、すでにならなどの雑木の下生えが見られる。雑木林に代わって二十～二十五年、ふたたび焼畑時代を迎え、気の遠くなるような八十年サイクルが形成される。

山はまた、生産・生活資材、食糧の供給源でもある。燃料の炭や薪のほか、はせ木、島立て乾燥用の杭、垣杭、はぎ、くずなどの飼料もみな山に頼っている。ひえ島を結うくぞふじ（葛）のつる、みのや、こだし（肩掛け用小袋）をつくるためのまだ（しなのき）の皮も山からとってくる。家造りのさいの柱、屋根をふく柾板、脱穀に使うまどり（二股の木）、踏鋤の柄を求めるのも山なら、刈敷用の草や馬の飼料も部落共有の草刈場から得られる。

山菜はそれほど利用しないが、ふきだけは例外で、畑作の播き上げ後いっせいに採取を行なう。煮しめに欠かせないいろどりだ。栗や山ぶどう、やまなし、あけび、こか（さるなし）の実は、土地の子ども

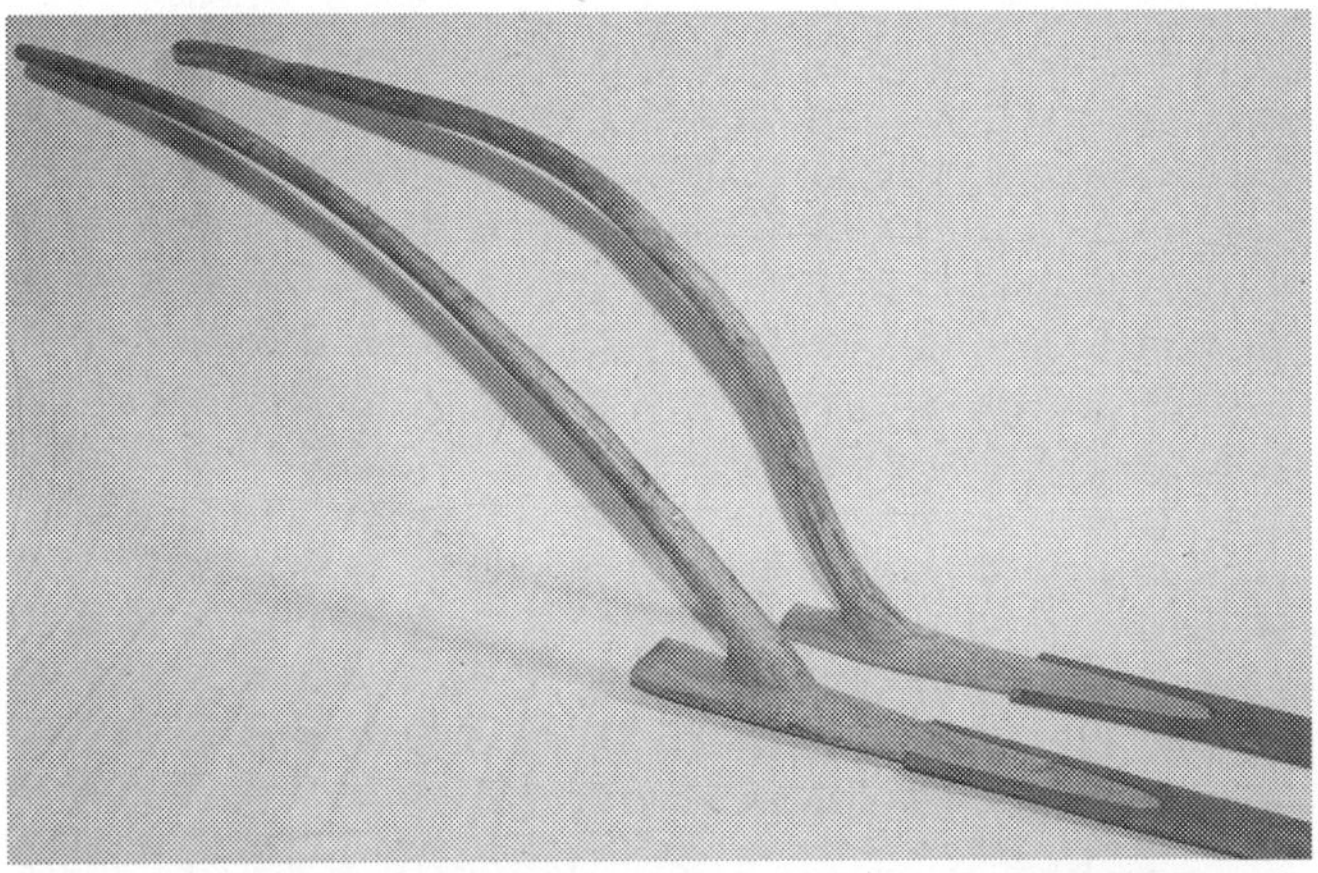
踏鋤　踏鋤の柄は山の自然木を利用したもの。九戸郡軽米町（撮影　千葉寛『聞き書　岩手の食事』）

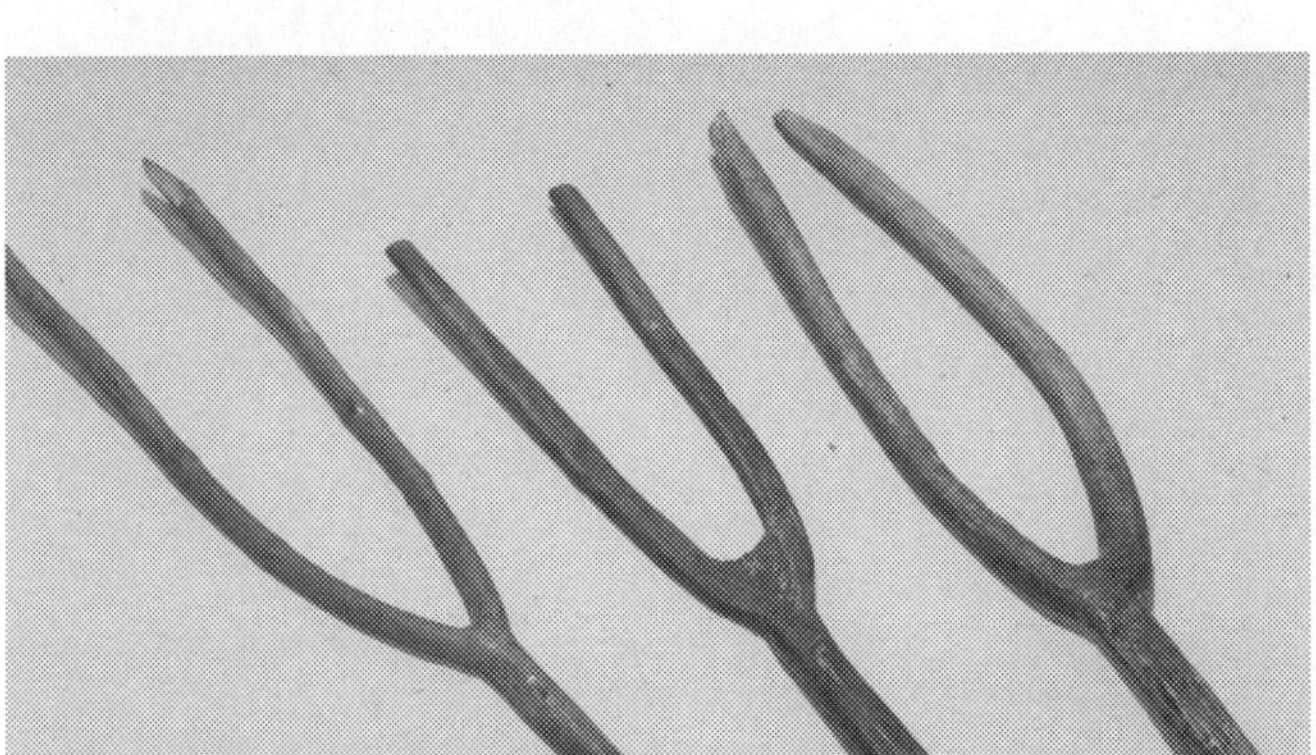
まどり　脱穀に使う木製の道具。九戸郡軽米町（撮影　千葉寛『聞き書　岩手の食事』）

のおやつとして欠かせない。鳥獣はまたぎ（猟師）でなければとれないが、ときとして山鳥、きじ、野うさぎのおすそわけにありつけないこともない。秋山には、きのこ狩りの歓声がこだまする。大根おろしをそえたきのこ、味噌汁などは里の秋を告げる味だ。

『聞き書　岩手の食事』より

群馬県多野郡中里村

多野郡中里村持倉に住む岩崎家では、大麦の作付けが最も多く、次に小麦、もろこし（とうもろこし）、そば、さんどいも（じゃがいも）、きみ（きび）、あわの順となる。山間地のため米はとれず、購入に頼っている。病人が出たとき、枕元で竹筒に入れた米の音をさせて「これ、米だよ」といったら、重病人が頭を持ち上げたという伝説が生まれるほど、人々は米にあこがれてきた。それだけに米は大事に食べ、畑でとれる雑穀やいも類を補いとしている。陸稲もつくるが、結局収量が少なく手間だけかかり、ひき合わない。典型的な畑作地帯で、夏刈り（焼畑耕作）をしてそばを播き、畑をふやしてきた。もろこしやさんどいもは、大麦、小麦に次いで食事を支える担い手で、米や麦の食いのばしには欠かせない。

「持倉陽気」という言葉がある。里が雨乞いするような日照りの年が、ここではなにっかが（作物）がよくとれる。低温のときは、逆に収量が落ちる。また、大雪の年も豊作といわれ、ようらく（つつじ）がうんと咲く年も陽気がよくて作物がとれる。向こう山のはるな岩に日がさしたように見えることがあり、これを「通り日」という。このようになると長時化になる。長時化のときは、不作にならないかと気がもめる。下仁田のほうが晴れてくると天気になる。また、叶山の霧が下手（東）へ動くと天気、霧が動かないと雨になるという。

種播きや植付け時期については、次のようにいわれている。さんどいも（じゃがいも）は四月に入ったら植える。秋に植えておくと入梅ごろ食べられるので、秋植えのこともある。収穫したあとは畑をあけておき、菜や大根を播く。白菜は八月一日、大根は少しおくれて播く。きゅうりは、ぶなの芽が出るころ播く。ごんぼは五月に播く。四月に播くごんぼは「しごぼう」というので、四月に播くもんじゃないといわれる。あわ、ひえは、ひえ虫がじんじん鳴くころ播く。

中里村は西上州でも南部地域であり、山また山の山間地である。雪は少ないが、寒さがきびしく、長い冬がある。中里村平原は海抜九百五十メートルの高冷地で、険しい山の斜面を耕地とし、昔から焼畑作が行なわれている。水田耕作は全くできず、雑穀、そば、こんにゃくの栽培が盛んである。一方、山林が多いので木炭の製造が行なわれている。換金作物としては、早くから桑、こうぞ、こんにゃくが栽培されてきた。養蚕は山間地でも十分行なうことができるので、最大の収入源として力を入れている。

奥多野地方の村落の型には特徴があり、親方百姓型という。有力な

もろこしっちゃがし　多野郡中里村
（撮影　千葉寛『聞き書　群馬の食事』）

親方が土地を所有していて、農民はその土地を借りて耕し、生活をする。親方は小領主的存在で、その土地を支配し、親方を中心として日々の生活、地域の開発が行なわれてきた。ちなみに農民は、小作料に類するものを使役で納め、物品では納めていないところもある。

『聞き書　群馬の食事』より

石川県白山麓

白山麓の出作りとは、この奥山ふところに抱かれての焼畑耕作である。孤独と、きびしい自然環境とたたかいながらも、そこには自然に同化しての心の安らぎがあり、また、簡素ながら神仏に感謝しての食生活がある。出作り地の農耕形態は、山の斜面を焼いて耕地にしたなぎ畑と、出作り小屋のまわりにあるきゃーち（常畑）からなる。

なぎ畑にはひえ、あわ、かまし（しこくびえ）、そばなどの雑穀類と大豆、小豆などの豆類を植える。そば以外はきゃーちにも植えるが、なぎ畑よりは量が少ない。なぎ畑の作物のなかでは、ひえの収穫量が最も多い。したがって、毎日の食事にはひえを食べることが多く、次にあわ、そば、かましの順になる。雑穀や豆類とともに毎日の食事に欠かせないのが、さつまいも、じゃがいも、ずいきいも（里芋）、かぼちゃで、これらはきゃーちで栽培している。愛宕家には水田もわずかながらあり、うるち米をつくっている。収量が少ないのでふだんは食べず、晴れの日のごはん用にする。もち米はつくらないので、購入しなければならない。

ひえの実だけを炊いた飯を「いい」という。このひえの実は、石臼でひき割ってからふるいにかけ、さらに唐箕にかけてきれいにあおったものを使うから、ひえ飯のなかでも上等のものである。まずなべで湯をわかす。水加減は米のごはんの場合よりも多めにする。煮えている湯の中にひえを入れ、しばらくしてから「ごろぎゃ」と呼ぶ柄の長い木の杓子でよく混ぜる。これを三、四回くり返す。七、八割炊きあがり、湯がひいたころ、火勢をとろ火にし、ごろぎゃを使って蒸らしあげる。蒸らし方はまず、ごろぎゃの幅でなべのいいに深い切り目を入れる。次いで切り目に添ってごろぎゃを深くつっこみ、なべ底のいいを入れかえするようにひっくり返す。

かましは、しこくびえのことをいう。穂の形がかもの水かき状の足に似ていることから「かものあし」と呼び、それがつまって「かまし」となったといわれている。かましは非常に手数がかかる。畑地に直接種を播くことができず、稲のように苗を育てて移植する。熟した穂はつぎつぎに刈りとらないと実が落ちてしまうため、収穫は三、四回に分けなければならない。手間のかかるかましであるが、脱穀精白の過程で目減りしない。ひえの実は一升を精白すると三合に目減りするが、かましの実は一升を精白し、石臼で粉にすると一升二合にもふえる。

ごろぎゃを使ってのへえまま炊き。石川郡白峰村　（撮影　千葉寛『聞き書　石川の食事』）

また、かましの実はくせがなく、味も淡白であきられない。そのうえ、長年蓄えても変質しないから、できるだけ植えるようにしている。かましは、生で粉にしてだごや粉もちに入れたり、炒って粉にし、熱湯や汁でかいて食べたりする。

いも類は、出作り地のきゃーちでつくる。さつまいもは自家用として六千個、じゃがいもは四十～五十貫、ずいきいも（里芋）少々が収穫でき、冬期の重要な食糧となっている。かぼちゃは、きゃーちから百五十個ほどとれる。うち五十個ほどは冬用に残しておき、あとは夏から秋にかけて、だごと一緒に煮つけたり、小豆と一緒にぞろにしてごはんがわりや間食にする。秋のとり入れの忙しいとき、とくによく食べる。

出作り小屋の周辺の常畑をきゃーちというが、これは開地、つまり開いた土地に由来するといわれている。このきゃーちで自家用の大根、にんじん、ごぼう、しろな、ねぎ、かたうり（しろうり）、赤かぶ、えどかぶら、なすなど、季節ごとの野菜をつくる。なぎ畑（焼畑）では基本食となる穀物をつくるのに対し、きゃーちでは基本食を補う作物をつくっている。なぎ畑には施肥をしないが、きゃーちでは肥料を使う。肥料には、下肥とちがやが使われる。

出作り地の山中では、春には熊が、冬には野うさぎがとれ、夏になると、川でいわな、ごり（かじか）がとれる。しかし、愛宕家の男たちは狩猟をぜんぜんしない。熊の肉や野うさぎの肉は、出作り地での貴重なごちそうであるが、近所からいただいたときだけ食べる。「出作り」というのはなぎ畑耕作が中心で、夏場（五月初旬～十一月初旬）、親村からはなれ、出作り地で暮らすことである。当然のことながら寝泊まりする建物が必要である。これが出作り小屋で、掘立小屋式なものから、太い木材をふんだんに使った堂々としたものまでさまざまであり、その構造は出作りの定住度を示す一つの目安となる。出作りは、初め夏場だけの「季節出作り」だったものが、親村から遠ざかるにつれ、冬場もそこで暮らすものがみられるようになった。これが「永住出作り」である。こうなれば納屋や倉庫もつくられるようになる。そしてここを本拠に、さらに奥山へ分け入っての出作りとなる。（一説には、永住出作りの原型である山中居住者が生活の利便さを求めて冬の間ふもとの村へおり、春になると山へ帰るパターンも考えられるという。）

出作りの起源ははるか昔である。史料的な初見は今のところ天正十年（一五八二）の桑島村の『むつし文書』である（むつしというのは焼畑のみをさす場合と、土地、建物などをすべて含めたものをさす場合とがある）。当時焼畑がすでに取引の対象となっていたわけだから、

春の夕食　たくあん、かぶらの煮しめ、わらびの酢のもの、いい、あざみの味噌汁。石川郡白峰村（撮影　千葉寛『聞き書　石川の食事』）

うさぎ汁　野うさぎは、肉を骨からはずして肉だけにする。骨は石のくぼみにのせ、金づちでたたいてつぶす。よくつぶれたころ、乾燥させた大豆を金づちでたたいてできるだけ細かくして入れ、一緒にたたく。大豆を入れると味がよくなる。よくつぶれたらだんごにし、適当な大きさに切った肉やそぎごぼう、打ち豆と一緒に煮こむ。石川郡白峰村（撮影　千葉寛『聞き書　石川の食事』）

ずいぶん古いということになる。

焼畑は一般になぎ畑と呼ばれている。前年の夏土用あるいは九月ごろ、予定地の雑木を伐り倒し、雑木のうち大きなものはいくつかに小切っておく。入山のあと四、五日晴天が続くのを待ち、斜面の上方から火入れをし、下方に向かって焼くのである。焼き終わったあと灰を唯一の肥料に種を播き、覆土がわりにあらあらと耕す。そして発芽後、二、三度の除草が唯一の手入れであり、平里の耕作にくらべるとまさに粗放農業である。

作付けの順序としてごく一般的にみられる形は、第一年目がひえ、第二年目があわ、第三年目が大豆、第四年目がひえ、第五年目に小豆、ついで休閑となる。土質の豊穣度によりひえ—あわ—小豆、そば—ひえ—大豆などの三年作、あるいは越前側出作り地帯によくみられるひえ—あわ—大豆・小豆—あわ—かましなどの五年作などがある。最上地になると七年作もみられるという。地力に応じた作付けの工夫がなされるのである。なお作付け一年目を大根、そばにする場合があり、この火入れは七月の土用となっている。作付け終了後の休閑となればそのまま放置するか、あるいは桑の植付けまたは杉の植林がなされる。また毎年の火入れ面積は五畝から一反五畝ていどである。出作り農家の資力、労働力、その他経営条件がその規模を決める。

以上はなぎ畑であるが、出作り小屋のすぐまわりにはなにがしかの畑地がある。永住出作りともなるとかなり整備された畑がみられる。最上地では、一部水田もある。ここの畑地は「きゃーち」あるいは「ひら」と呼ばれる。ひえ、あわ、大豆、小豆、かまし、大根、えどかぶらなど、なぎ畑と同様の作目もかなりみられるが、大根をはじめとした野菜やと

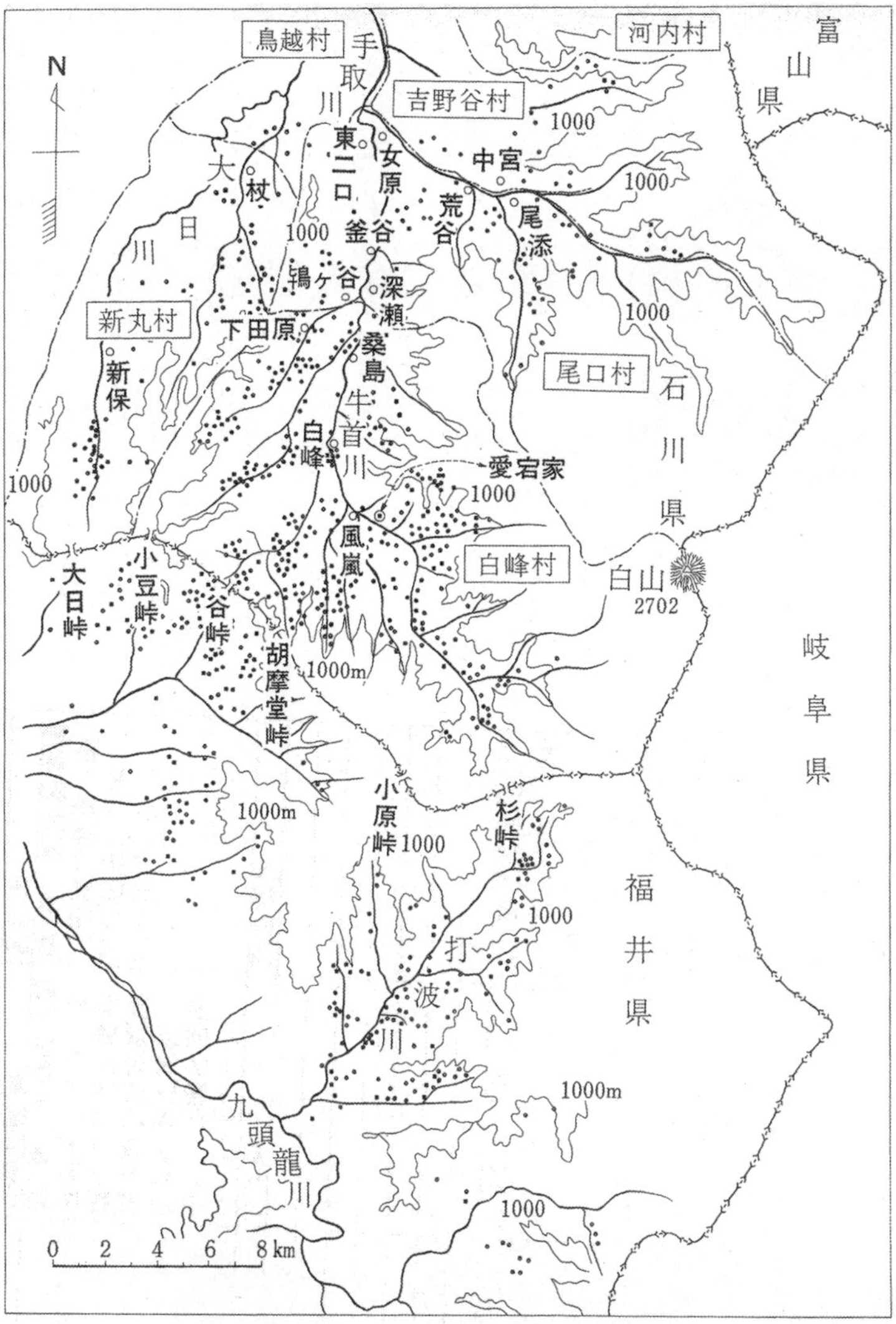

白山麓における出作り分布図（昭和初年）

注１）加藤助参『白山々麓に於ける出作の研究』(昭和10年5月刊）より作成

２）○…石川県側における出作り親村

３）●…出作りの家

うもろこし、大麻などの栽培にあてることが多い。ひえ、あわ、かましをこのきゃーちに栽培する場合、苗畑で育苗し、本畑に移植する形がとられる。特用作物としては大麻のほかこうぞ、おうれん、わさびなどの栽培もある。きゃーちの場合、もちろん施肥が必要となる。

『聞き書　石川の食事』より

徳島県三好郡東祖谷山村

ひえは、春焼いた山に植え、ブリキ缶二〇杯（二石）くらいとれる。あわは一、二畝、こきびは三、四畝、たかきびは二畝、とうきびは三畝、いずれも少しずつ、麦のあとの畑につくる。ひえはひえ飯にし、あわはもちにする。こきびはもちにするほか、甘酒にも入れる。田のない家はごはんがわりにもする。たかきびはだんごやもちにするが、年によってつくらないこともある。穂は、座敷をはくほうきや、粉をはく「臼なでぼうき」になる。

とうきび　三好郡東祖谷山村
（撮影　小倉隆人『聞き書　徳島の食事』）

とうきびは煮たり焼いたり、粉にしてだんごにしたり、甘酒に入れたりして、日常よく食べる。秋、軒下につるして乾燥させて保存する。

やつまたは、穂軸が八本近くに分かれているので、やつまたとよばれる。穂の長さは三寸弱、まっすぐ傘状に開いている。赤土の悪いところでも育つので、焼畑でつくる。干してかまぎで蓄えておき、食べるときにもう一度干して水車で搗き、粒になったら、臼に水を入れて皮をとる。粉にひいてだんごにする。やつまただんごは茶色の濃い色で、おだんごのなかでもとくにおいしい。

『聞き書　徳島の食事』より

徳島県那賀郡木頭村

土がなんとなく息づいて見えるようになると、そろそろ山仕事をはじめる季節である。ひえ播きの準備、山小屋の修理などとともに、山焼きのための火道（防火線）づくりを、三月中にはしてしまう。四月になるといよいよ山焼きである。この作業は、隣り同士で手間がい（労働交換）で火道の守り（よそへ燃え移らないように見張る）と火つけ役に分かれ、十人前後で行なう。山焼きをしたあとへ、ひえやあわを播く。ひえは必ず新しく焼畑にしたところに播く。二年続けて播くと、いやじり（連作障害）になって実りが悪くなる。五月ごろからは、雨降りの日を選んで、ぼつぼつ杉苗を植えはじめる。暖かくなるとはみ（まむし）が出るので、注意しなければならない。

那賀川の上流、剣山山地の南斜面に位置する海部郡上木頭村蝉谷には、水田は一枚もない。上木頭村での米づくりは、山すその出原、北川、和無田、折宇へんで行なわれているが、田んぼは合わせて七十七町ていど（明治二十七年）だから、この地域では米は大変な貴重品である。蝉谷の衆はおもに山仕事を生業とし、一軒で三十町もの山林を一手に管理するが、耕地は非常に少ない。家の周辺の八畝ばかりの畑と、広大な山林の中に散在する焼畑を上手に耕作して、なんとか自給自足の生活を営んでいる。

焼畑は、雑木を切り倒して焼いて整地するもので、毎年平均して五反弱くらいを順々に山焼きして、一年目はひえをはじめ、あわ、そばなどの雑穀を、二年目には大豆、小豆などの豆類を、三年目には大豆をつくっている。裸麦、いも類、きび（とうもろこし）、野菜類は、家のまわりの菜園から得ている。ひえに、麦やきび、ときには小豆を混ぜたひえ飯が日常の基本食であるが、厳しい労働を補うために、ずきいも（里芋）、ふどいも（じゃがいも）、りゅうきいも（さつまいも）を丸ごとゆでたものがよく用いられる。

米は、行事やお客ごとのときに食べるくらいで、日常食として食膳に上るのはごくまれである。米を手に入れるには、山を越えて海部まで行って、小豆一斗と米一斗を交換してもらう。「小豆がえ」の長い道中は荷も重く、渡る川の水も冷たくて厳しいが、「海部へ行たら、びんび（魚）の菜に米の飯」といって、山では食べられない食事ができるのが楽しみである。

『聞き書　徳島の食事』より

干してあるひえの穂　那賀郡木頭村
（撮影　小倉隆人『聞き書　徳島の食事』）

高知県県西山間（梼原）

高知県の山間地帯の村々は、吉野川、物部川、伊淀川、四万十川など大河川の上流にある。その河岸段丘や、地名の「奈路」「奈呂」として県内に多く残る「なろい」ところ、すなわち、川沿いのやや広い沖積地、あるいは「潰え地」、すなわち、山の斜面の古い崩壊地が貴重な平坦地として、わずかな耕地を形づくっている。その多くはけわしい傾斜地にあり、文字どおり「耕して天に到る」といわれる石垣を築いた棚田や段々畑である。常畑もあるが、畑はほとんどが毎年ひらく切畑、すなわち焼畑である。常畑は親代々からつくっており、家から一里以上も離れていても荒らさないようによく管理して、主食の雑穀やからいも（甘藷）をつくっている。

畑作物は主食のきび（とうもろこし）が最も重要である。屋敷まわりの麦の跡へつくる「こやしきび」は、移植する切畑の「やまきび」より半月ほど早く、五月上旬に直播きする。その約一か月後に間作の大豆や小豆を播く。そして、春蚕の上蔟、第一回の田の草、からいも（さつまいも）のつるさしと仕事が続き、梅雨が明けて夏らしい天気が続くようになると、春植えのじゃがいもを掘る。田の草の間にからいものつる返しと除草、山菜摘みがある。津野山郷は古くから茶の産地としても有名である。

九月に入ると山ではやぶ焼き（焼畑の火入れ）をする。霜の来る前に収穫できる秋そばを播く。きびをいなき（はざ）にかけ終わると十一月で、稲刈りになる。きびと稲のしょむをして正月を迎えるが、麦踏み、麦の土入れと施肥、こうぞやみつまたの蒸しと皮はぎが冬の仕事である。からいもは早霜の来るころに収穫して、よく乾く日当たりのよい場所に坪を掘り、わらや籾殻、わらびの乾いた葉などを敷いて貯蔵する。ほしか（切干しいも）つくりは、おばあさんの冬の仕事である。

『聞き書　高知の食事』より

高知県土佐郡本川村寺川

土佐郡本川村寺川は、四国三郎吉野川の最奥に位置し、北には石鎚山系の高峰、南には稲叢、大森の山々が迫り、全村山といって過言でない。村役場のある長沢まで、三里、山越しで日用品を買いに行く伊予の西の川（愛媛県新居郡）までは八里ある。宝暦二年（一七五二）に記録された『寺川郷談』には、「凡是より西は予州松山御領、北は西条並御蔵所に隣る、四国第一の深山幽谷なり。昔は土佐にもあらず、伊予へもつかず、河水は悉く阿州へ流るといえども阿州へも属せず」と、四国の秘境としての実感が表現されている。

寺川の人たちは、古くから焼畑耕作を行ない、細々と自給自足の生活をしている。春焼畑には、初年にひえ、二年目に小豆、三年目にとうきび（とうもろこし）、大豆をつくり、二、三年目に商品作物であるみつまたの苗木を移植する。夏焼畑にはそばを播き、その後、豆類やとうきび、あわなどをつくるが、夏焼畑はあまり多くない。焼畑は集落の近くだけでなく、一里も二里も離れたところにもあり、農繁期には田屋（山小屋のこと）に泊りこむ者もある。

寺川の主食はひえで、年中ひえ飯を食べ、米のごはんを食べるのは正月、神祭、お盆だけである。麦、くきいも（里芋）、じゃがいも、からいも（甘藷）なども栽培しているが、その生産量は多くない。乏しい食糧を補うため、秋にはとちの実をひろい集め、冬の間に何度かはとちだんごを食べる。春先には、しろい（彼岸花）の球根を掘り、しろいだんごをつくって食べる家もある。春はわらび、ぜんまい、いたどり、わさびなどの山菜が食膳をにぎわし、夏はあめご（あまご）、いだ（うぐい）などの川魚を食べる。秋になると茶の葉を煮て臼で搗いて乾燥させた、めずらしい番茶づくりがはじまる。

ひえは焼畑で栽培するが、山は三月末から四月はじめに焼く。すぐ

焼畑のむら寺川の住居　傾斜地に石垣を築いてわずかの平地をつくり、家を建てる。土佐郡本川村
（撮影　千葉寛『聞き書　高知の食事』）

に種を播くのを「あく播き」、二十日ぐらいおいてから播くのを「鍬播き」というが、後者のほうが、雑草の生える割合が少ない。薄く播くときは反当たり四、五升、厚播きするときは七、八升播く。播いた後は、雑草を一度除き、あとはひえが実るまでおく。刈りとりしだい、束ねてそうがけ（はでがけ）にして、一、二か月おく。よく乾燥したら、むしろの上でからさおでたたいて脱穀し、かますや南京袋などに入れて、天井裏などに保管し、必要なだけ出して、精白して食べる。

ひえを精白するには、水車で搗く搗きびえと、石臼でするすりびえの二つがある。古くはすりびえばかりだったが、大正中期に部落共有の水車ができてからは、ほとんど搗きびえになった。すりびえは天日でよく干しておいてから、そのまま石臼でする。搗きびえには、ひえを釜で蒸し、天日でよく乾燥させてから搗くものと、こうらと呼ぶ大なべで炒ってから搗くものとの二つの方法があるが、前者が多く行なわれている。一升のひえを精白すると、炒りびえは三合ぐらい、蒸しびえだと三合五勺ぐらいになる。水車の使用は各戸順回りに一日ずつある。順番が近づくと、主婦は五斗ぐらいのひえを蒸してよく乾燥させる。当日はひえを運びこみ、最後に粗搗きをして、荒皮がとれると臼から出し、箕でさびて（あおって）ぬかを除く。ついで真搗きをしてよく精白するが、五斗も精白するには朝から晩までかかる。なお、精白したひえはひえごめ、くだけたひえはこごめと呼んでいる。

すりびえと搗きびえで炊き方が異なる。すりびえは、こうらで炒ってから炊く。前の晩に炒って炊くこともあるが、たいてい二、三日分を一緒に炒っておいて炊く。いろりにつるしたなべに湯をわかしておき、炒ったすりびえを入れ、杓子でよくかき混ぜる。しばらくするとぐつぐつとわきだすので、なべをおろしてひえごめがかくれるかかくれないかというくらいまで湯をはえ（流し）すてておいて、再び火にかける。しばらくすると、またぶつぶつと音をたててわきだすので、ころあいをみて火力を落として火蒸しにする。火力を落とす時期が大事であり、これをあやまると焦げ飯になる。だから主婦は、火蒸しになるまでいろり端を離れることはできない。火蒸しは長くするほど、よく蒸せておいしく炊きあがる。

搗きびえの炊き方には、通常の方法と、たきつけという方法がある。通常はすりびえと同じ方法で炊くが、はえすてる湯の量をいくぶん少

がんぜき　ひえの種を播いてからかく道具。あけびかずらでしばる。土佐郡本川村　（撮影　千葉寛『聞き書　高知の食事』）

すりびえをつくる道具類　はんぼ、石臼、とおしと箕。土佐郡本川村　（撮影　千葉寛『聞き書　高知の食事』）

なくする。たきつけはひえごめをよく洗ってから炊き、わきあがっても湯をすてず、ころあいをみて火力を落としてそのまま蒸す。たきつけの場合の水の量は、通常の炊き方にくらべてだいぶ少ない。

ひえ飯はひえごめだけで炊くことはほとんどなく、たいていきびごめ（とうきびをひき割ったもの）、小豆などと混ぜて炊く。きびごめと混ぜたものをきび飯、小豆と混ぜたものを小豆飯、きびと小豆を混ぜたものをさんみとうと呼んでいる。きび飯を炊くときは、きびごめをなべに入れてぐらぐらとわいてからひえごめを入れ、前記のような方法で炊く。ひえごめ、きびごめの割合はいろいろであるが、きびごめ三、四割というのが多い。ひえごめだけの飯より、きびごめを入れた飯にはねばりけがあり、食べやすい。

小豆飯は、あらかじめ別のなべでゆでておいた小豆を、ひえごめと一緒にして炊く。小豆の割合は二割ぐらいがふつうである。小豆はどの家でも一石ぐらいつくるので、小豆飯は日常よく食べる。さんみとうも日常よく食べるが、その割合はひえごめ六割、きびごめと小豆四割ぐらいが多い。きびごめと小豆の割合は五対五、六対四などいろいろある。

さんみとうとその材料　きび、ひえ、小豆　土佐郡本川村　（撮影　千葉寛『聞き書　高知の食事』）

ひえ飯　土佐郡本川村
（撮影　千葉寛『聞き書　高知の食事』）

いつごろはじまったか明らかではないが、きびを常食とする山村が仁淀川・四万十川上流地域にある。このきび生産地域は、大分・宮崎の山間地、富士山麓とあわせて全国的に著名な三大生産地である。このきび生産方式は、本来焼畑である。天正十五年（一五八七）～同十八年の検地は『長宗我部地検帳』として残っているが、それには焼畑は切畑として記載されている。ただ切畑の作物については『地検帳』には克明に記されていない。吉野川上流の『高山切畑地検帳』には麦、ひえ、小豆、まめ（大豆のこと）、そば、あわ、いも（里芋のこと）の諸作物があって、きびはない。この点、きびは江戸時代以降のいつのころ土佐に移入されたかが一つの問題である。なお先述した『地検帳』のうち、麦が最も作付面積が多く、次にひえである。

檮原村横貝の朝、昼、晩食の呼称は早朝のあさめし、午前十時ごろの小茶、午後二時ごろの二番茶、そして午後八時ごろの夜飯となっている。このように、一日四回以上の食事で、その呼称中に茶のつく呼称が一食以上あるものを横貝式とでも名付けておこう。このような横貝式の呼称を持つ町村名を列挙すると、東津野村、上半山村、別府村、長者村、池川村、大崎村、本川村のような、いわば古い時代に焼畑を行なっていた地域で、現在も雑穀文化の地域であるところに多い。これは長宗我部時代から山畑で茶を栽培していたことに起因する。

『聞き書　高知の食事』より

粟―大豆の輪作
焼畑農法の心を受けついで五十年余
岩手県九戸郡軽米町　菅原徳右ヱ門さん

佐々木　諕（岩手県農試）

粟《あわ》栽培の衰退

菅原さんの住んでいる上舘部落は、岩手県北部の青森県境に接した軽米町の中央部にあり、比較的平坦なところに展開した三五戸からなる集居型の部落である。

この地帯は耐火性粘土や砂鉄が産出し、製炭も盛んだったので、古くから鉱産事業が展開されたところである。また、この部落には藩政時代直営の鋳造工場があったことでも知られている。そのころは五～六戸の錮屋（鋳物師）がおって、主として鍋釜類を製造して藩におさめていた。明治になっても盛んで、馬の煮炊用の鍋釜や製塩用釜、農具類がつくられ、なかでも焼畑用の鋤《すき》は「軽米鋤」といわれて有名なものであった。昭和になり下り物におされて事業不振に陥り、戦時中の企業整備から工場が閉鎖された。最後まで残ったのは菅原さん一家だけであった。

菅原さんの先祖はこの部落の鋳物師で、八百年くらい前に関西から来て住みついたといわれ、代々その技術が受けつがれ現在でも錮屋と呼ばれている。家に炉があり、たのまれれば農業のかたわら造るが、それは趣味でやるていどである。

この部落の歴史は軽米町でも最も古く、錮屋によって形成された部落である。部落の構成を系譜にさかのぼってみると、藩政時代末期六戸の錮屋（本家層）があったといわれ、明治以降、それから分家して現在の戸数にふえた。この部落が本格的に農業をやりだしたのは、鋳造事業が不振になった昭和十年代からである。したがって農業の歴史は浅い。現在専業農家は六戸くらいで、土地条件に恵まれた錮屋本家層に多く、他は二種兼業層で、ほとんど明治以降の次三男の分家層である。

図の粟の作付面積の推移をみると、明治三十年代は一〇〇〇ha前後で、面積的には水田作に匹敵するほど多くつくられていた。それが昭和四十八年度には五haと潰滅的状態に減少した。この地帯に十年くらい前までは一三〇〇戸あった粟作農家も現在では五〇戸に減り、一戸当たり三〇aは下らなかった作付面積も五a前後となり、作付農家を探すの

粟作付面積の推移

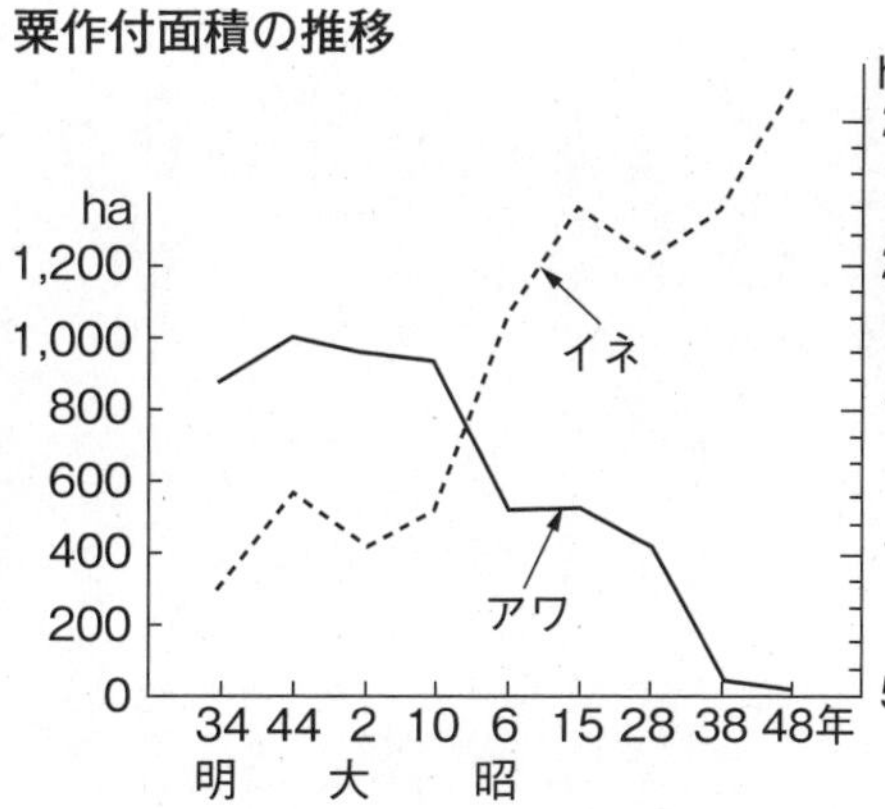

に困難な状態である。

水田が少なかったころは、この地帯では粟と稗《ひえ》が主食であった。粟は搗精が簡単で粘りがあり、味がよいのでそれだけでも食べられた。稗は単独では食べにくく、主として混食として利用された。米の自給度が高まるにつれて粟の利用は減り、馬産による稗の量産で、粟に替わって稗が米との混食の王座を占めるようになる。しかし、それも束の間で、米の完全自給にともなって両者は主食の座から姿を消していった。

菅原さんの栽培経過

菅原さんは粟をつくり始めてから今日まで約六十年になる。先祖代々鋳物師で生活を支えてきたが、父親の代に事業不振で財産を失い、昭和五年に跡を継いでからは、残った土地と、木の伐採跡地を借りた焼畑農法とによって細々と農業を営んできた。水田がなかったので焼畑に粟を栽培し主食にあてた。だが、農業だけでは生活できなかったので、農業のあい間には青森県南から岩手県北一帯にかけて身につけた技術を生かして鋳掛に出かけた。その行き先々でよさそうな粟の品種をもらい、家に持ち帰り試作しては選抜した。このころが、菅原さんが最も熱心に粟つくりに取組んだ時代である。

そのころ集めた品種の数は十種類にもなる。その代表的なものを挙げると、シロアワ、ツガルワセ、アカアワ、キアワ、ネコアシ、モチアワ、ユキアワなどである。菅原さんは粟の粳《うるち》と糯《もち》の違いを穂の形態で見分けた。「穂先の丸味のものには糯が多く、尖ったものには粳が多かった」といっている。

菅原さんは戦後一五〇aの畑を開田してからは米の自給ができるようになった。その後も三〇aの畑を借りて粟をつくってきたが、今では縮小して五aくらいになった。今までつくっていたモチアワの品種が雑駁《ざっぱく》になったので、最近、最寄りの県北農試から種子をもらって更新した。現在、部落で粟をつくっているのは菅原さん一人だけとなったが、軽米町内には四～五人はいるようだ。つくっている人たちは販売が目的でなく、「粟もち」の味が忘れられないとか「あめ」をつくるのが楽しみでつくるとか、粟の味にとりつかれた人たちだけである。

粟は、この地帯では稗より古くからつくられていた。稲作がひろがるまでは常食にされていた。粟は乾燥地に強く、湿地を嫌い、稗よりも少肥で生育するので、焼畑に作付けされてきた。古い作物だけに地元に適した品種も多かったが、現在ではモチアワだけがつくられている。

菅原さんによると粟は「分げつしない作物で、薄播きだと初期生育が遅れる。そのため当初は厚播きにして生育を早め、数回の間引きによって密度の調整を行なわなければならない。また、長い間同じ品種をつくりつづけていると、退化して先祖がえりしてエノコログサになるものだ。間引きのときにそれを見分けて取り除かなければならない。これに手間のかかるのが粟の欠点だ。そうかといって間引きを省くと穂が小さくなって収量がとれないものだ」ということになる。この地帯で稗より粟の作付面積の拡大ができなかった原因もここにあると思われる。

しかし、粟は食味が稗にまさり、加工も簡単なことから用途は多岐にわたった。盆、正月、それに四季おりおりの節句のご馳走をつくる材料として、農家にとって、なくてはならないものであった。その後、開田によって米の完全自給が可能になるにおよんで、粟の果たした役割がすべて米に替わり、粟の利用価値も忘れ去られつつあり、粟は過去の作物になろうとしている。

焼畑による粟つくり

菅原さんは以前、焼畑によって粟をつくっ

ていた。そのやり方は次のようである。

適地の選定　焼畑には松山や雑木山（ナラ、クリ）の伐採跡が選ばれる。菅原さんは松山の伐採跡をよく借りた。戦前は借地料として、小作七対地主三の割合で現物を刈り分けしたが、戦後、借り手がなくなってからは無償で借りられるようになった。現在は焼畑をやる人はいない。

適地としては、東向きか南向きの山の中腹で、緩傾斜のくぼ地がよく選ばれた。北面や西面は、地味は肥えているが作物が徒長し、日当たりが悪いので病害虫の発生が多いとして嫌われた。また山頂は、平坦地は多いが、やせているのであまり利用されなかった。雑木山の跡地は肥沃だが荒起こしに手間がかかり、したがって松山跡がよく利用された。

荒起場《あらきば》焼き　伐採した跡地は、冬から春にかけて薪をとれるだけとり、八十八夜（五月初旬）がすぎたころ、天気がつづいた日を選び、警察の許可を得て「ゆいっこ」で多勢の人を集めて荒起場に火を入れる。夕方ちかくになって山頂から火をつけ、下方に向かって焼きはらう。

火入れ時刻を夕方ちかくにするのは、焼き終わったあとの残り火がわかりやすいからだ。また上から火を入れるのは、火勢が弱まり満遍なく焼けるので、焼け残しが少なくなるとともに、山火事を防止するためである。終わると手伝ってもらった人たちに夕飯を出して一杯やるが、その夜は荒起場に数人野宿して火を警戒する。

荒起《あらき》踏み　翌日からゆいっこで、「荒起踏み」を行なう。男女が一組になって仕事をするもので、男は荒起鋤《あらきすき》で焼跡を踏み起こす。女は後から「もった」（唐鍬）で、木の根を切って畦に仕上げる。さらにその後から女一人が鎌で大豆の種子を播いていく。これら三人が一組である。

荒起鋤は一般の鋤より歯が厚く丈夫にできていて、柄の角度は四〇度くらいである。焼畑用の鋤は菅原さんの部落のものが産地で評判がよく、わざわざ遠くから買いにきた。荒起鋤は丈夫だが大きく重いので、荒起踏みには非常に多くの労力を要した。一〇aを起こすのに三組で一日はかかった。

播きつけ　九〇cm幅の畦が傾斜にそってでき上がると、すぐその後から畦の両肩に、鎌で大豆の種子を播く。一年目は大豆で、二年目が粟である。

粟播きは、前年の豆の畦と畦との間に両肩を鍬でけずって播き溝をつくる。これを「おもがえし」という。そこに粟の種子を木灰に混ぜてばら播きにし、足で土をかける。

除草、間引き　除草は主に木の根から芽生えたものを取り除き、間引きと兼ねて二〜三回はやる。草の発生が少ないので普通播きより一回は少ない。

収穫　十月ごろ刈り取り、島立てにして乾燥し、その後「また木」で打ち落として収納する。

輪作　一年目に大豆、二年目に粟。この繰返しを四年間やり、五年目からは地力が許すかぎり、そばを連作する。地力の低下にともなって、やがてカヤが自生し始める。その後はカヤの刈取り収穫が数年つづけられる。カヤは主に屋根替えや炭すご（炭だわら）に使用された。そのうちに松の自生がみられるようになり、ついに松山に変わる。松林は三十〜四十年目に伐期に達し、伐採後は再び跡地が焼畑に利用される。

地域によっては松伐採跡をそのまま放置して、自生してきたナラやクリを雑木林に育てて二十年後に伐採し、その跡地を焼畑に利用するところもある。前のばあいは約五十年で、後のばあいは約七十年で一輪換する。

ふつう畑での粟つくり

播種　菅原さんは現在モチアワを約五aつくっている。播種期は五月上旬で、大豆跡に

＜輪作体系＞

①50年輪換

アカマツ期間（50年）＋ダイズ―アワ期間（4年）＋ソバ期間（3～4年）＋カヤ期間（3～4年）

②70年輪換

アカマツ期間（40年）＋雑木（ナラ,クリ）期間（20年）＋ダイズ―アワ期間（4年）＋ソバ期間（3～4年）＋カヤ期間（3～4年）

＜収　量＞

ダイズ	10a当たり4～5俵（240～300kg）
ア　ワ	2～3俵（90～135kg）
ソ　バ	5俵（200kg）

播く。大豆―粟の繰り返しである。

播き方は焼畑と同様で、前作大豆の畦間に肥料をやり播き溝をつくって、それに播く。五aに対して粟種子〇・五ℓを木灰二ℓに混ぜてばら播く。粟は、稗とちがってボッタ播き（種子と肥料と土を混ぜ合わせて播くこと。種肥ともいう）をあまりしない。ボッタ播きをすると発芽が悪くなるからであり、菅原さんは肥料と種子とは別々にまく。

肥料は人糞尿に過石一〇kg／一〇aを混ぜて使用する。播種後は歩きながら両足で覆土し踏圧をする。

播種後の管理　粟は分げつしない。したがって、発芽後の間引きによって立毛密度を調節する。そのやり方が収量を決定するので、間引きはていねいにやっている。当初厚播きにしておき、発芽二週間後に第一回の間引きを除草と兼ねて行ない、つづいて七～十日間隔に四回くらい行なう。最後にエノコログサを取り除き培土をする。

収穫、脱穀　出穂四十～五十日目に収穫するが、小面積なので手刈りである。刈り取ったものは稗同様、島立てにして乾燥し、その後、稲用の自動脱穀機で脱穀する。以前は穂切りして板の上に盛り上げ、「また木」で打ち落としたものである。

収量は一〇a三～四俵（一俵四五kg）がふつうである。現在でも粟作には一〇a当たり二九人日はかかる。

戦前に粟の果たした役割は大きい。すなわち粟は、焼畑農法と有機的に結合して、行き場がなくて部落内に分家した零細な次三男層の生活をささえてきた。

焼畑農法は原始的なものにみえるが、自然の法則にしたがった合理性がつらぬかれている。十年の農耕期間の経過は山の土を膨軟にする。そのことが以後の林木の生育を早める。焼畑跡は五～十年は木の生育が早まるといわれる。また、四十～六十年の林木期間の経過によって土地の肥沃性は回復し、その後十年間、自然地力依存の生産を維持させる。

現在、粟の作付は完全に衰退した。もちろん焼畑もみられない。現在作付けしている希少農家は、菅原さんのような兼業農家の留守居をあずかっている老人や主婦が多い。

農業技術大系作物編第七巻　焼畑農法の心を受けついで五十年余　一九七五年

ひまわりの根には、VA菌根菌がきわめて多く共生する。そのため、ひまわりの後作の作物にもVA菌根菌が共生し、後作の生育がよくなることが知られている。島根県斐川町では、ひまわりと麦による輪作が行なわれている。（写真　斐川町役場提供）

中国古代の作付体系の特色

『中国農業の伝統と現代』より

もし中国古代の作付体系を外国のそれと比較してみるならば、輪作・多毛作・混作・十分な耕地利用などが、その特色として列挙できよう。以下、作付体系それ自体から三大特色を検討してみることにしよう。

①豆類と穀類の輪作と混作

中国古代においては、北方あるいは南方のいずれを問わず、豆類作物と穀類作物の輪作と混作が普及し、これが古代の作付体系の一大特色となっていた。

中国古代の豆と穀物との輪作と混作の基本的方式は表の通りである。

中国における豆—穀物の輪作の歴史はたいそう古い。豆—穀物輪作はすでに文献の記載に見られ、『周礼』（紀元前四世紀頃）の鄭玄注に「今、世間では麦下を夷下と称している。麦を刈り取り、その跡地に禾《あわ》や豆を種《う》えることである」（今俗間謂麦下為夷下、言芟刈其麦、以其下種禾・豆也）とあり、麦—豆の輪作が言及され、おそらくは当時において普及していた方式だと思われる。

また北魏の農学者賈思勰《かしきょう》は、その大著『斉民要術』（六世紀）の中で、各種の作物の前後作の関係を比較研究したことを記し、豆類作物が穀類作物の良好な前作作物であることを認め、豆—穀物輪作の体系を確立している。その後、中国北方地帯の豆—穀物輪作方式は、比較的確固とした方式として踏襲されていった。それとともに「地に因りて宜しきを制す」の原則に従い、絶えず豆—穀物輪作方式を内容豊富に発展させていった。

中国の南方地帯では、唐・宋時代頃にやはり豆—穀物輪作方式の端緒が開かれていった。南宋の陳旉《ちんふ》が著わした『陳旉農書』（十二世紀）に「早稲田を刈り終えたなら、すぐに耕起して土を陽に晒《さら》し、肥料を入れて地力を増してあげ、豆・麦・蔬菜などを種える。それによって土壌を十分に熟《こな》れさせ、肥沃にしてあげる」（早田穫刈纔畢、随即耕治晒暴、加糞壅培、而種豆・麦・蔬茹、因以熟土壌而肥沃之）とあるのは、稲—豆輪作の内容を説明しているのにほかならず、しかもそれによって「土壌を十分に熟れさせ、肥沃にしてやる」措置の一つにしていたのである。明・清時代になると、長江中・下流域の広大な地域にわたって、稲—豆輪作、稲と豆、麦と豆の混作方式が発展していった。

豆と穀物との輪作および混作が、わが国古

表1　中国古代における豆と穀物の輪作と混作の基本方式

地　域	収　穫	輪作および混作の方式
北　方	1年一毛作 2年三毛作	豆ー穀物の3年もしくは4年の輪作制 麦ー豆ー秋に収穫の雑穀
南　方	1年二毛作	稲ー豆の輪作 稲と豆の混作 麦と豆の混作

代の作付の主要方式となり得たのは、豆類作物の肥田効果と密接な関係がある。また豆類作物の肥田効果は根瘤バクテリアと密接に関係している。われわれの祖先達は早くも西周時代（紀元前十世紀頃）に、豆類作物の根部に生ずる根瘤バクテリアの特色に注目していた。「菽」（大豆のこと）の象形文字を考案する際、豆類作物の地上部分の形態を描くほかに、また地下部分の形態も描きわけている。西湖時代の金文（青銅器に刻まれた文字）中に見られる「菽」の文字には、図のような四つの形態がある。

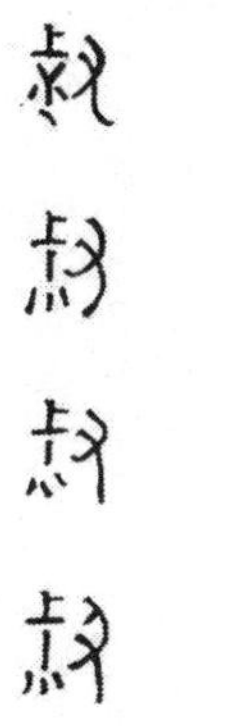

西周時代の金文中に見える「菽」の文字

　甲骨文・金文もしくは籀文《ちゅうぶん》（大篆《だいてん》）で粟・黍（モチキビ）・稷（アワの一種）・来（ムギの一種）・稲などを象形文字を用いて表現すると、いずれも地上部に生長している穂や穀粒の形を強調して描きわけている。ただ金文中の「尗」の文字は、地上部の形態のみならず、地下部の形まで描いている。「尗」字の地下部の三つの点は、豆類作物の根に付着している大量の根瘤を表示している。古代人は三を極致とみなしていたので、三つの点は数量の多いことを示しているにほかならない。

　清代の学者王筠《おういん》はその著書『説文釈例』の中で、「尗」の象形文字の意味、および根瘤のつき具合の多少と作物の豊凶の関係を次のように明快に述べている。「〈尗〉の文字の横線〈一〉は地を、上下に貫いた縦線〈丨〉の上部は茎を、下部は根を表わしている。根の左右は円い点にすべきで、長く曳いて書くべきではない。菽には直根が生えており、左右の細い髭根は描くに足らない。ただし細根の先に豆状のものが累々とついており、この豆状のものは凶年の時は虚浮となり、豊年の時は充実している。」（尗之中一為地、丨之上下通者、上為茎、下為根、根之左右、当為円点、不可曳長、蓋菽生直根、左右繊細之根不足象、惟細根之上生豆累累、凶年則虚浮、豊年則堅好。）

　戦国時代には、中国の大豆栽培は一時盛んに行なわれていたことがある。『墨子』尚賢篇中に「農耕百般の指導に精出して、菽・粟を豊かに集める。だから菽・粟はたくさんあって民衆の食糧には事欠かない」（耕稼樹芸、聚菽・粟、是以菽・粟多、而民足乎食）とあり、『孟子』尽心篇上に「聖人が天下を治めるにあたっては、菽・粟を水や火のように豊富に確保する。菽・粟が水や火のようにあれば、民に不仁な者が出てくるはずがない」（聖人治天下、使有菽・粟如水火、菽・粟如水火、而民焉有不仁者乎）とある。また『荀子』王制篇に「手工業者や商人が農業は行なわないで、菽・粟が足りる」（工賈不耕田而足菽粟）とあり、『戦国策』斉策に「刺繍のある衣服を着、菽・粟を食べない者はいない」（無不抜繍衣而食菽・粟者）とある。これらの記述は、いずれも当時にあって大豆栽培が重要な位置を占めていたことをものがたっている。この時代の人びとは、大豆の根瘤バクテリアに窒素固定作用があることを知らなかったが、土壌を肥沃にする作用については、すでに初歩的な知識を有していた。

　漢代になると、『氾勝之書』に「豆に膏有り」（豆有膏）の記述が見られる。『説文』に「膏は肥なり」の記載があるから、明らかに豆類作物の肥田作用を説明している。氾勝之が「大豆と小豆は尽く治めるべきでない」（大豆・小豆不可尽治）と要求しているのは、深く頻繁に中耕するなの意で、大豆や小豆の根瘤を損傷を防ぎ、肥育を保持するためであった。つまり漢代においては豆類作物の肥田作用が明らかにされていたばかりでなく、その肥田作用と豆類作物の根瘤とが密接に関連していることを認識していたのである。

　北魏時代の農学者賈思勰は、緑豆と小豆を間作することが肥田の秘訣であるとしている。というのは当時の人びとは豆類作物の肥田作用を認識していたばかりでなく、豆類作物を意識的に肥田作物として利用していたからである。豆類作物に肥田作用があることの認識から、目的を持って、計画的に豆類作物を肥田作物として利用するに至ったのは、認識の上での一大飛躍であると言えなくはない。

　南来の農学者陳旉もまた、稲の後に豆類作物を栽培するのが、土壌を熟《こな》れさせ、肥沃にする措置の一つであるとみなしていた。

　以上述べてきたように、中国古代において豆と穀物の輪作と混作が作付の主要方式とされたのは、豆類作物の肥田作用を深く認識していたことに由来していたのである。したがって、耕地の利用と肥力回復を結びつける重要な措置として、長期にわたって堅持されてきたのである。

②糧食・棉作物と緑肥作物の輪作と混作

　中国古代の糧食・棉作物と緑肥作物の輪作と混作の方式はきわめて多彩で、その主要方式は表の通りである。

　糧食作物、蔬菜および緑肥作物の輪作は、中国では非常に古い歴史がある。西周時代にはすでに中国で野生の緑肥の利用が始まっていた。『詩経』周頌・良耜《りょうし》の詩に「荼・蓼朽ちて、黍・稷は茂る」（荼蓼朽止、黍稷茂止）と、当時すでに荼《にがな》や蓼《たで》などの雑草が腐朽した後、それが黍や稷などの農作物を生長繁茂させることを認識していたようである。

　春秋戦国時代になると、『礼記《らいき》』月令《がつりょう》篇に野生の緑肥を利用して土壌を改良、肥沃にする記事が見られるようになってくる。すなわち「季夏の月（六月）は…土が湿って蒸し暑く、ときどき大雨が降り注ぐので、その前に草を刈り取り、枯れてから集めて焼き払い、そこへ雨水をためておくことが除草の方法としては最もよく、熱湯を流したと同じようになる。これによって田畝を肥やすことができ、荒地を改良できる」（季夏之月…土潤溽暑、大雨時行、焼薙行水、利以殺草、如以熱湯、可以糞田疇、可以美玉彊）と記されている。

　西晋時代には、緑肥が人工的に栽培され、糧食―肥料作物輪作が実施され始めるようになる。西晋の郭義恭はその著書『広志』の中で、「苕草（エンドウの一種）は色が黄緑で、紫色の花をつける。十二月に稲のそばに播種すると、やがて蔓延繁茂し、土壌を肥沃にする」（苕草、色青黄、紫華、十二月稲下種之、蔓延殷盛、可以美田）と述べている。これは中国における糧食―肥料作物輪作の最も古い記録である。

　また北魏の賈思勰は『斉民要術』中において、緑肥を蚕矢・熟糞などの有機肥料の肥効とを比較し、「その肥料効果は蚕矢や熟糞と同等である」（其美与蚕矢・熟糞同）と述べている。緑肥を埋め肥にした畑に春穀を栽培

表２　中国古代の糧食・棉作物と緑肥作物の輪作と混作方式

地域	作付タイプ	主要方式
北方	糧食作物－肥料作物輪作	緑豆・小豆・胡麻－春穀
		緑豆－葵〔フユアオイ〕
		緑豆－葱
		黍・稷－緑豆－麦
		麦－緑豆－麦
	糧食作物と肥料作物の混作	黍・稷－緑豆－麦
南方	糧食作物－肥料作物輪作	紫雲英〔レンゲソウ〕－稲
		苕子〔エンドウの一種〕－稲
		大麦－稲
		蚕豆〔ソラマメ〕－稲
	棉－肥料作物輪作	黄花苜蓿〔ウマゴヤシ〕－棉
		大麦－棉
		蚕豆－棉
	糧食作物と肥料作物の混作	稲－紫雲英
		稲－苕子

すると、作物の収穫が多くなる。それに緑肥は肥効が糞と異ならないばかりか、手間がかからない利点もあった。当時、黄河中・下流域地方における糧食作物・蔬菜と緑肥作物の輪作方式には八通りもの方法があった。つまり中国北方では緑肥輪作のこのすぐれた伝統が確立していたのである。

元代になると、魯明善が『農桑衣食撮要』に麦の後地に豆などの緑肥作物を栽培し、これを埋め肥にして麦を作ることを記録している。『王禎農書』中にも『斉民要術』にまとめられている糧食—肥料作物輪作方式が説かれており、元朝時代には江淮以北地方の通常方式となっていたのである。このことは、この時代の中国北方の糧食—肥料作物輪作が一大発展を遂げていたことをものがたっている。

明・清時代における中国南方および北方の緑肥輪作方式にも、ともに新発展があった。南方では、西晋時代に考案された苕草と水稲の輪作方式が引き続き採用されていたほかに、さらに苕子〔エンドウの一種〕・大麦・蚕豆〔ソラマメ〕と水稲の輪作、黄花苜蓿《もくしゅく》〔ウマゴヤシ〕・大麦・蚕豆と棉花の輪作、紫雲英〔レンゲソウ〕・苕子と水稲の混作が考案された。これに対して北方では、緑肥と雑穀・麦の輪作が踏襲されていたほかに、禾〔アワ〕・黍〔モチキビ〕の畑地に緑肥作物を混作して小麦を輪作する方法が案出された。

中国古代において、緑肥作物と糧食・棉・蔬菜などの作物の輪作と混作は「美田法」もしくは「肥地法」と称されていた。その理由は、緑肥作物の茎葉が繁茂すると、有機質が沢山含まれるようになり、これをすき込むことにより土壌中の有機質を増加してあげることが可能となるからである。通常、一畝〔約六・七a〕の緑肥で土壌中に二〇〇〜四〇〇kgの有機質を増加できる。土壌中の有機質の増加は、土壌の物理的性質の改善にはっきりした効果を示す。たとえば粘質土壌を膨軟に、砂質土壌を団粒状に改良できる。また緑肥作物の茎葉の繁茂によって、土壌の表面を広く覆うことになるので、風蝕と水蝕が深刻な地方では、すぐれた抗蝕土壌保全作用を果たすことになる。

中国古代において栽培された緑肥作物は、大半が豆科作物であった。豆科作物に共生している根瘤バクテリアは、空気中に遊離している窒素を固定する作用があり、そのため土壌中の窒素分を大いに高めることができる。通常、一畝の豆料緑肥で土壌中の窒素分を五〜一〇kg増加させることができる。

また緑肥作物はほとんどが深根作物であり、根系が発達して深く土の中に入り、「生物耕作」の役割をよく果たす。しかも下層の土壌中の養分を耕作層へ運ぶことができ、緑肥作物のこの種の養分伝達作用によって、糧食・棉・蔬菜等の作物は、栄養状態を改善することが可能となる。

緑肥作物には肥力保持の効用もある。この種の効用は南方の冬閑地に最もよく現われている。というのは、冬閑地は雨が多く降ると、簡単に養分の大量流出が生じ、窒素分の流出量はことに多い。冬閑地に緑肥作物を栽培しておけば、養分を緑肥作物の体内に保存でき、養分の流出を防げる。

緑肥作物は栽培も容易で、栽培地にすき込むので、厩肥や泥肥のように積み上げたり運搬しなければならない手間を省くことができる。したがって緑肥輪作は省力化と効果増大を兼備した経済的に有効な方法であると言える。

中国古代に栽培された緑肥作物は、ほとんどが輪作や混作方式中に導入されていた。南方では大半が冬閑地に栽培され、それに対し、北方では多くは夏閑地に栽培された。これは耕地利用と養分保持が緊密に結びついた恰好の方法でもある。

③水田地帯の水旱輪作

中国の南北両地方の水田地帯における水旱輪作（稲を刈った後の水田を畑地として利用し輪作する方式）にはさまざまな方式があり、それを整理すると表のようになる。

中国の水旱輪作も非常に古い歴史がある。文献の上から見るならば、遅くとも後漢時代にはすでに水旱輪作の事例がある。たとえば張衡の「南都賦」に「冬には稲、夏には麦が、その時どきに交互に実る」（冬稲夏麦、随時代熟）とあるのは、稲―麦輪作の水旱輪作方式にほかならない。

北魏の農学者賈思勰はその著書『斉民要術』の中において、水旱輪作の長所を十分に理解して「稲は地味などに特別の所縁《このみ》はなく、ただ歳易することが肝要である」（稲、無所縁、唯歳易為良）と述べているばかりでなく、水稲連作の弊害を「雑草や稗《ひえ》が一緒に生え、芟《か》っても根絶できない」（草稗倶生、芟亦不死）と指摘している。

また時代が下がって唐代の『蛮書』（樊綽《はんしゃく》が著わした雲南地方の地誌）にも、雲南滇池《てんち》一帯で稲―麦水旱輪作方式が行なわれていたことが記されている。唐代の詩人達も自己の詩中に稲―麦輪作や水旱輪作方式を賛頌した句が見られる。宋代になると、官府は江南の各州に各種の穀物類の栽培を奨励したので、南方の水旱輪作が大いに普及した。この時期の水旱輪作は二毛作制の稲―麦、稲―菜種、稲―豆などの輪作が主であった。

明・清時代になると、前述の各方式以外に三毛作制の稲―稲―麦、稲―稲―菜種、稲―豆―麦の輪作方式が新たに加わってくるので、中国の水旱輪作方式は一層多彩となっていった。

長い間の実際の体験の結果、水稲の連作がいかに弊害が多いかが判明したし、また賈思勰が説いている水田雑草の処置のしにくさ以外に、土壌の理化学的性質方面の深刻な悪影響も判明している。水田は連続して水稲を栽培すると、土壌は長期にわたって水に浸るため、往々にして土壌の板結粘重化および通気不良化現象を起こす。そして土壌の有機質の腐植化過程が多分に強化され、礦質化過程が弱められ、ある種の養分は還元状態を呈するようになる。しかも有毒物質が蓄積しやすくなり、これらのことが原因して水稲の生長発育ならびに増産維持に不都合を生ぜしめる。

しかし、水旱輪作を実施することで、土壌の構造を著しく改善でき、土壌の嫌気と通気環境を周期的に交替することによって、土壌の有機質の腐植化と礦質化の過程を調節して、土壌の栄養情況を大幅に改善することが可能となる。したがって土壌中の有毒物質を除去するのに有利に作用し、土壌をよく熟《こな》れさせ、肥沃にする目的を達成することができる。かくして水稲の増産に益するばかりでなく、旱作の増産にも有利となるのである。現代の科学的実験によれば、水旱輪作を実施することで輪作周期中の総収穫量を三〇～五〇％高められることが明らかにされている。

『中国農業の伝統と現代』郭文韜、曹隆恭他著、渡部武訳より

表３　中国古代の南北水田地帯の水旱輪作方式

地域	作付タイプ	主要方式
南方	二毛作	稲－麦輪作
		稲－菜種輪作
		稲－豆輪作
		稲－棉輪作
	三毛作	稲－稲－麦輪作
		稲－稲－菜種輪作
		稲－豆－麦輪作
北方	二毛作	稲－麦輪作

（備考）表中で言う北方とは、主として当時の山東南部、河南南部および陝西の漢中地方を指す。

奈良盆地の田畑輪換栽培

伝統的農法

宮本誠（奈良県農業試験場）

近世における水田棉作の普及

「水田を一、二年も畠となし作れバ、土の気、転じてさかんになり、草生ぜず虫気もなく、実のり一倍もある物なり」

宮崎安貞は元禄十年（一六九七）刊行の『農業全書』で、田畑輪換の効果をこのように記している。さらに彼は、棉と稲の輪換にもふれる。

「田の地味をゑらび木わたを作れば、一両年ハ取実過分にありて虫も付ず、其外くせも付ぬ物なり。其後又稲を作れば、地気新にして、必二年バかりの取実もあるものなり。草も生ず、糞も多く入ずして利潤甚多し」と。

近世の代表的な輪換畑作物は「棉」であった。アオイ科の棉は、稲とほぼ同じ生育期をもつ夏作物である。綿の肌ざわり、保温性は、木綿以前の麻にとってかわる。中世末から近世初めにかけてのことだ。しかし、稲を犠牲にした水田棉作の普及はけっして平坦な道のりではなかった。

※畠と、焼畑を意味する畑とは、中世～近世初期に明確に区別されていた。したがって、本来は田畠輪換と書くべきであろう。

近世末の農学者大蔵永常はその著書『綿圃要務』で、畿内で棉作が始まったのは大和が最初であり、天文・文禄期（一五三二～九六）ころであるとしている。信憑性はともかく、このような口碑が、棉作の盛んであった大和に伝わっていたのは確かであろう。しかし、近世初期の触書きに「田方にきわた作申間敷事」（寛永十九年〈一六四二〉、大和国辻村）とあるとおり、水田棉作は禁じられていた。この触書きで取り締まったことは、畑作のほかに水田にも棉が作付けされ始めたことを物語っている。が、まだ大きな普及はなかったと思われる。

たくましい大和農民は、幕府禁犯をものともせず、水田棉作を以後ますますふやしていく。十七世紀後半から十八世紀前半には、禁令を形骸化し、黙認させる。そして、『綿圃要務』は、「此国中（大和）より宝暦の時分にハ凡四万駄作出せしが、今ハ減じたりとぞ」と、棉作の最盛期を近世中期の宝暦期（一七五一～六三）に求める。

当時の資料から、水田の棉作率を推定すると、水田面積は約六千ha、平均棉作率は三割ていど。稲二年、棉一年の三年を一周期とした田畑輪換であった。

田畑輪換の実際

奈良盆地の伝統的な田畑輪換は、次のように行なわれていた。

①農道や用水路で囲まれた一区画（条里制の遺構を利用。面積では約一ha）を一団地とした集団輪換。②団地は規則正しい周期で毎年移動。③団地を構成している個々の耕地は、それぞれ異なる耕作者のもとで耕作されてきた。一定の周期で毎年移動するこの集団輪換は、地域的にも歴史的にも貫かれた。

集団輪換　ここで注目したいのは、第一に、集団による輪換である。用水のむだと輪換畑の湿害とを回避するために行なわれてきた。とくに、水系から独立できる単位の団地化によって、排水制御の不備が補完されたのである。集団からくる輪換畑の過不足は、農家相互の交換耕作で調整された。

一年輪作　第二に、輪換畑は数年輪作するほうがすぐれているが、必ず一年で還元田にもどされた。これは、病虫害や雑草の回避に重点があり、それを代替できる輪作体系が貧弱だったからであろう。作目・地目変換が一haていどの大きな単位で行なわれると、冒頭の『農業全書』でみたような病虫害や雑草の抑制効果が、われわれの想像以上にあったのではなかろうか。また、輪換畑における輪作の貧困さは、田畑輪換の盛衰が、稲に対抗できる商品作物の有無で左右されてきたことからもうかがえる。

作付体系のうつりかわり

棉作の作付体系　棉が全盛期だったころの作付体系は、

稲→麦→棉→菜種・麦

が基本で、そのあと二毛作がくり返された。当時の裏作は麦、菜種、そら豆など。棉の播種は八十八夜（陽暦五月二日ごろ）前後で、裏作の立毛中に間作された。したがって、茎葉が繁茂する菜種は好まれず、大麦や裸麦が適していた。棉の跡はうね返しをして裏作が作付けられた。裏作は吸肥力の弱い豆、菜種、大麦の順で適したという。

大和すいかの作付体系　近世の棉作が幕末から衰退に向かうと、みるべき畑作物はなくなり二毛作へと向かうが、大正後期には大和すいかが急増する。大和すいかは、大正十二年の大阪・神戸両市場で九九％まで占める台頭ぶりである。以後、第二次世界大戦までの作付体系は、すいかを中心とした田畑輪換が比較的単一の定式化された形態で普及する。

近世の耕種を伝える大和すいか全盛期の輪換畑は、次のようであった。作付けは十一月の稲刈り直後から始まる。まず、「うね割り」を行ない、うねの両肩となる部分に麦を「削り撒き」し、十二月から一月の農閑期に麦の作間の耕起と溝予定地の草けずりを行なう。

図1　輪換畑の作付様式（戦前～昭和30年代）

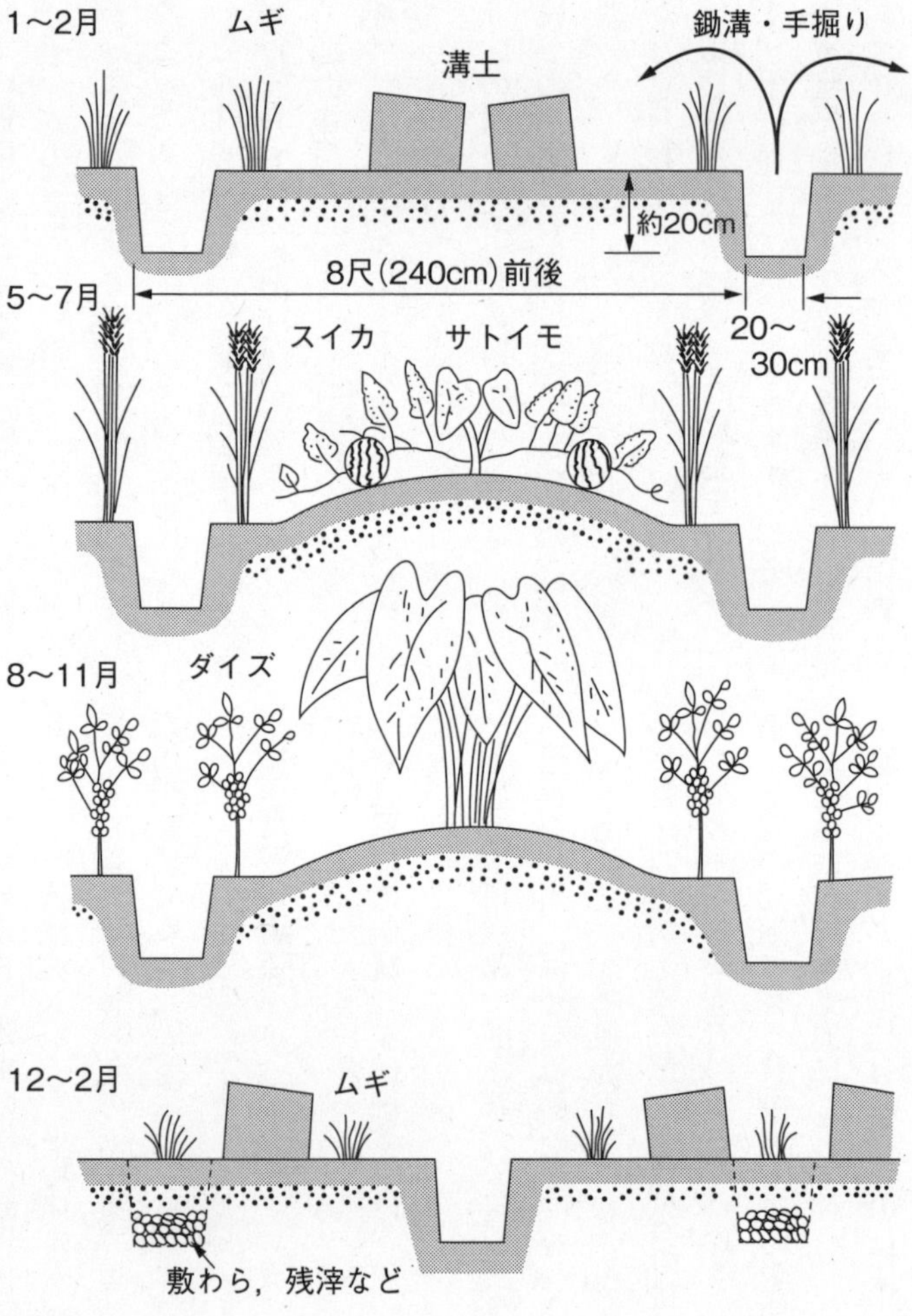

ついで、踏み鋤で「切り溝」（排水路）を掘る。同じころ共同の排水路（みたれ）も掘らなければならない。田の両端に二本、隣接田と一直線にむすぶ。みたれの幅は三〇cm以上と決められた集落もある。

　掘り上げた溝土は凍結、風乾させたあと、三月上旬までに「土割り」で荒砕きし、三月に整地。四月上中旬に麦の作間にすいかを播種する。さらに、五月上旬ごろすいかの株と株の間に里芋を植え付ける。溝肩の麦は六月上旬に収穫し、同下旬に大豆を播種。里芋と大豆を収穫したあとは「たがえし（田返し）」をして麦を三条に作付けた（図）。

　一年半余りの畑期間が終わると、再び二毛作がくり返される。これを模式化すると、

稲―（小麦―大豆／すいか、里芋の間作）―麦―稲

となる。

戦後の作付体系　戦前に定式化された上記体系は、戦後も主流を占めながら種々の形に分化し始める。大きな変化は、競合関係にあったすいか間作の里芋が減少し、秋野菜がふえたことである。すなわち、

稲―（小麦―大豆／すいか―秋野菜の間作）―麦―稲

の体系である。秋野菜は白菜、ほうれん草、キャベツ、にんじんなど。昭和三十年前後には、秋なすが小麦の後作にはいり、なす産地が各地に生まれる。

稲―（小麦―秋なす／すいかの間作）―麦―稲

　この体系は、四十年代になると、

稲―夏秋なす―冬・春野菜―稲

と、小麦やすいかが排除された、より単純な体系へと変わる。作付体系の単純化はほかの体系でもすすみ、果菜類や花卉、種苗などの専作経営がふえていった。

間・混作のすぐれた機能

　ところで、輪換畑は以上のように、高うねによる間・混作を基本としていた。手作業によるその栽培は多くの労力を要し、機械化しにくい一面をもっていた。これが、近年の兼業化とあわせて、集団輪換崩壊の一要因となったことは留意すべきことである。

　しかし、合理的な側面があったことも見がせない。ひとつは、間・混作がもつすぐれた機能である。すいか間作の短稈・早生小麦は、防風、防寒、害虫ウリバエの回避、敷わらの材料として、農薬やビニル資材の普及まで欠かせない存在であった。そのほか、土地の有効利用や保険的な意味で根強く普及する。

　もうひとつは、切り溝による高うねの効果である。湿害回避はもちろん、大きな溝ほど作土層がふえる。種子混入が少ない下層土の被覆は雑草の軽減になった。そして、裏作や輪換畑の溝の位置は、毎年少しずつずらされた。こうすると溝が掘りやすくなり、地力むらが軽減、加えて、何年かに一度の深耕が保証され、乾土効果が高められた。溝土をブロックのまま凍結、風化させたあと打ち砕くと、土壌の物理性もよくなった。

　さらに、作業能率の向上もみる。裏作の施肥、中耕、培土は、棉跡（輪換畑）のほうが大きく向上している。田植えや除草も、春田（一毛作）より五月田（二毛作・輪換畑）の向上が注目される。また、近世中・後期の奈良盆地における稲の反収は、二石五斗から三石をあげており、明治・大正期とほぼ同じ高さをほこっていた。なかには、最高反収四石という驚異的な記録も散見できるのである。

農業技術大系土壌施肥編第三巻　田畑輪換栽培・奈良盆地（伝統的農法）一九八七年より

ヨーロッパの輪作体系の変遷

西田周作（元東北大学）

犂《すき》耕が行なわれるばあい、犂も、それを牽く役畜も、労働手段とみなされる。これらの手段は組み合わされて技術の体系となり、人間の労働力が加わり生産力になる。乳、肉、卵などを生産するための用畜もまた労働手段としての性格をもつ。このばあいには、用畜はまた、労働の対象という性格も兼ねる。

農法とは、これらの技術と経営方式の歴史的なあり方を指すものである。ここでは農法の発展のなかで耕種と牧畜・畜産のかかわりあいの発生と、その展開とをみよう。それには西欧、とくにイギリスの、その典型的な展開をみるのが適当であろう。

一、三圃式農法

中世の村は封建領主の館と教会を中心にした集合村落であり、農業土地利用は、人力用農具である鋤《すき》によって耕耘される園地と、畜力用農具である犂による耕地とに分けられる。

園地は農家の宅地に付属した私有地として個々の農家の自由な作付が行なわれた。耕地は、開放耕地制による耕圃から成り、その運営は共同体としての耕地強制のもとに、三圃式農法が行なわれた。なお耕地のほかに共同放牧地や共同採草地をもち、入会山林をもつ。

三圃式農法では、その一の耕圃は冬穀（小麦またはライ麦）、その二の耕圃は春穀（大麦またはエンバク）、その三の耕圃は休閑とし、この三圃の輪作が行なわれる。

耕圃はいくつかの区画をもち、一区画はほぼ定数の地条をもつ。一農家は各区画の中の一地条をもち、三耕圃に分散している混在地条の合計を、それぞれの農家の総持分とする。

したがって、私有地である園地以外の耕地は、その作付などについて、共同体としての耕作強制に規制されることになる。

こうした三圃式農法での耕地の耕耘は重い有輪犂によって行なわれ、それは牛または馬による連畜式の牽引が行なわれた。冬、春の穀作について休閑期が設けられなければならなかったのは、これら穀物の収穫による地力消耗の回復をまつ必要があったからである。いま一つ、休閑期には耕地をくりかえし耕起して、宿根性雑草を除去することが必要で、これは夏期一か月の休閑期にも行なわれた。耕地では播種は多くの種子を費す散播であったが、当時中耕除草の行なわれたのは手労働による園地だけであった。耕地での畜力除草機をいまだ持たなかったので、それと条播との結びつきもみられなかった。

共同の自然草地、放牧場、採草地の野草を

家畜の飼料とし、それらの家畜を、家畜囲い、あるいは畜舎に収容することで、家畜の排泄物が得られた。これは「四つ脚の肥料車」である家畜によって耕地外から耕地内に運搬され集められた肥料であって、それが耕地に施されるのであった。こうして草地から耕地への地力の移転、あるいは補給が行なわれた。むろん、放牧中の排泄物は、耕地の収穫跡地でのばあい以外は作物への肥料として利用できず、利用できるのは夜間の囲いの中や冬期の非放牧期間の舎飼いの家畜の排泄物に限られた。このような農法によって中世の生産力が維持されていた。

家畜は牛と緬羊が重要な部分を占めた。牛は上にのべたように耕耘に役用とされるほかに、乳や肉も利用されたが、乳用、肉用に分化した品種もなく、その利用は限られたものであった。緬羊のばあいは毛用、毛皮用を主とし、肉用にも供された。これらの家畜は、三圃式農法では糞畜としての厩肥生産に重要な意義をもち始めてはいるが、結合が緊密でなく、飼料の不足は冬期の家畜飼養頭数の維持を困難にしたので、秋に家畜を屠殺し、頭数を減らすことも行なわれた。そのさいに塩蔵や乾燥による肉の貯蔵が行なわれた。

二、穀草式農法

十六～十七世紀ころ、それまで長く行なわれてきた三圃式農法の生産力の停滞を破る動きが現われた。それは耕地に永年生牧草の栽培を導入することであった。それが穀草式農法である。

耕地での穀物栽培法は三圃式と同様で、散播、無中耕であるが、永年生牧草を輪作に加え、耕地の一部の一時的草地化を行ない、この期間に耕地の牧草による深耕効果、除草効果が現われ、その耕地に家畜を放牧することで家畜排泄物の全面的な耕地への還元がはかられたのである。また、永年牧草の長大で緻密な根系の発達が、土壌の肥沃度の増進に貢献した。

三圃式農法では広い自然・野草地からの地力の移転を必要としたのに比べて、穀草式では永年生牧草の耕地への導入によって地力の補給と土壌の改良とを可能にし、耕地内部での飼料生産は、放牧による草地の利用に加えて、家畜の飼養維持を安定的に拡大した。そこで家畜の用畜的な利用も進んだが、なお用畜としての専用品種は確立されていない。耕地内部での厩肥の生産と施用ができるようになったことも地力の回復に役立ち、休閑を縮小することになった。

農法の進歩は、一般に工業の進歩よりもたち遅れ、その足並みもそろわず、資本主義化の様相も工業のように典型的ではない。

イギリスでは、封建的手工業から工場制手工業を介して機械制工業への産業革命の進展につれて、封建的三圃式農法から穀草式農法に移行する。これは次にみる輪栽式農法への過渡的な段階の農法であるといえる。

三、輪栽式農法

イギリスの産業は十六～十七世紀に飛躍的に発展し、十八世紀中ごろから十九世紀初めにかけて産業革命期に突入する。

十二～十三世紀には封建的土地所有者は開墾地を塀や生垣で囲い込み、共同耕地と区別したが、十五世紀以後には耕地を放牧地に転換するための囲い込みが行なわれ、これが十七世紀中ごろまで続いた。従来の土地の共同利用を許さず土地からの収入を増し、土地の価格を高めるため土地所有者は耕地を囲い込んで緬羊の放牧地とし、羊毛工業原料の生産を行なうとか、果樹園や工芸原料（アカネ、アマなど）栽培地にしたのであった。

十七世紀後半からは、穀物生産を続けるにしても、生産力の低い開放耕地や共同放牧地、荒地などの生産力を高めるために大規模な囲い込みや交換分合が行なわれたのである。

囲い込みで土地を追われた農民は、発達しつつある工業へ吸収され、賃金労働者になった。

図1　イギリスにおける農法の変遷と，オーフォーク農法に学んでテーアが確立した輪栽式農法のしくみ（『土壌学の基礎』松中照夫著，農文協刊より）

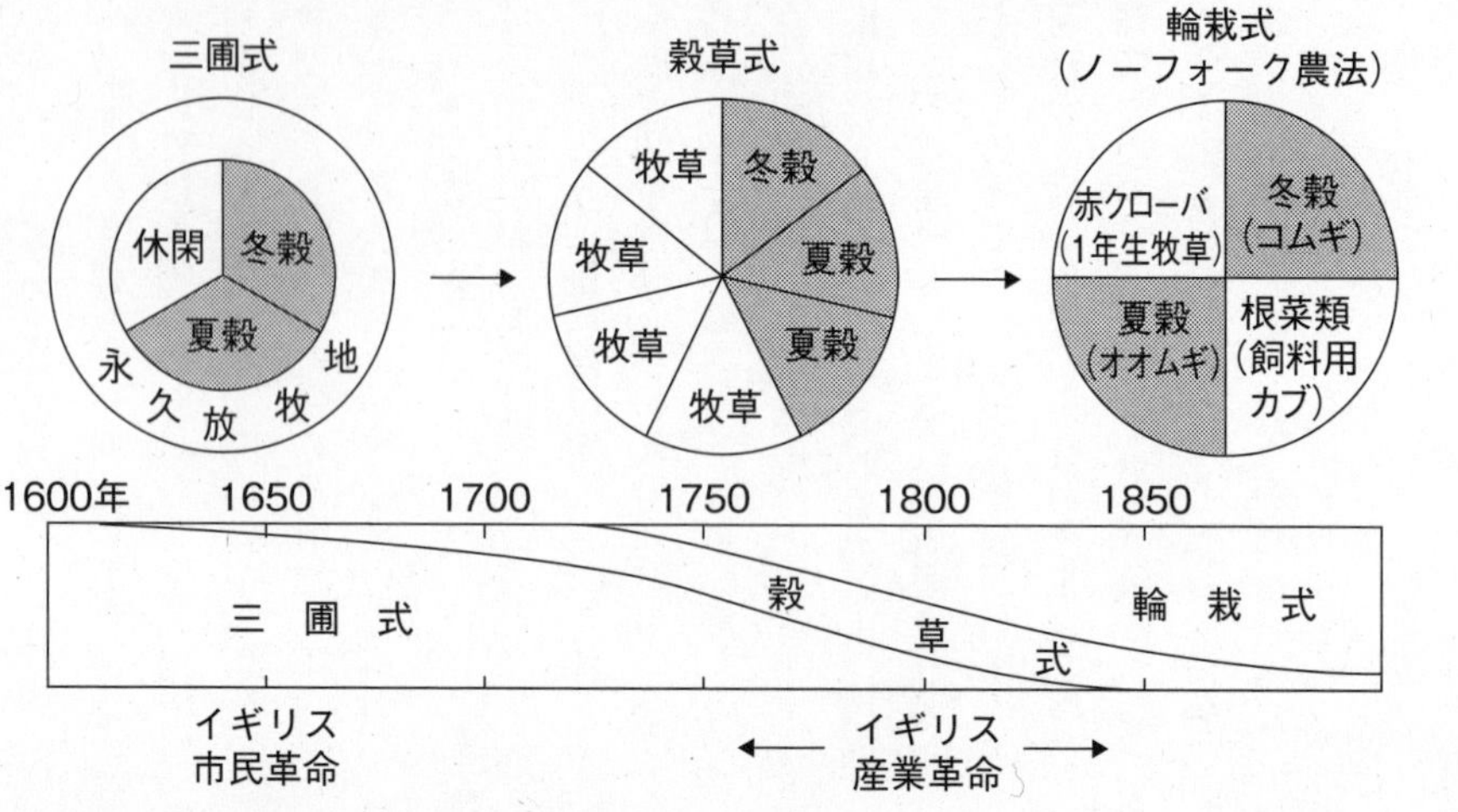

耕地の作付け順序は，いわゆる時計回りの進行を示す。
冬穀（秋播き穀物）はコムギ・ライムギ，夏穀（春播き穀物）はオオムギ・エンバクまたはところにより，ソラマメ・エンドウなどを含む。牧草は穀草式では主として多年生のイネ科牧草，一部白クローバなどのマメ科牧草を含む

十八世紀三〇年代は、のちに全国的なものに発展するノーフォーク農業革命の開始期である。イギリスのノーフォーク東部では中産的生産者、自営農が支配的存在であったが、この囲い込みと囲い込み地の交換が進行するにつれて農民の階層の両極への分解が進み、資本主義的農業生産力の基礎ともいうべきノーフォーク農法が形づくられていった。

一七三〇年代から六〇年代へのノーフォーク農業革命は、ノーフォークの北西部の典型的な資本家的大農経営を確立するに至る。

先にみた穀草式農法での耕地内部の地力再生産の機構をより拡大、強化したのは、ノーフォークの四圃式輪栽農法である。それは飼料カブ—大麦—赤クローバ—小麦の作付順をもつ輪栽式農法である。

地力消耗作物としての穀物と地力補給作物としての茎葉作物、赤クローバ、根菜などとの作物交替を組織的に行なうもので、この赤クローバと根菜などによる家畜飼料基盤の強化は、当然、畜産物の増産、家畜頭数の増加に連なり、これはまた厩肥の増産、ひいては作物生産力の上昇という結果に結びついた。飼料カブが導入されることで冬期の飼料の質を向上し、同年放牧飼養から舎飼いに移ることで集約的な用畜飼養の技術を発達させた。

機械制工業工場の発達は、大都市の発展を促し、都市住民の増大するの需要が年間の畜産食料品の不断の供給を求めたのである。

冬期の飼料不足を前にして家畜を屠殺し頭数を減らさなければならなかったことや、冬期間に家畜の生産力が著しく低下することなどを防ぐための飼料基盤が用意されたのである。

役用の家畜、厩肥とりの家畜から、明らかに乳用、肉用に重点を移した用畜の舎飼いが行なわれるようになり、家畜の生産能力を高めるための品種改良・育種が、それまでの経験を総合して有効な方法を確立した。

イングランド中部レスタシャーの一農場主ロバートベークウェル（一七二五〜一七九四）はそのような家畜育種の開拓者であった。新しく発展する工業都市の需要に応ずるには、従来の低い生産力の粗野な家畜を改良することが必要となった。ベークウェルはデシュレーに四四〇エーカーの農場をもつ紳士農であり、そこでレスター羊、肉用牛ロングホーン種、重大輓馬の育種に実績をあげ、

豚の改良にも手をつけていた。

木炭から石炭へ、木から鉄へ、人力、畜力、水車、風車から蒸気機関へと技術革新は進んだ。一七三三年の織機の飛杼の発明から紡績機の発明が続き、蒸気力が繊維工業にも持ち込まれ、羊毛工業に代わって木綿工業が首位を占めるようになる。穀草式農法における緬羊飼養はマニュファクチュア段階の羊毛工業に結びついたが、輪栽式農法に組み込まれた用畜飼養はより高度な資本主義的機械制工業をもつ都市の需要に応えたのである。

深耕できる改良犂、畜力中耕機の発明は、耕地での条播の実施を可能にした。

土地の所有者は農業資本家から地代をとり、農業資本家は農業労働者から剰余価値を収奪した。

輪栽式農法は、いまや全く休閑地を解消し、家畜飼料作物として深根性の飼料カブとマメ科牧草クローバとを加えることで、耕地の地力再生産と穀作の安定的増収を可能にし、用畜飼養による畜産生産、それからの厩肥による地力補給という自然循環に即した一つの体系的農法を完成したのである。

四、自由式農法

前述の輪栽式農法から飼料作、茎葉作と穀作、稔実作の組み合わせをいっそう濃密にした超輪栽農法も試みられるが、結局は、飼料作と穀作の輪作であり、作付順序の束縛から脱することはできない。自由式農法とは、輪栽による作物・作付の規則を廃して作付に大きな可動性をもたせ、それを存立させる諸条件を整えるものである。

リービヒ（一八〇三〜一八七三）は当時一般に信じられていた植物有機分栄養説（腐植説）に対し無機分栄養説を唱えた。

休閑と厩肥、輪作（作物交替）の農法は腐植（フムス）の回復であると考えられた。リービヒによれば、人間と家畜の糞尿、麦わらなどがすべて肥料として土地に還元されるならば、地力の維持は完全であるが、農産物が土地から持ち去られ販売されるかぎりでは地力の消耗は起こる。この意味ではノーフォーク式輪栽農業も、より洗練された掠奪農業にすぎない。厩肥の十分な還元などによってもなお生ずる鉱物質栄養素の補給が必要と主張したのである。これは、輪栽式農法における地力維持についての物質循環が保障する以上の収穫が、社会的需要として農業の生産に求められてきたことを意味する。そこで購入肥料、化学肥料の使用が始まる。ここで注意すべきことは、リービヒは厩肥無用論を唱えたのではなかったことである。

ヨーロッパ諸国で行なわれる主要な農法は、やはり輪栽式農法に機械化や化学肥料が加わったものではあっても、畜力利用、とくに厩肥利用を全く放棄したものではない。

植民地農業（プランテーション）にみられるような単作・大規模化が発生する一方、一般農業の機械化、化学化は畜力利用、厩肥利用を減少させたことは事実で、一方に大規模な単作化、他方に速効的化学肥料を用いた栽培の集約化が行なわれる。

家畜は用畜飼養に重点がおかれ、牧草、飼料作物栽培とは結びつきながらも、主畜経営が地域的に分化する。北アメリカの酪農地帯での牧草と乳牛、トウモロコシ地帯での豚、鶏、小麦地帯と放牧地帯での肉牛といった傾向にそれをみることができる。

この意味で飼料と家畜飼養は切り離すことはできないが、地力消耗作物と地力維持作物の輪栽にしばられることなく、有利な商品生産に向かって単作、連作、作目の選択などに自由度を高め、場合によっては、商品としての飼料生産とその購入による畜産が成り立つこともある。今日では、畜産においても、このような形での自由式農法をみることができる。

農業技術大系畜産編第一巻　農法の発達と家畜の役割
一九七八年

共生微生物から見た輪作体系

有原丈二　中央農業総合研究センター

一、本研究のねらい—輪作と作物の養分吸収

現代の農業は肥料、農薬、農業機械など近代技術の産み出した製品に大きく依存しながら発展し、高い生産性を実現している。ところが近年、肥料による地表水や地下水の汚染、土壌侵食、地力の低下、農薬耐性の病害虫の出現、食品中の残留農薬など現代農業技術の欠点が指摘されるようになり、その欠点を補うような技術が求められるようになった。といっても別に新しい技術ではなく、「農業をとりまく環境、生物が持っていた機能、生物の相互作用などを農業生産に活かす」という伝統的農業の持っていた技術を科学的に再構築して、現代農業技術の欠点を補うものにすることが求められていると思われる。

輪作は伝統的農業技術の中心的なものであり、土壌有機物の供給・維持、窒素の天然供給力増大、土壌物理性改善、深根性作物による土壌中の養分吸収圏拡大、土壌養分のバランス維持、病虫害の軽減、雑草抑制などの効果があるとされてきた。現代農業で輪作が軽視されてきたのは、農薬、肥料あるいは農業機械でこれらの効果を代替可能と考えられたためであった。

実際には肥料や農薬が十分施用された条件でも輪作の効果は認められていたが、そのような効果がなぜ起こっているのかが明らかにされてこなかった。これが輪作が畑作の基本技術としてなかなか定着しなかった大きな理由と考えられる。輪作を畑作技術として定着させるには、輪作の効果とその機作を解明することがぜひとも必要と思われる。

筆者は、インドにある国際半乾燥熱帯作物研究所において、半乾燥地の重要なマメ科作物であるキマメとヒヨコマメのリン吸収について研究する機会に恵まれた。研究の結果、キマメとヒヨコマメは他の作物が利用できないようなきわめて難溶性のリンを吸収する生理機構を持っており、この二作物がリンを吸収するさいに引き起こす土壌の変化が、後作物の生産性の向上に大きく役立っていることがわかった。なによりも印象的だったのは、インドの農民がキマメとヒヨコマメの後作への効果を十分認識しながら、それを輪作体系の中に組み込んでいることであった。そのとき、輪作効果でまだ解明されていない部分は、作物の養分吸収機構の解明を通じて明らかにできるのではないかと感じた。

その後北海道において、輪作の効果を作物の養分（とくにリン）吸収機構の面から解明しようとして試験を行なってきた。その結果、作物のリン吸収に関与している土壌微生物が作物の栽培により大きく影響され、後作物の生育収量を大きく左右することを明らかにできた。これは作付体系を改善することにより土壌の微生物相をコントロールし、作物生産を高められることを示唆するものであり、ここではそのことについて述べたい。

二、前作物と後作トウモロコシの生育、リン吸収への影響

試験は平成二年から北海道農業試験場で開始した。同一の施肥を行なった表層多腐植質

黒ボク土（有効態リン酸含量：およそ五mg／一〇〇g）にトウモロコシ、ヒマワリ、大豆、ジャガイモ、春小麦、アブラナ科作物、およびテンサイの七作物を栽培した区、ならびに無作付区を設け、翌年にトウモロコシをリン酸二〇kg／一〇a施用および無施用条件で栽培して、生育、リン吸収、および収量が前作物の種類にどのように影響されるのかをみた。

図1は平成三年の収穫時におけるトウモロコシの生育の様子である。リン酸肥料無施用区では、一見して明らかなようにトウモロコシの生育は前作物の影響を著しく受け、ヒマワリ、トウモロコシ、大豆跡ですぐれ、ジャガイモ、春小麦跡がこれに次ぎ、テンサイ、アブラナ科作物であるナタネ、および無作付跡では著しく劣っていた。リン酸施用区では、生育は若干改善されたものの、前作の影響はやはりきわめて大きかった。図2に示した子実収量も図1と同じ傾向であったが影響はむしろ大きくなっていて、無リン酸区の場合には、収量の一番低いテンサイ跡地と最も高いヒマワリ跡地では収量に実に七倍

リン酸無施用区　　　　リン酸施用区（20kg/10ａ）

図１　前作物が後作トウモロコシの生育に及ぼす影響（1991）
左から無作付け，テンサイ，ナタネ，春コムギ，ジャガイモ，ダイズ，トウモロコシ，ヒマワリ。施用区では左からテンサイ，無作付けで，あとは無施用区に同じ

図２　前作が後作トウモロコシの子実収量に及ぼす影響（平成３年）

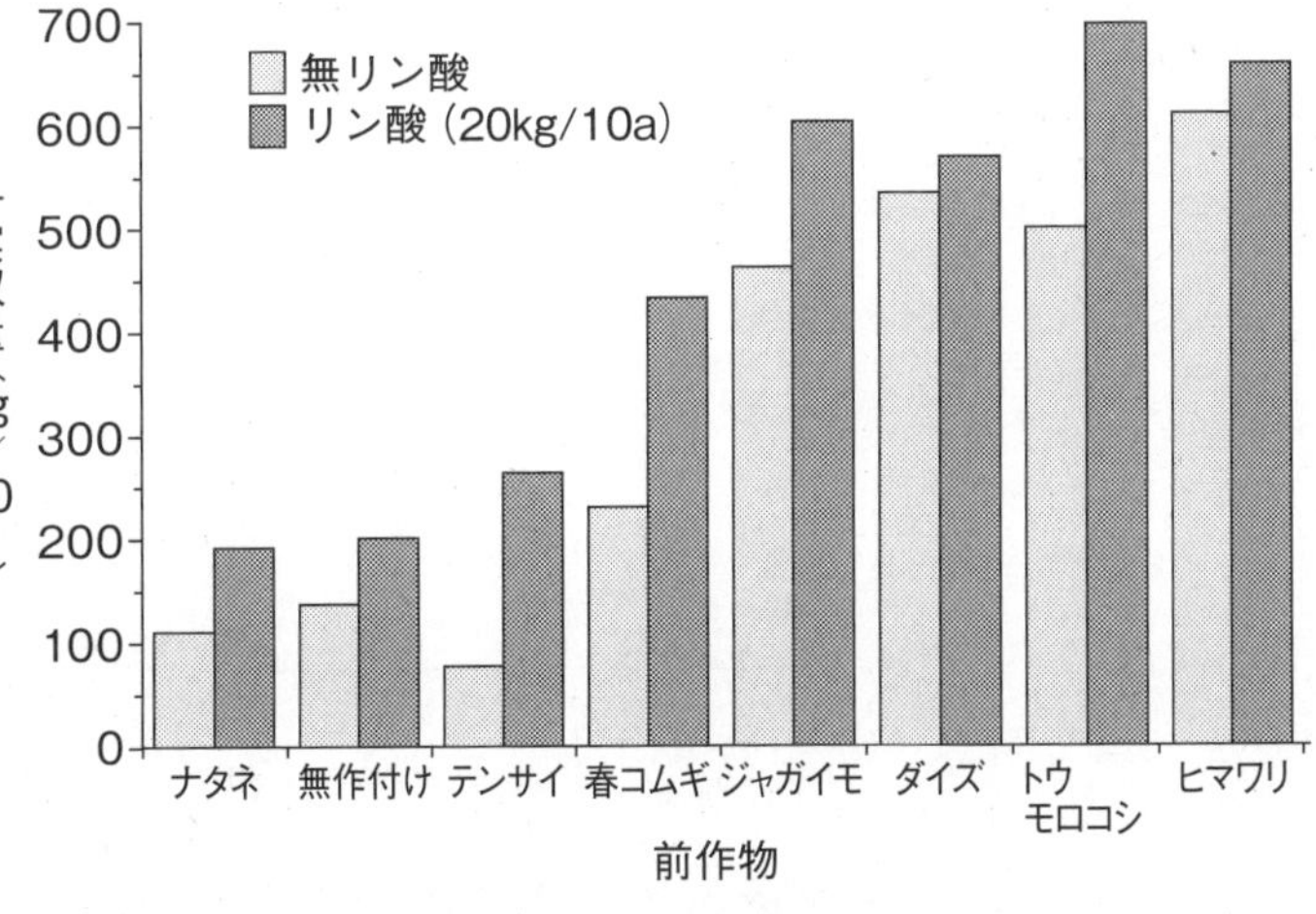

図３　前作が後作トウモロコシの子実収量に及ぼす影響（平成４年）

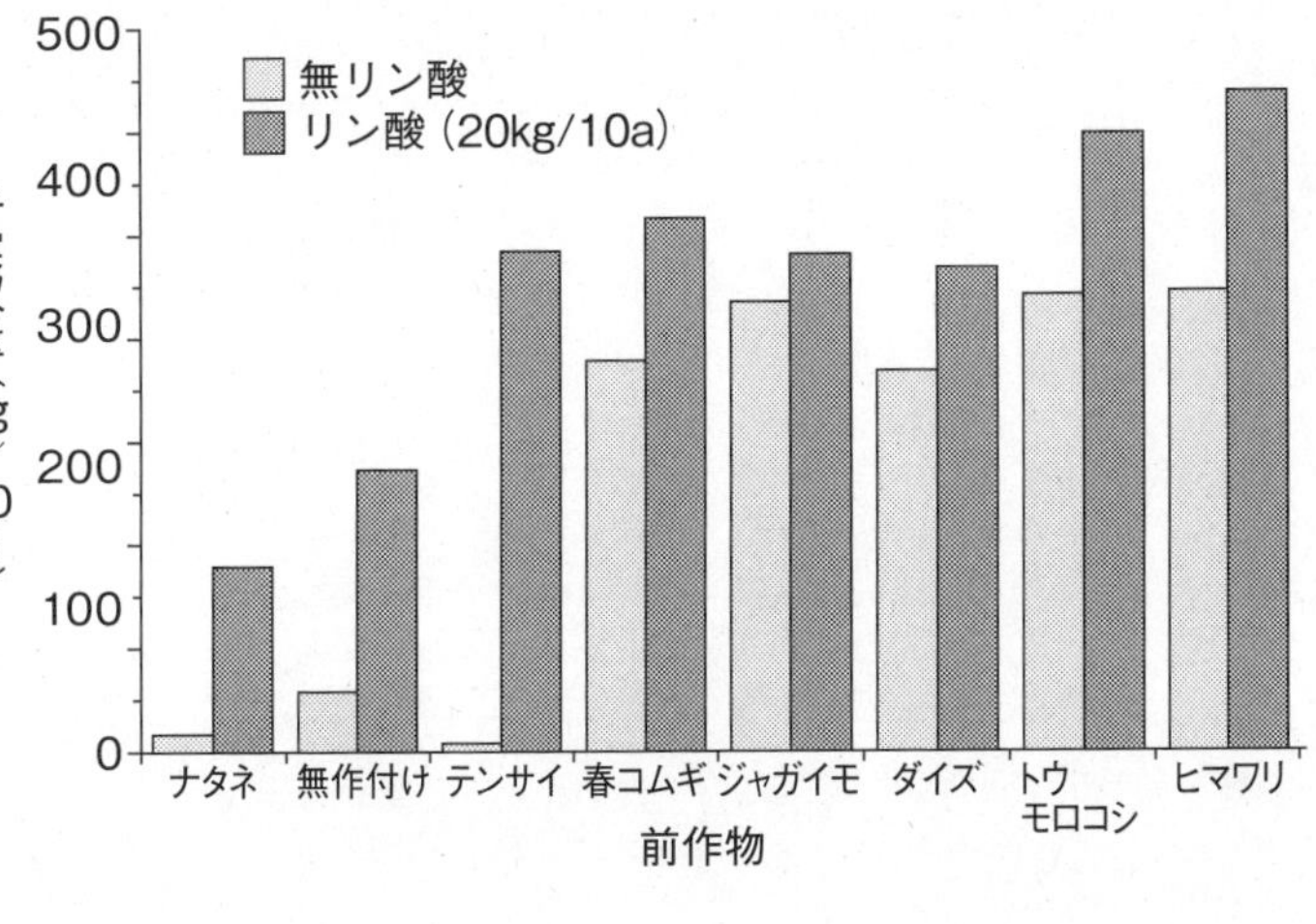

以上の開きがあった。

平成四年にも前年に栽培した作物跡地で同様の試験を行なった。図3に示すように平成三年度の場合とほぼ同様に、後作トウモロコシの子実収量はヒマワリやトウモロコシ跡で高く、テンサイやアブラナ科作物のナタネでは低く、ジャガイモや春小麦跡ではその中間的な収量であった。

平成三年、四年ともに生育の劣っていた区のトウモロコシは、三～四葉期から葉にアントシアンが集積して紫色になる典型的なリン酸欠乏症状を示していた。そこで播種の約八週後における地上部のリン酸吸収量を測定したところ、生育のよかった区では吸収量が多く、劣った区では少なく、子実収量も吸収量の多いところで高くなっていた（図４）。

この圃場の土壌有効態リン酸量は五㎎／一〇〇g（五〇ppm）とやや低いものの、わずか一作の栽培だけで、土壌中のリンがトウモロコシの生育を制限するほど低下する程度ではない。事実、各種作物のリン酸吸収量には差があったものの、吸収量の多かったトウモロコシ跡で生育がよく、吸収が皆無の無作付跡地で生育が著しく劣るなど、前作物のリン酸吸収量は後作トウモロコシの生育とはなんら関係がなかった。これからトウモロコシの生育がアブラナ科、テンサイ、無作付跡で劣ったのは、土壌のリン欠乏ではなく、なんらかの理由でトウモロコシのリン吸収が阻害されたためと判断した。

ところで、トウモロコシもそうであるが、多くの植物は土壌中のVA菌根菌（VAマイコライザ、VAMと略称する）とよばれる糸状菌の一種と共生しており（図５）、リン吸収のかなりをVAMに依存している。しかし、アブラナ科（ナタネ、キャベツ、ダイコンなどがある）、アカザ科（テンサイがある）、タデ科（ソバがある）などはVAMと共生しない。

VAMは絶対活物寄生菌で、その生存と繁殖には宿主を必要とする。VAMは休眠胞子が主な感染源で、春に発芽し、宿主に感染して繁殖するが、宿主植物がなければ発芽した胞子は死滅してしまい、土壌中密度が減少する。そして、休眠胞子密度の減少は翌年の作物への感染率の低下につながると考えられる。

そこで、平成四年に生育初期のトウモロコシの根におけるVA菌根菌の感染率を見たところ、感染率は前作によって大きく影響されていた。すなわち、VAMと共生しないナタネやテンサイ跡、

図４　生育初期のトウモロコシのリン吸収量と子実収量との関係（平成３年）

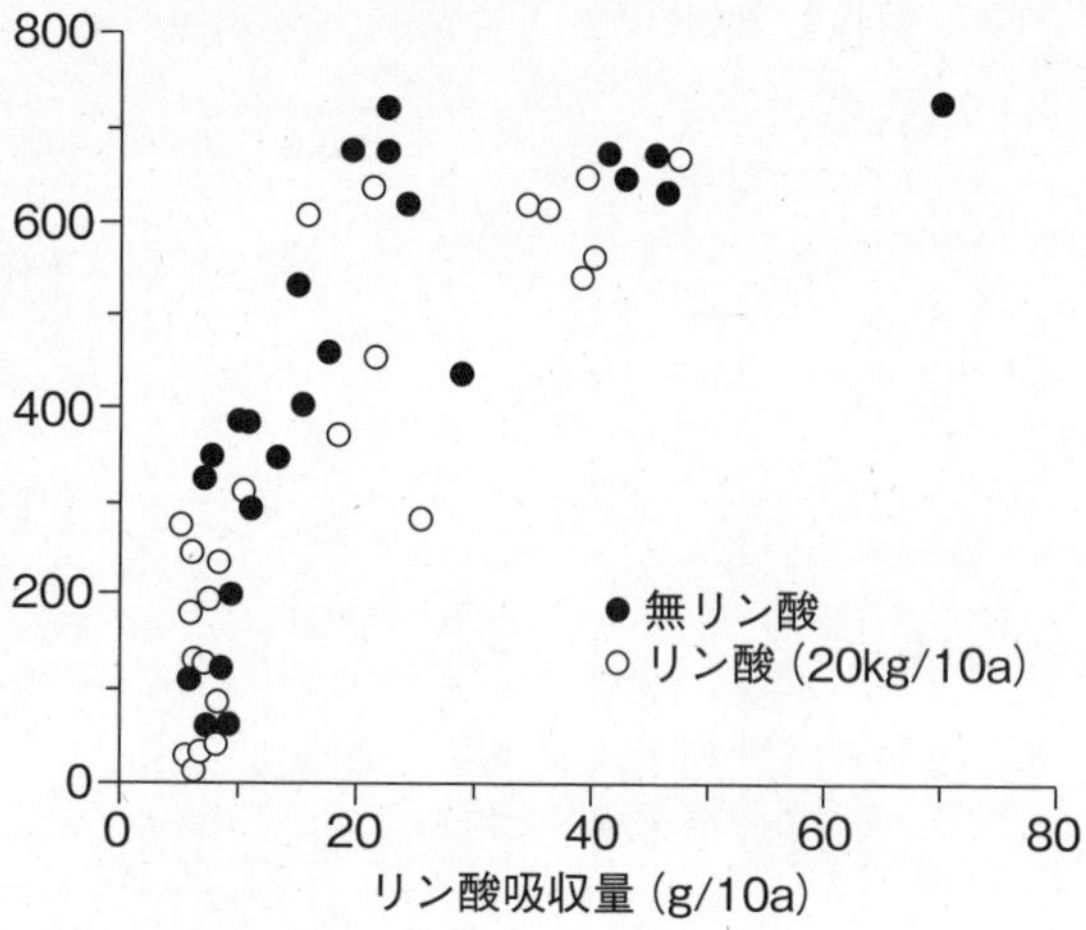

図５　VA菌根菌の模式図 Vesicle Arbuscule Mycorrhizae を略してVA菌根菌あるいはVAMとよぶ

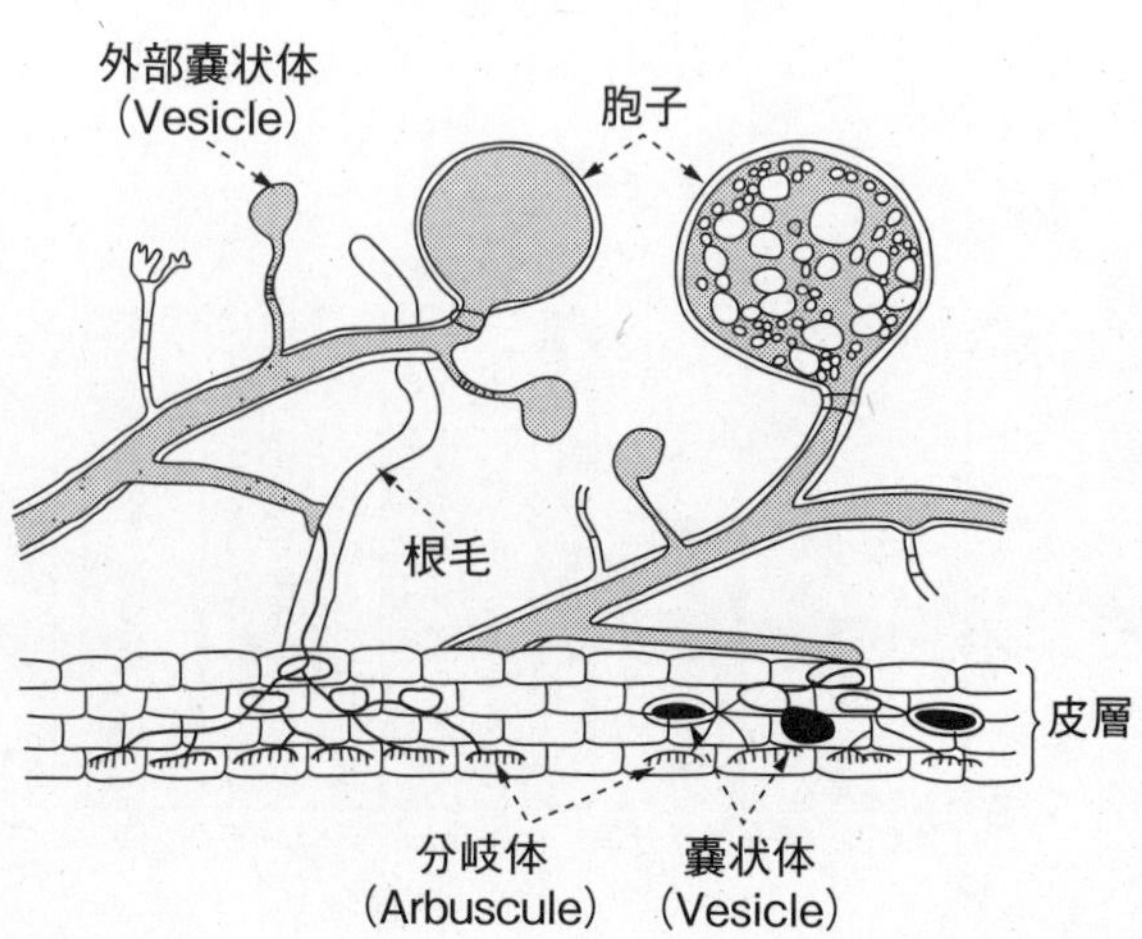

作物のない無作付跡では感染率が低く、ヒマワリ、トウモロコシ、大豆跡で高く、ジャガイモ、春小麦の跡では中間であった。ヒマワリ、トウモロコシ、大豆などはVAMとよく共生するが、ジャガイモや春小麦では共生関係が中程度であることが知られている。後作トウモロコシ根のVAM感染率は、その生育（図６）や収量と密接な関係にあった。これから、前作物の違いが跡地のVAM密度を変化させ、後作トウモロコシのVAM感染率に差が生じ、それがリン吸収へ影響して生育収量に差が生じたと判断した。

ところでトウモロコシがVAMに感染するとなぜリン吸収が促進されるのであろうか。リンは溶液中での拡散速度が遅いため、根による吸収で土壌溶液中のリン濃度が低下すると、リンが溶液中を拡散して濃度が回復するまでにかなり時間がかかる。このため根の周辺にはリンの欠乏域が発達しやすい（図７）。ところがVAMの菌糸は根のリン欠乏域をはるかに越えて皮層から一〇cmまでも遠くに伸長でき、欠乏域以外から効率よくリンを吸収する。しかも、VAMの菌糸は細いため、根が侵入できない土壌の微小孔隙からも養分を吸収できる。さらに、菌糸の伸長には根ほど同化産物を必要とせず、宿主植物は少ない同化産物で根よりも効率的に吸収域を拡大でき、リン吸収を増大させることができるのである。

図６　VAM感染率とトウモロコシの初期生育との関係（平成４年）

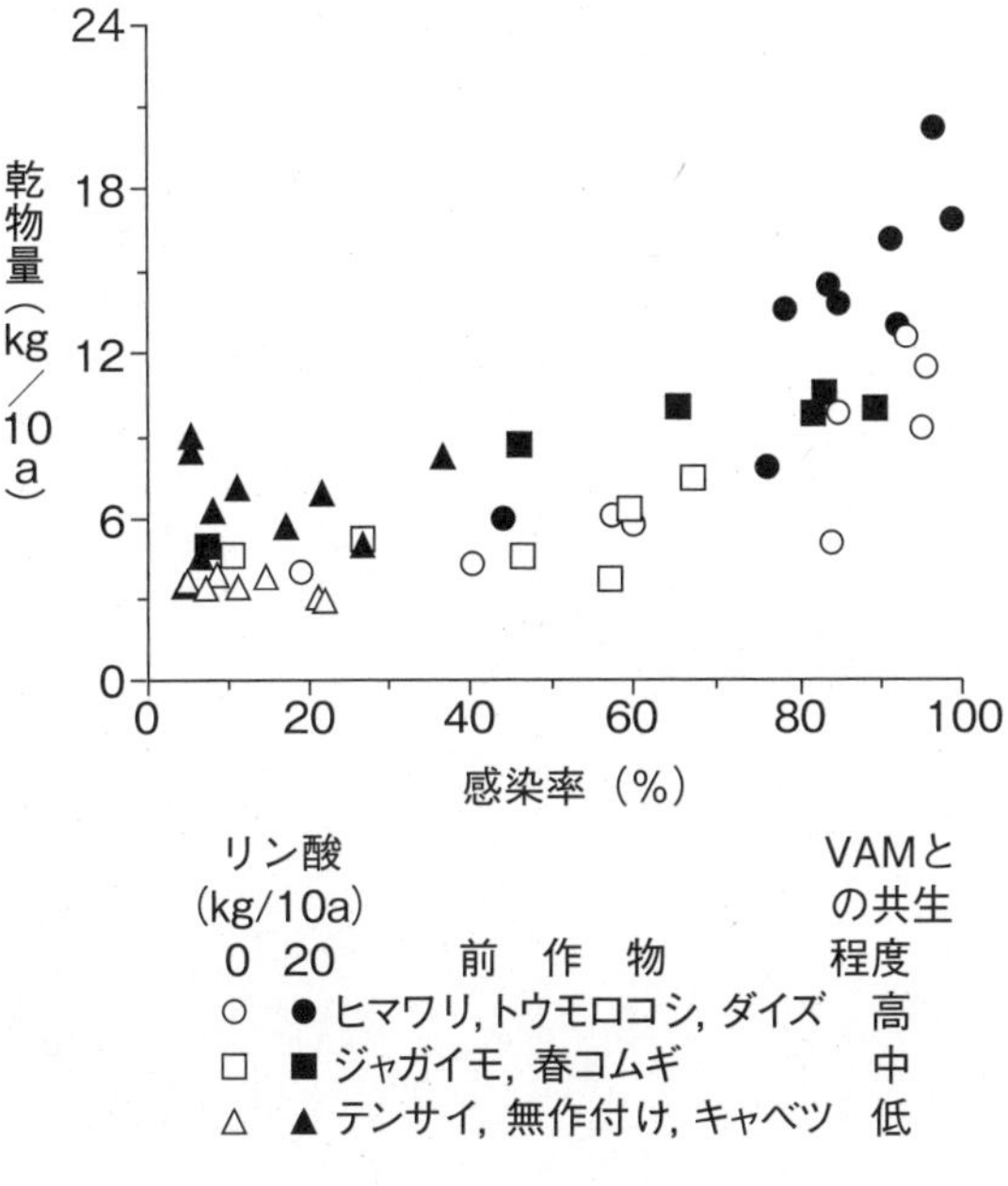

三、土壌水分条件とVAMの感染

ところが、平成三、四年に大きく表われていた後作トウモロコシへの前作の影響は、平成五年にはほとんどみられなくなった（図８）。

また、播種約二か月後のVAM感染率はいずれの前作跡地でも七〇％以上と高くなっていた。平成五年の北海道は冷害に見舞われたことは記憶に新しいところであるが、生育の初期の降雨が例年より著しく多かった。そこで、各種作物の跡地土壌をつめたポットの土壌水分を変えてトウモロコシの生育をみたところ、土壌水分が高いほど生育の差が小さかった（図９）。VAM胞子の土壌中密度は共生程度の高い作物跡地土壌で高く、低～中程度の作物跡地土壌で少なかったが、後作トウモロコシの

図７　VAMによる土壌中の可給態リン吸収の模式図
（西尾，1988）

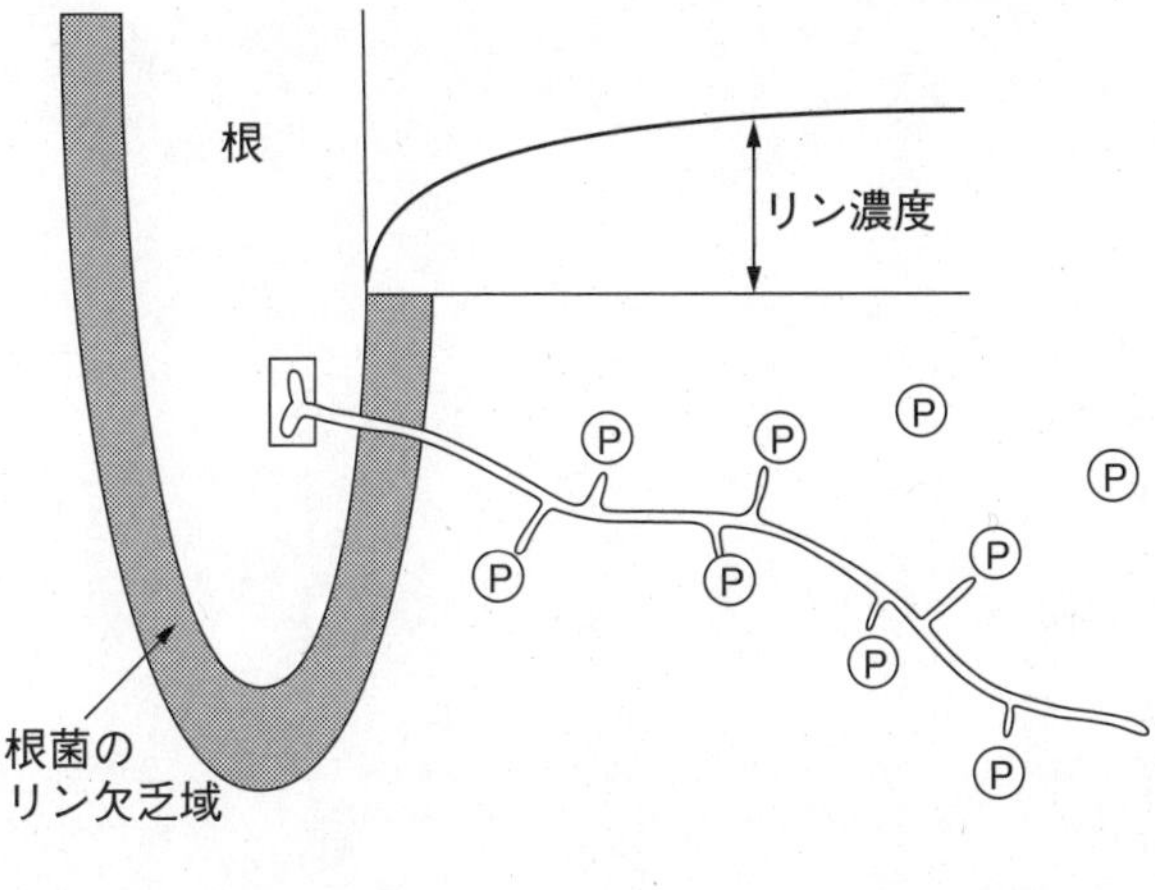

ＶＡＭ感染率は、胞子密度が低くても土壌水分が高ければ高くなっていた。これから、作物の生育初期に降雨が多く、土壌水分が高ければ、ＶＡＭの感染が効率よく起こり、土壌中の休眠胞子密度が低くても感染率が高まり、前作の影響が小さくなるものと判断した。

北海道は本州と異なり五月の播種が終わってから六、七月と降雨量が少ない時期が続き、土壌は乾燥気味に推移することが多い。このため前作の影響を受けて土壌中のＶＡＭ休眠胞子が減少した場合には、後作物のＶＡＭ感染率が低下しやすく、その結果作物のリン吸収が左右され生育収量に差が生ずるものと判断される。

本州では六、七月は梅雨で降雨が多く、ＶＡＭの感染効率が高いと予想される。このため、前作による土壌中のＶＡＭ休眠胞子密度の変化の影響を受けにくく、前作の影響が明確でないと思われる。このように北海道の畑作地帯では、畑作物の栽培にあたっては本州以南以上に作付体系への注意が必要と思われる。

四、作物のＶＡＭ共生程度と前作の影響

先に述べたように、作物は種類によってＶＡＭへの依存度が違っている。表１は殺菌土壌と無処理土壌での作物の生育量の比率から、ＶＡＭへの依存程度を作物間で比較したものである。作物のＶＡＭ依存度に大きな差があることがおわかりいただけると思う。

作物によってＶＡＭへの依存度が違うならば、前作による土壌中のＶＡＭ密度変化に影

図８　前作が後作トウモロコシの子実収量に及ぼす影響（平成５年）

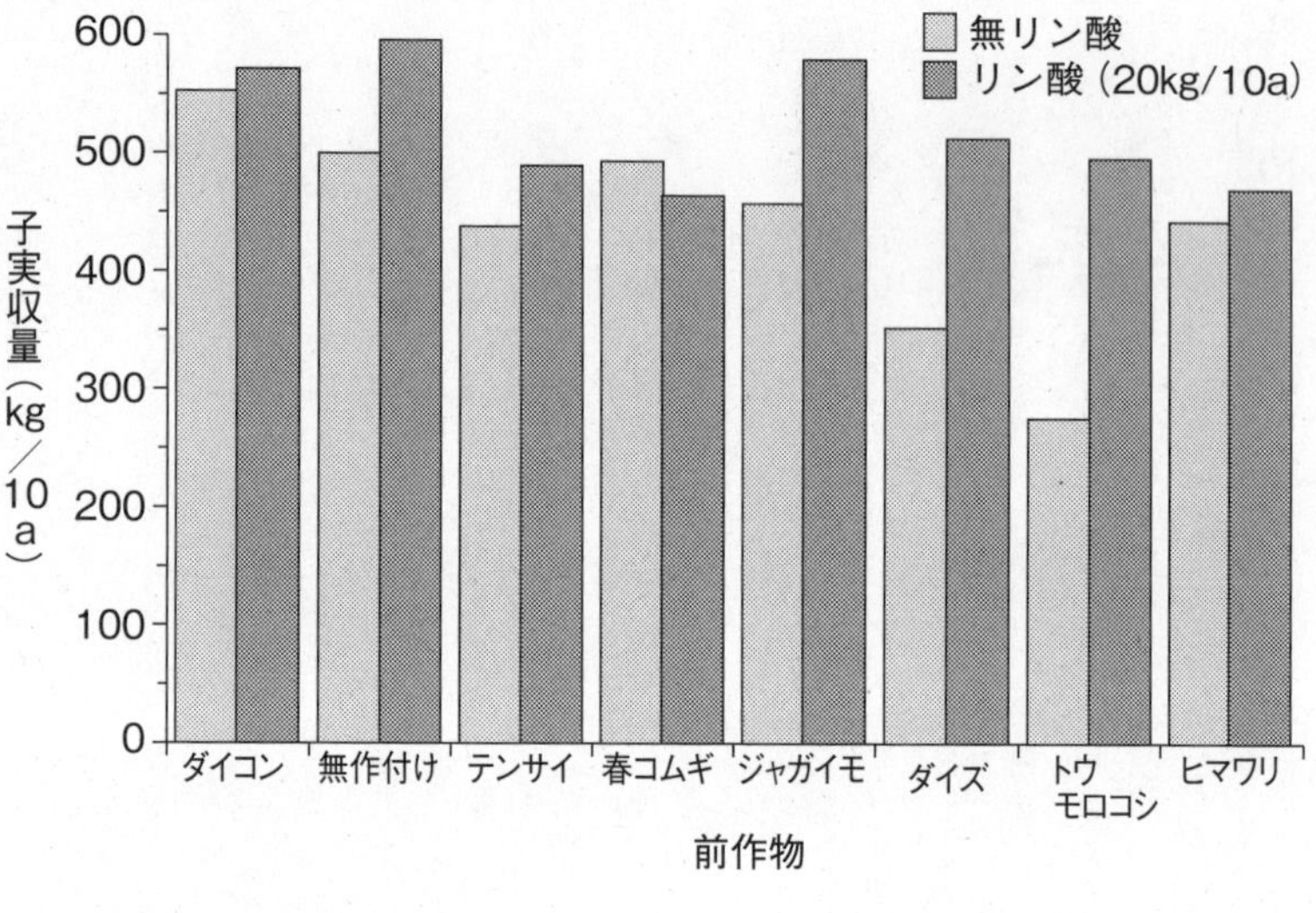

図９　前作物のトウモロコシ乾物重への影響と土壌水分

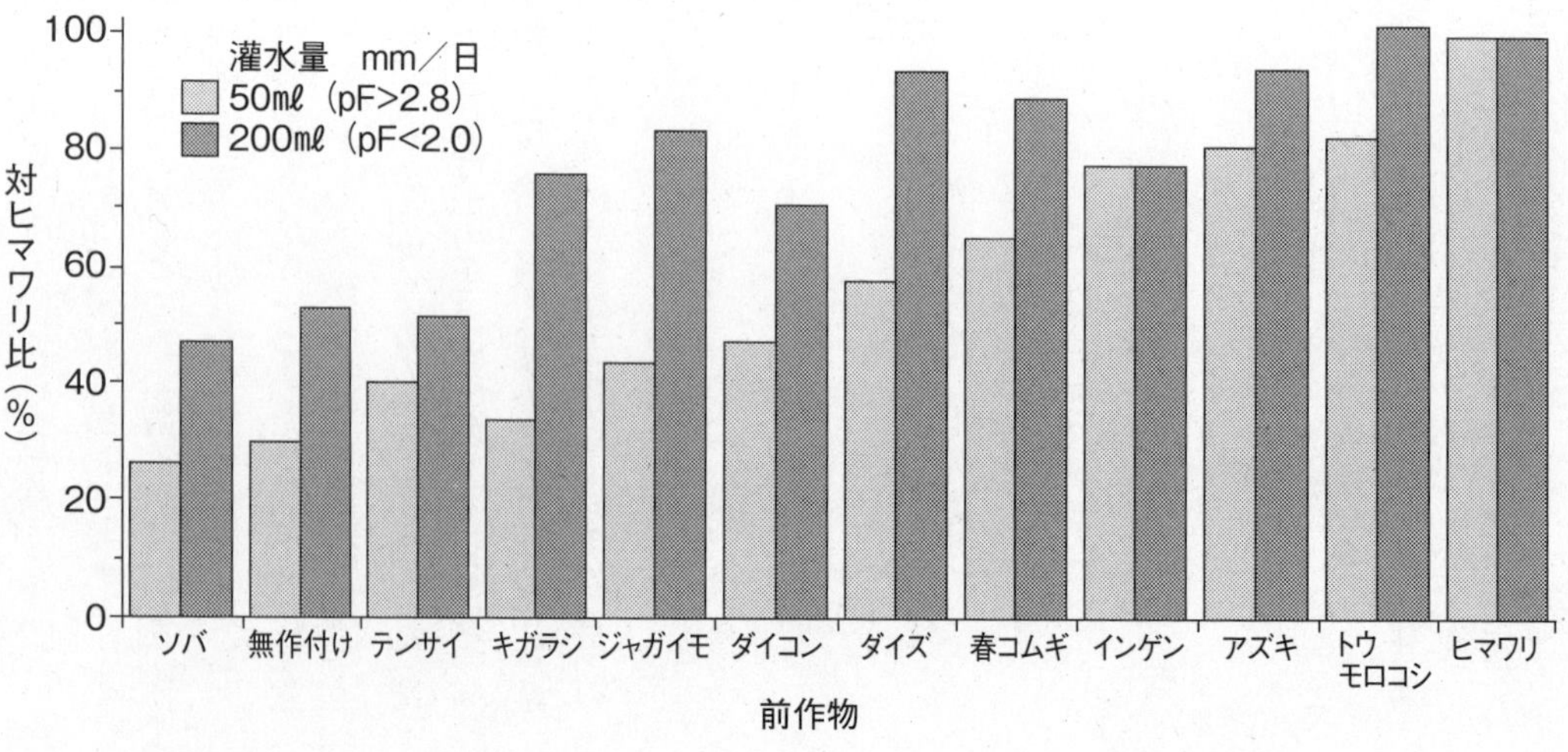

響されやすいものと、されにくいものがあるはずである。そこで、代表的な畑作物について前作の影響の違いを検討してみた。

表1 作物のVAM感染率および100mgP/kgで生育させた場合のVAMへの依存度

（Thompson, 1991）

作物名	乾物重（g/plant）		VAM感染率（%）	依存度（%）
	殺菌土壌（a）	自然土壌（b）		
ニンジン	0.07	9.20	66	99.2
エンドウ	1.30	40.30	89	46.7
サイトウ	0.70	13.30	88	94.7
スイートコーン	45.50	166.50	69	72.7
トウガラシ	4.10	12.10	42	66.1
トマト	71.20	174.60	50	59.2
ジャガイモ	107.50	185.30	44	41.9
エンバク	208.90	170.90	79	0
コムギ	155.50	155.60	55	0
キャベツ	175.60	93.30	0	―
テンサイ	27.10	5.60	0	―

注 *依存度＝100×（b－a）/b

平成五年に前作としてトウモロコシ、ヒマワリ、大豆、ジャガイモ、ダイコンを栽培し、無作付区も設けた。翌平成六年に後作としてトウモロコシ、ヒマワリ、大豆、アズキ、インゲン（サイトウ）、ジャガイモ、春小麦、テンサイ、ダイコン、ソバ、キガラシを栽培し、前作の影響を見た。肥料はいずれの年も各作物共通に窒素、リン酸、カリを各一五、二〇、一五kg／一〇aを施用している。

前作の影響の程度により作物は二つに分けることができた。一つはアズキ、インゲン、大豆、ヒマワリ、ジャガイモ、トウモロコシの前作の影響を受けやすいグループで（図10（a））、もう一つは春小麦、キガラシ、ソバ、テンサイ、ダイコンの影響を受けにくいグループである（図10（b））。

ヒマワリ、トウモロコシ、大豆、アズキ、インゲンはVAMとの共生が良く、春小麦、ジャガイモは共生がやや弱く、テンサイ、ソバ、キガラシ、ダイコンは非共生である。このようにVAMと良く共生する作物は、前作物がVAMと共生関係が良いほど生育が向上し、悪い場合には低下する。一方、非共生作物は前作物の影響をほとんど受けず、共生の緩やかな作物は影響の受け方も中程度になると結論することができる。

五、VAMから見た作付体系改善のポイント

①作付体系

このようにVAMは前作物の種類によって土壌中密度が影響され、次の作物とVAMの共生関係、さらには作物の生育収量にまで影響が及ぶ。したがって、作付体系はVAMの土壌中密度をコントロールし、作物とVAMとの共生関係を制御する手段として最も有効である。

作物とVAMとの共生を高めるための作付体系組立のポイントは、VAMとよく共生する作物の前にはVAMとよく共生する作物を栽培することで、VAMと非共生の作物を栽培しないことである。非共生の作物跡には、VAMとは共生するが依存度の低い作物、たとえば麦類、ジャガイモなどを入れて前作の影響を避けつつ、VAMの密度を高めるなどの工夫が必要である。また、収穫を目的とする作物だけではVAM密度の維持が難しいときには、非共生作物の収穫後にVAMと良く共生するヒマワリやマメ科作物などを緑肥として栽培することがVAM密度を高める手段として有効である。VAMへ依存しない作物は前作を気にしないのでどの作物の後でもよいが、その後作の選択には注意が必要である。

そのような場合には、高収益をねらう作物ではなく、ＶＡＭの密度を回復させることを主目的とする作物を後作とすることを考えてもよいのかもしれない。また、次の作物の栽培まで間があればヒマワリやマメ科牧草を緑肥として栽培するのもＶＡＭの回復には有効である。表１にＶＡＭの作物への感染程度、ＶＡＭへの依存度を示した。不十分なものではあるが、参考にして営農上最も有利な作付体系を考えてほしい。

②留意すること

ＶＡＭとの共生による作物のリン吸収の増大は、土壌の有効態リンが多い場合にはあまり期待できない。土壌溶液中にリンが多く溶け出してくるような場合には、作物根はＶＡＭがなくても容易にリンを吸収できる。水耕栽培の作物が容易

図10　前作がいろいろな作物の収量に及ぼす影響（平成６年）

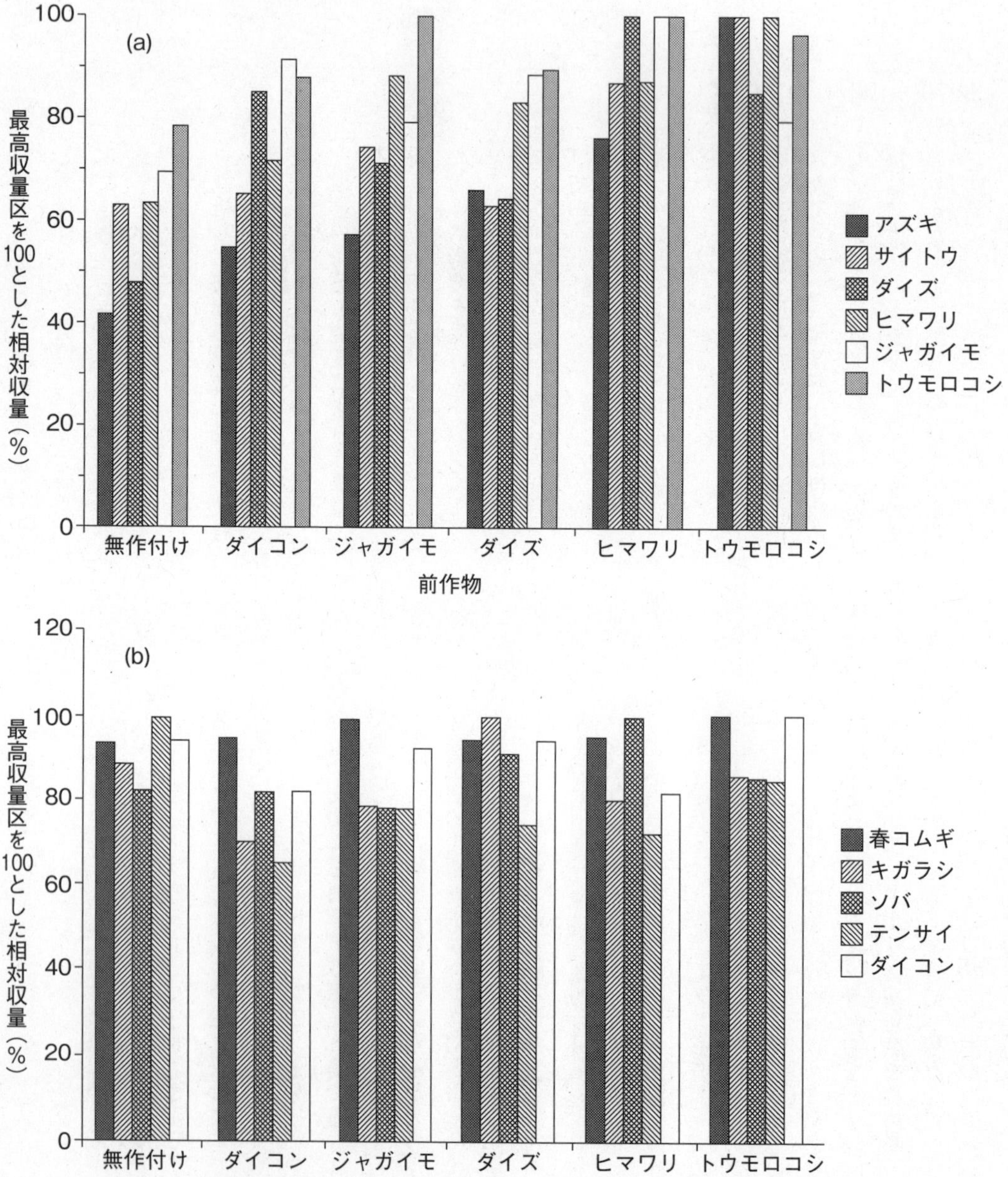

にリンを吸収できるのと同じである。ＶＡＭとの共生がリン吸収に有効であるのは土壌リンが吸収しにくい状態、すなわち有効態リン酸水準が低く、土壌が酸性あるいは火山灰起源でリン吸収係数が高いなどの場合である。一般に、沖積土壌はリン肥沃度が高く、土壌pHも低くないので、大きな効果は期待できないかも知れない。

また、作物を播種してから二か月間に降雨が多く、土壌が湿潤な地帯ではＶＡＭの感染効率は高く、低いＶＡＭ密度でも作物根によく感染が起こる。このような場所では前作の影響は小さくなるので、作付体系がリン吸収に決定的に重要とはいえない。ただ、つねに雨が多いとも限らないので、安全のためにはやはり作付体系を考えた栽培をするのが望ましい。

農業技術大系土壌施肥編　第五‐一巻　共生微生物から見た効果的な輪作体系　一九九六年

麦・ソラマメ・緑肥で窒素の流出を防ぐ

有原丈二

一、農地からの窒素・リン酸の流出を減らすには

これまで農業は、手つかずの自然ではないけれども、人間の暮らしによくなじんだ、自然にきわめて近いもので、私達の環境を守ってくれている大切なものと考えられてきたようである。このような考えが、わが国の農産物に対する信用の背景にあると私は考えている。

もちろん、現在でも農業が環境を守っている面は大きいと思われるが、最近では農地からの窒素やリン酸の流出による周辺環境の汚染が問題となってきている。このような問題を克服し、環境保全的で、かつ生産性の高い農業を実現することが、わが国の農業を守っていくうえでも、ぜひとも必要であると思われる。

環境保全的で生産性の高い農業を実現するというと、なにか新しい技術が必要なように思われるが、古くから行なわれてきた輪作を見直すことでかなり対応できるのではないかと考えられる。ここでは輪作を環境保全型農業という観点から見直してみたい。

二、土壌無機態窒素は秋から春に流出する

窒素は、いろいろな養分のなかで、生物ときわめて密接にかかわっている養分である。これは、生物の体がたんぱく質からできており、その形成に大量の窒素が必要だからである。したがって、農用地からの窒素の流出を減らすには、圃場に作物を栽培して、窒素を体内に取り込ませることがなによりも大事になる。

土壌窒素の大部分は有機態として存在している。その一部が微生物の働きによって無機化され、アンモニア態窒素を経て硝酸態窒素となる。この無機化量は温度に支配されており、夏作期間中に地温が高まるとともに多くなるが、この時期は作物が旺盛に窒素を吸収していくため、土壌中の無機態窒素の量は多くならない。

地温は気温にやや遅れて変化する性質があるため、土壌窒素の無機化は九月や十月にも盛んに行なわれる。しかも、この頃には夏作物が収穫されはじめるので、土壌中には無機態窒素が残されるようになる。農業研究センターの圃場で、六〇cmの深さまでの土壌無機態窒素量の変化をみると（図1）、一九九三年には五月まで低下していた土壌無機態窒素

が、スイートコーンの播種時期から増加をはじめ、その収穫後に急激に増加して十月にピークに達し、翌年五月までに再び大きく低下するというパターンを示している。

土壌中で無機化された窒素は、硝酸イオン（NO_3^-）の形をしていることが多い。硝酸イオンは水に溶けやすいため、土壌水分の動きとともに移動する。したがって土壌水分が下方に移動するときに溶脱が起こる。土壌水分は、基本的には降水量が蒸発散量より少ないときは上方へ、多いときは下方へ向かうため、月別の降水量と蒸発散量を見れば土壌無機態窒素の溶脱の危険性の高い時期がわかる。

茨城県水戸市の場合を図2に示した。土壌水分の動きが上向きなのは七月と八月だけで、それ以外の月は降水量が蒸発散量より多い。とくに秋から春にかけては著しく多く、秋に増加した土壌の硝酸態窒素がかなり溶脱しやすい条件にあると考えられる。これは日本のどこの地域でも同じであるが、とくに多雪地帯では硝酸態窒素溶脱の危険性がはなはだ大きいといえる。

このようにわが国では、冬作を栽培しないということは無機態窒素の溶脱を放置しているのと同じようなものである。その他の時期でも、降水量が蒸発散量を上回っている地域は多く、とくに西南暖地では、春から初夏にかけての降水量が多い時期には、夏作といえども窒素の溶脱が起こる。

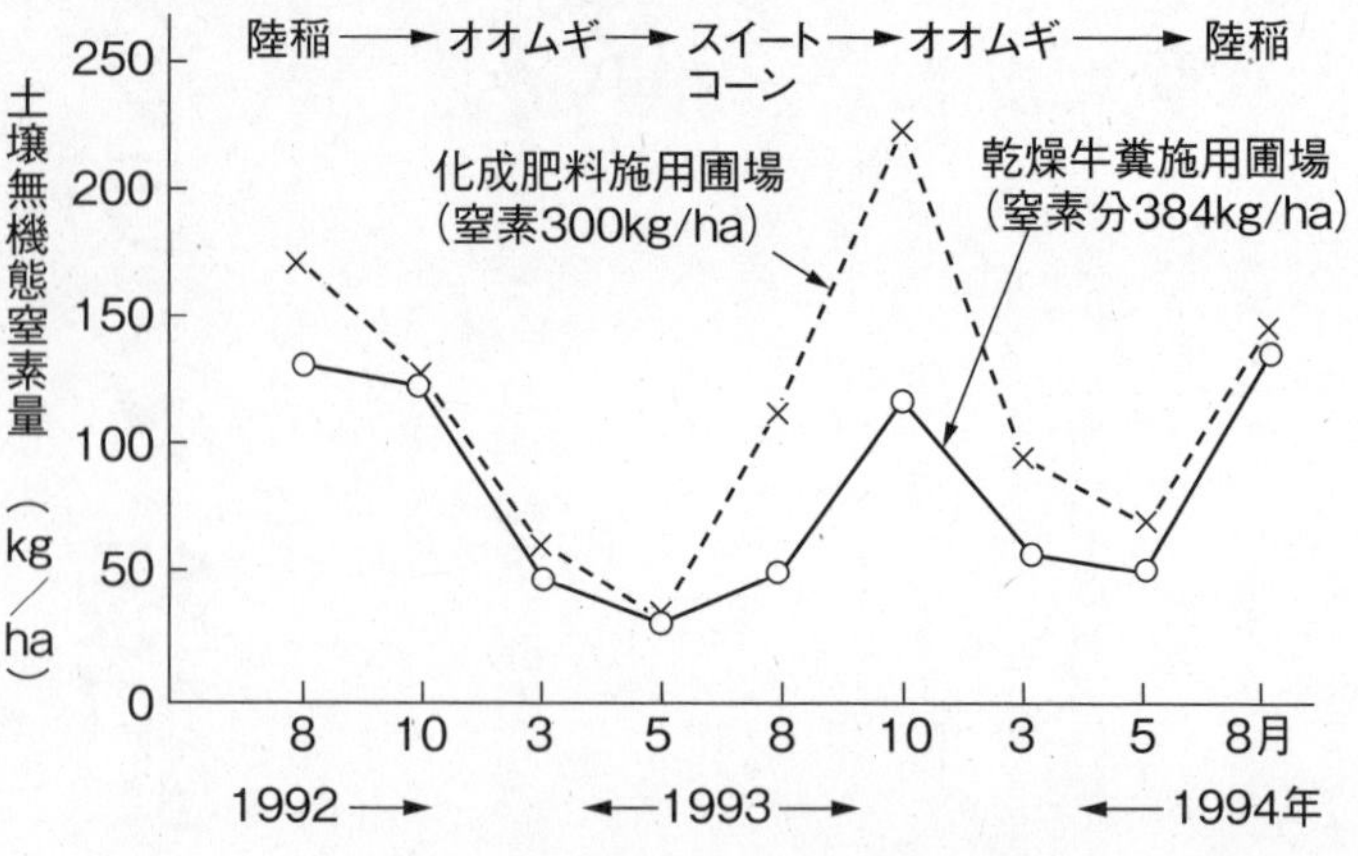

図1　土壌中（0～60cm）の無機態窒素の季節的推移
（農業研究センター，作付体系研）

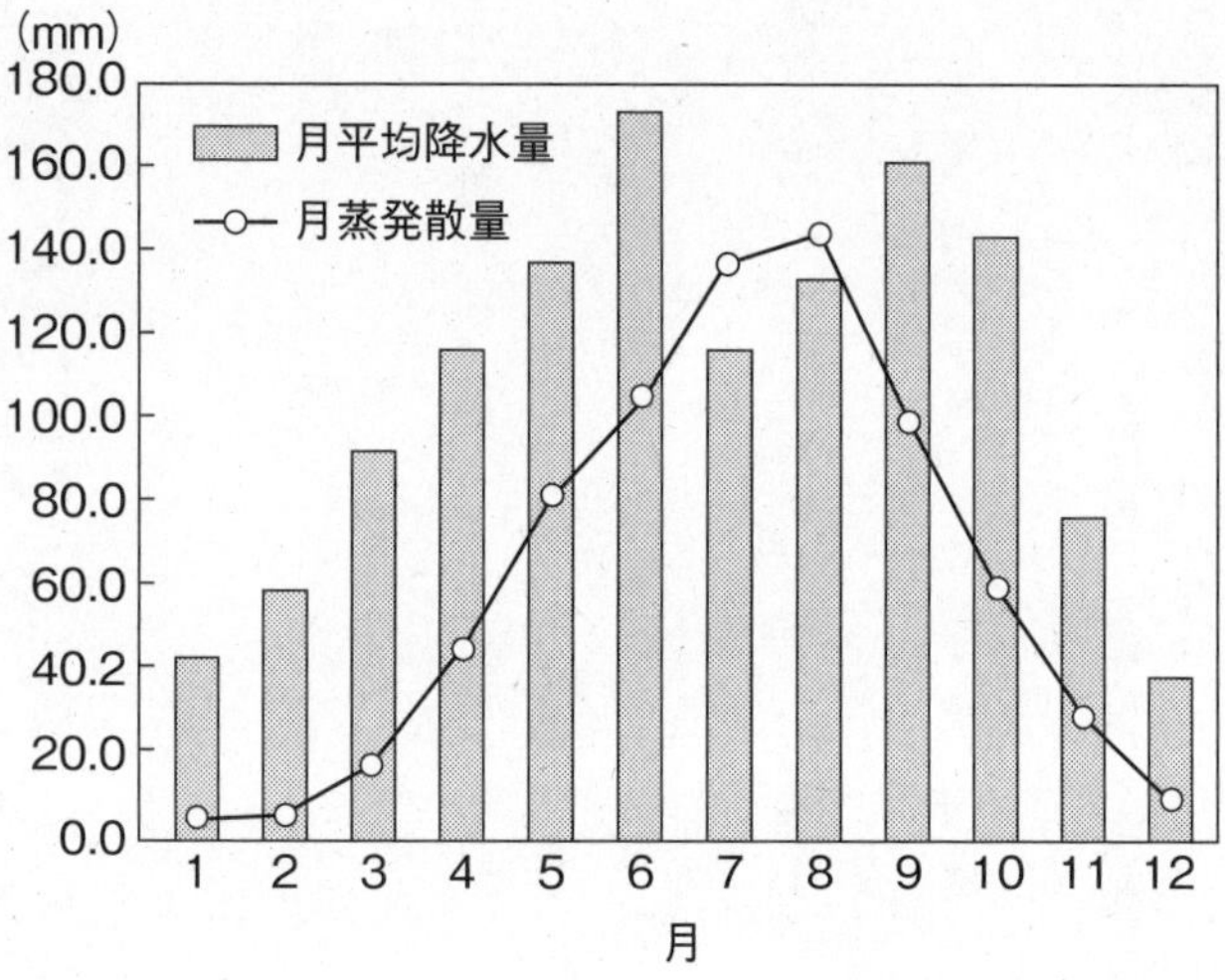

図2　水戸市の月平均降水量と蒸発散量

三、麦・ソラマメ・緑肥……冬作で窒素の汚染を防ぐ

硝酸態窒素の溶脱防止には、冬作が極めて有効である。

農業研究センターで行なった試験では、冬の間に裸地とした場合には硝酸態窒素が三〇～六〇cmの層に移動していた。この下層の窒素は、四月から六月の間に流亡すると予想される。ところが小麦を栽培すると、秋に窒素を一〇a当たり二〇kg施用しても下層への移動が見られず、硝酸態窒素の溶脱は冬作をつくることによってほぼ完全に防止できることがわかる（図3）。

冬に麦を栽培できれば望ましいが、麦を栽培できない場合には、えん麦、ライ麦、イタ

図3　冬期間の硝酸態窒素溶脱防止に対する冬小麦の効果

（平成10〜11年，農業研究センター）

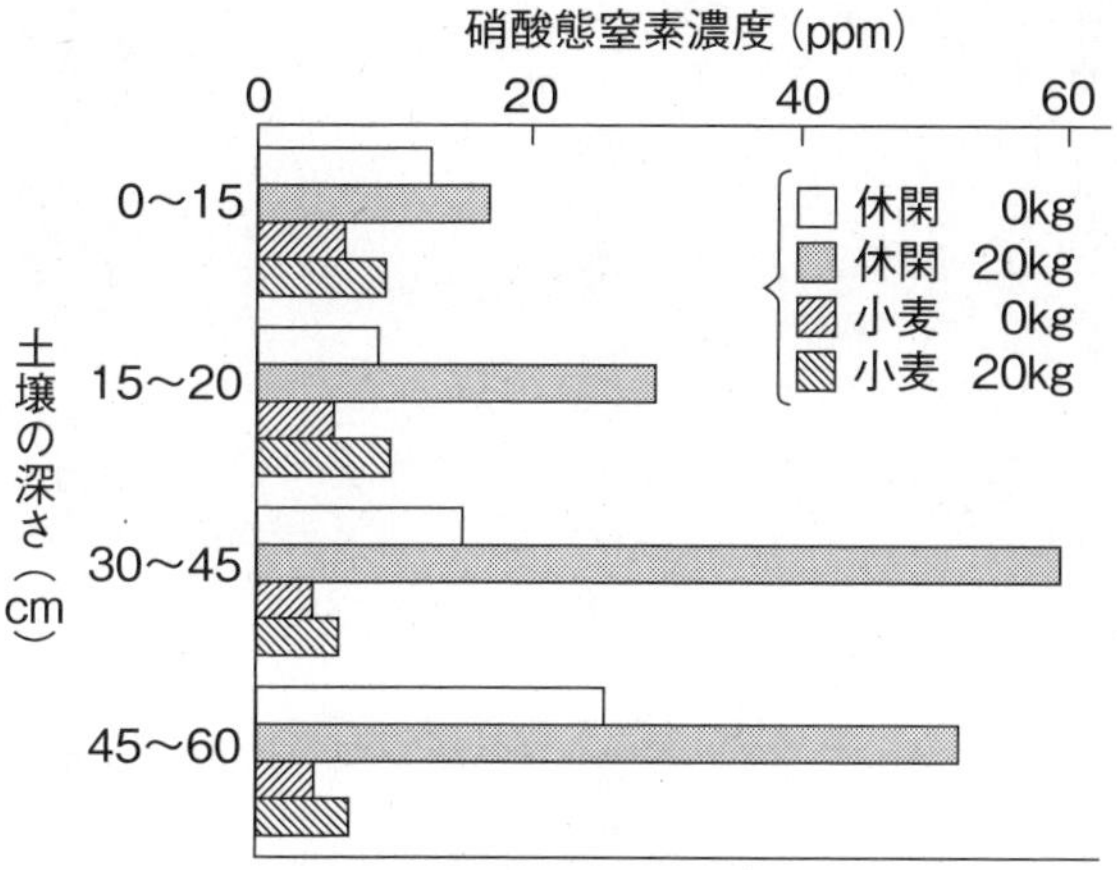

図4　小麦子実収量の窒素施肥反応と無機態窒素の溶脱

（Shepherdら，1993）

—窒素施用量を増やしても収量が上がらなくなると、溶脱量が著しく増える

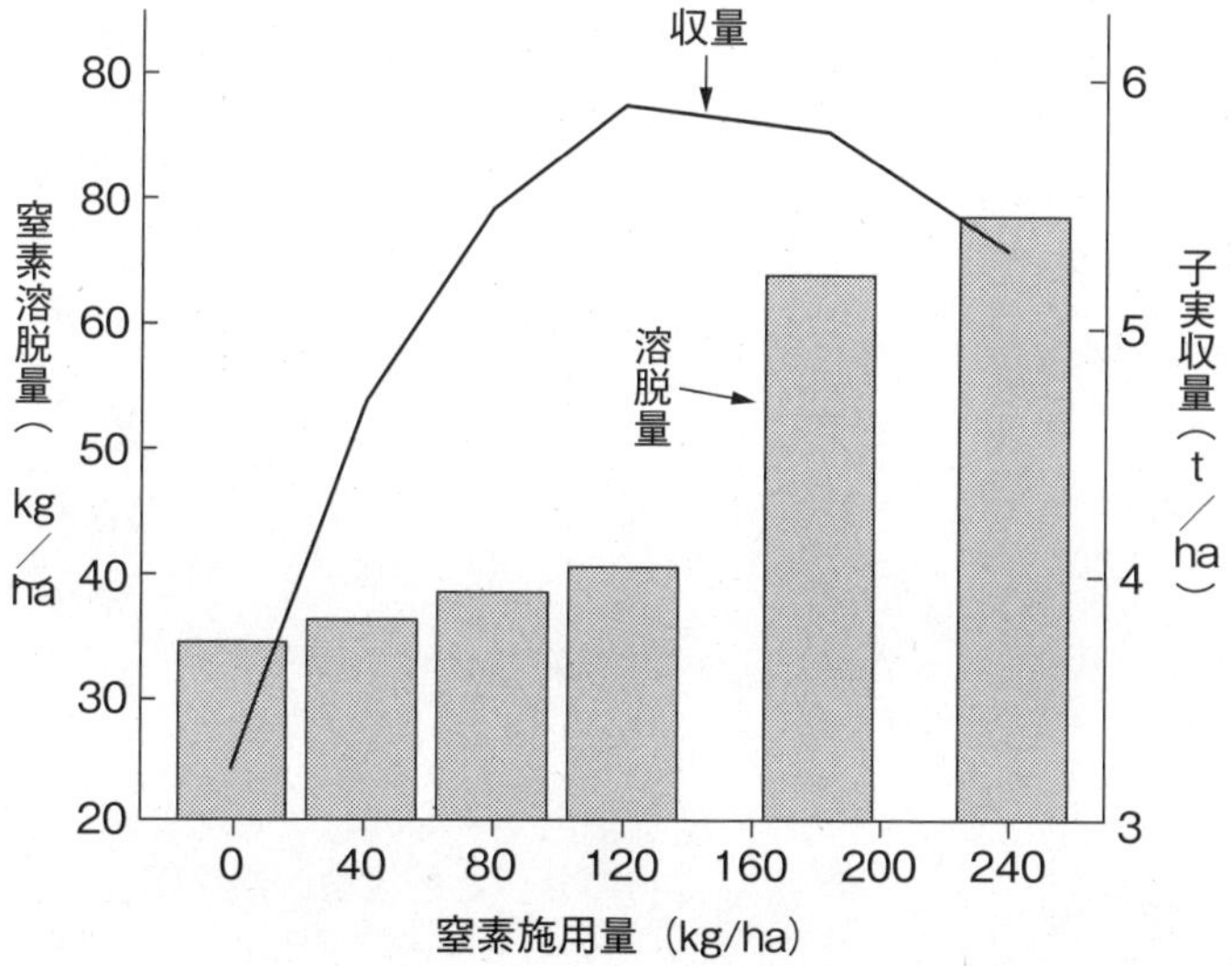

リアンライグラスなどを緑肥として栽培すれば、窒素の溶脱をかなり防ぐことができる。また、スウェーデンの試験では冬作のナタネが窒素の溶脱減少に役立ち、とくに秋に堆厩肥を施用したような場合には、いっそう効果的であるという。また、冬作物であるソラマメも冬作として優れているようである。

緑肥は、翌春に鋤き込むことによって有機態窒素を補給することができ、化学肥料の節減ともなる。緑肥中の有機態窒素は化学肥料よりも効果的であることも多く、とくに大豆には効果的なようである。

また最近、チンゲンサイやニンジンが土壌から有機態窒素を直接吸収していることが示唆されており、ヒユ科のアマランサスにもその可能性がある。ナタネもチンゲンサイと同じアブラナ科に属しており、有機態窒素を吸収できるかどうか興味のあるところである。これらの作物は冬作であったり、冷涼地に適した作物であり、土壌有機物の分解の遅い低温条件下の窒素吸収に適した能力を持っているのかもしれない。とすれば、冬作物は環境保全型農業に大きな役割を果たすことになりそうである。

わが国では作物の多収をねらって最適量以上の窒素が施用されがちであるが、図4に見られるように、収量が施肥の増量に反応しなくなると、窒素の溶脱量は急激に上昇していく。作物の吸収しきれなかった施肥窒素は、一年一作では次の年に作物が栽培されるまでに溶脱する可能性が極めて高い。これを防ぐには、二毛作あるいは多毛作して、土壌に残った窒素を吸収させるしかない。

近年、畑作では単作化が進行し、年に数種類の作物を作る多毛作はあまり行なわれなくなってしまっている。しかし、窒素の溶脱防止という観点からは、どうしても一年に数種類の作物を栽培する必要があり、窒素溶脱を防ぐうえで多毛作は極めて重要である。

二〇〇〇年十月号　チッソ・リン酸を有効活用して流出を減らす

夏作物と冬作物の養分吸収戦略

有原丈二

一、作物の養分吸収機構から輪作を構想する

作物の養分吸収機構の理解は不十分であるが、当面の要求に応えるには、作物を養分吸収機構の特徴にもとづいてグループに分け、それぞれの特徴をいかす形で作付体系を構想することは意義のあることと考えている。

作物は春から夏に主に栽培されるものを夏作物とし、秋から春にかけて栽培されるものを冬作物とすることが多い。作物養分吸収機構の違いはその適応している環境、地域、生育時期などにも大きく影響するはずであり、夏作物と冬作物の生育環境は大きく異なっているからこれらの養分吸収戦略はかなり違っているはずであるが、その違いはこれまであまり認識されてこなかったようである。ところが、菌根菌との共生、非共生で植物をみてみると、春から夏に活動するものは共生植物、秋から春にかけて活動するものは非共生植物という大まかな区分ができることが報告されている（Brundrett,1991）。ここではその報告をもとにして、作物の最も大きな区分の一つである夏作物と冬作物の養分吸収の特色を整理し、これからの輪作のあり方について考えてみたい。

二、菌根菌との共生関係と植物の活動時期・環境

植物の多くは菌根菌と共生しているが、なかには菌根菌と共生しないものもある。菌根菌との共生には有利あるいは不利の面があるはずであるが、植物はそれらを利用して生存競争をできるだけ減らしつつ棲み分けを行っていると思われる。そこで、温帯の落葉樹林で、地上部の活動時期を春、春から夏、夏、秋に分けて菌根菌と共生程度の異なる種の数がどう変化するのかをみると（図1）、春と秋に活動する植物には菌根菌と非共生あるいは条件的共生のものが多く、春から夏、あるいは夏に活動する植物には菌根菌と共生する種が多いことが一目瞭然である。図の星印で示したものは根の活動が夏に活発な植物で、それを考慮するならば菌根菌と共生する植物はみな夏に活動時期があるものばかりとなる。

そこで次に根の活性程度と菌根菌との共生程度、植物の活動時期がどのような関係にあるかをみることにする。図2は落葉樹林の植物について、根の直径、側根や根毛の発達程度、寿命、スベリン化程度などから活性のある根の面積（活性根面積とする）を計算し、菌根菌の共生程度との関係をみたものである。活性根面積が多い植物ほど菌根菌の感染

図1　地上部の生育盛期によって分類した植物の分類と菌根菌の共生程度

（Brundrett, 1991）

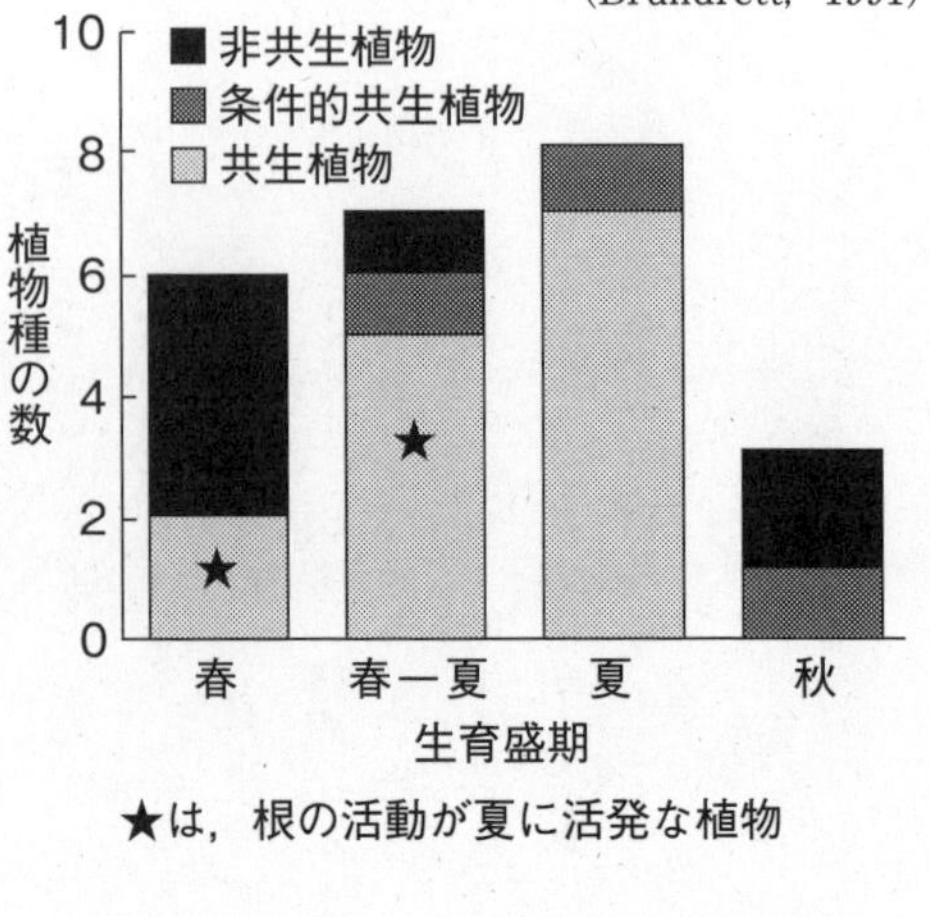

★は，根の活動が夏に活発な植物

率が低く、活性根面積が小さい植物ほど高くなっている。そして、活性根面積の多い植物は春あるいは秋に活動し、活性根面積が少ない植物は春から夏に活動することがわかる。つまり、春から夏にかけて活動する植物の根は活性が低く、養分吸収を土壌微生物である菌根菌に依存し、秋から春にかけて活動する植物は自分自身の根の活性を高めて、養分を吸収しているといえる。

菌根菌共生植物と非共生植物の根の性質を表1でみると、共生植物の根は太くて短く、活性も低く、根圏の土壌への影響は小さいが、寿命が長く、低温下では活動が停止するという基本的な性質をもっているようである。一方、非共生作物は、細くて寿命の短い根をどんどん作って活性を維持し、根からは進んだ構造の化学物質を分泌して、土壌環境を変え、低温でも地下部の活動が低下しないという性質をもっているといえよう。

このように、菌根菌と共生する植物は、活性のある根の割合が低く、根の活動は土壌微生物である菌根菌へ依存せざるを得ないため、地上部の活動も菌根菌の活性の高まる春から夏の温度の高い時期に盛んとなる。一方、菌根菌と共生しない植物は、活性のある根の割合が高く、根の活動が菌根菌に依存しなくてよいため、地上部が春や秋の低温時に盛んに活動できるのである。菌根菌非共生の植物には、一般に進化した種が多いことを考えると、非共生植物は根の活性程度を高めることによって低温への適応性を高め、菌根菌共生植物との生存競争のない春と秋の低温期間にその生育場所を見出したとも考えられる。

表2は菌根菌と共生しない植物にはどのようなものがあるのか、その生育形態や生息域、根分泌物の特徴、その他の根の性質はどうなっているのかを示したものである。菌根菌と非共生の植物にはかなりの科があるが、その多くは草本か低木であり、なかでも草本が多い。その生育環境をみると、乾燥あるいは低温条件に適応したものが多いことがわかる。なかでもケシ科、ケマンソウ科、イラクサ科、アカザ科、タデ科、アブラナ科などでは低温や乾燥に適応しているものが多く、そのような環境で進化し

図２　根の活性面積指数とVAM感染率

（Brundrett, 1991）

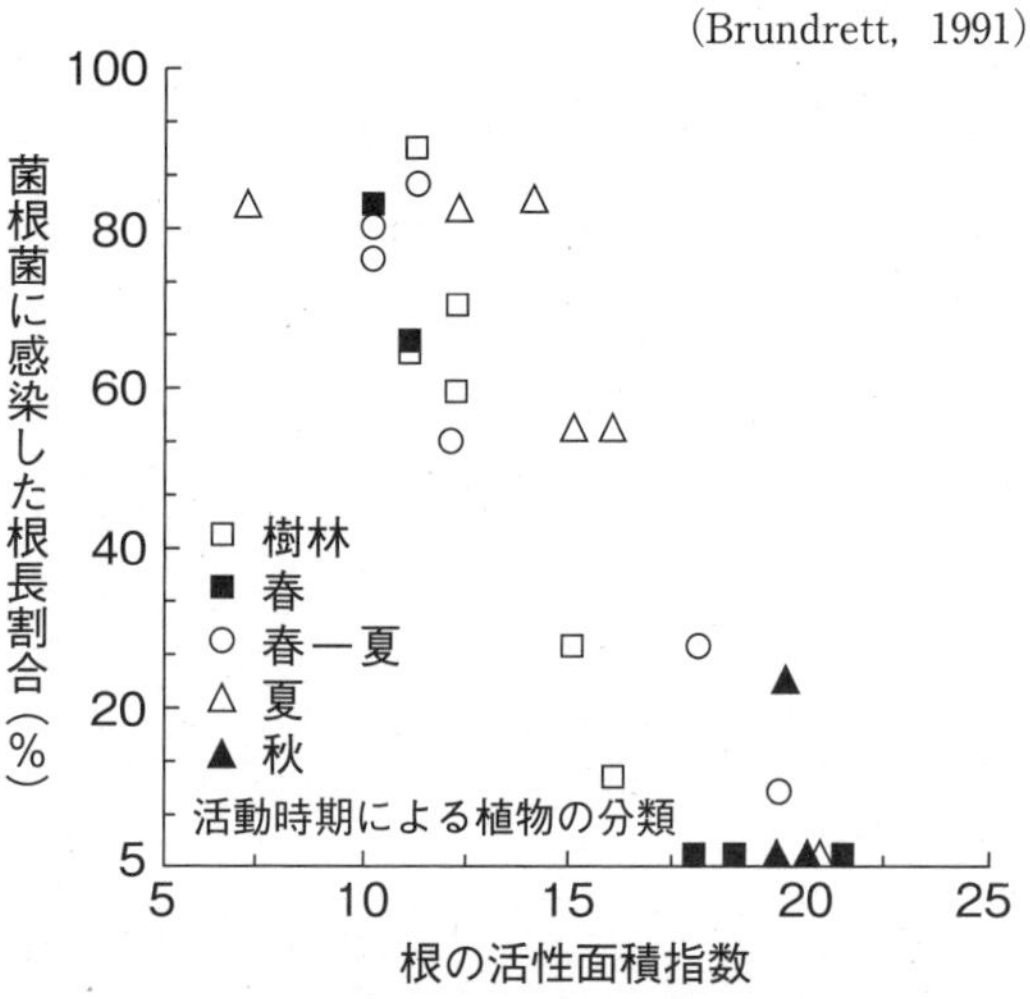

表１　菌根菌依存度に関連した根の形質（Brundrett, 1991を改変）

根の特徴	共生植物	非共生植物
養分吸収根面積の全体に占める比率	低	高
根長/全重比	低	高
側根の分枝程度	少	多
分枝頻度	疎	密
根毛	少/短	多/長
根系の活性	低	高
根の生長	遅	速
反応性	低	高
根の寿命（主要生長期の）	数か月/数年	数週/数か月
防御機構		
構造的	発達	貧弱
化学的	比較的原始的	比較的進歩的
根菌の影響	微	多少
低温での根の活性	普通は停止	かなりの活性
マイコライザの形成	効率的	非効率的
	よく調整	抑制

表2　菌根菌非共生の植物の特徴　（Brundrett, 1991を改変）

綱 亜綱 目	科[a]	生息環境	根に集積する植物の特徴 単純[b]	 複雑[c]	有機態窒素吸収
モクレン植物綱					
モクレン亜綱					
スイレン目	5科	水生	T±P+E±	Ak+	
ケシ目	ケシ科	草本　乾燥　寒冷　雑草	T−P−E−	Ak+	
	ケマンソウ科	草本　寒冷	T−P−E−	Ak	
マンサク亜綱					
イラクサ目	イラクサ科(?)	草本　寒冷	T+P+		
ナデシコ亜綱					
ナデシコ目	ヤマゴボウ科	草本	T−P−E−	B+Sp+	
	オシロイバナ科	草本　低木	T−P−E−	B+Sp±	
	ザクロソウ科	草本	T−P−E−	B+Ak+	
	アカザ科	草本　塩生　雑草　寒冷	T−P−E−	B+Sp+Ak+	
	ヒユ科	草本　雑草	T−P−E−	Sp+B+	
	スベリヒユ科	草本　雑草	T−P−E−	B+	
	ナデシコ科	草本　塩生　雑草	T−P±E−	Sp+	
タデ目	タデ科	草本　低木　寒冷　雑草	T+P+E+	Aq+	
ビワモドキ亜綱					
サガリバナ目	サガリバナ科(VAM)	木本　低木	T+P+E+	Sp+	
ウツボカズラ目	5科	食虫植物	T+P+E±	Sp+	○
フウチョウソウ目	アブラナ科	草本　寒冷　雑草	T−P−E−	Gs+Cy+	○
カキ目	アカテツ科	木本　低木	T+P+E+	St+Tp+	
バラ亜綱					
ヤマモガシ目	ヤマモガシ科	低木　木本	T+P+E−	Ak+Cy+	
カワゴケソウ目	カワゴケソウ科	水生　熱帯	?		
アリノトウグサ目	2科	水生	T+P+E+	Cy+	
ヒルギ目	ヒルギ科(VAM)	木本±　水生　塩生	T+P+E+	Ak+	
ビャクダン目	10科(VAM)	寄生	T+P+E−	Cy±Sp±	
ヤッコソウ目	3科(根が退化)	寄生　熱帯	?		
ムクロジ目	ハマビシ科	低木	T−P−E−	Sp+Ak±Gs±	
キク亜綱					
ナス目	ハゼリソウ科(?)	草本	T−P−E−	Tp±Fl±	
ゴマノハグサ目	ゴマノハグサ科(VAM)	寄生　雑草	T−P−E−	Ir+Sp+Or+	
	ハマウツボ科	寄生	T−P−E−	Ir+Or+	
	タヌキモ科	食虫	T−P−E−	Ir+	○
ユリ植物綱					
オモダカ亜綱					
オモダカ目	3科	水生	T+P+E−		
トチカガミ目	トチカガミ科	水生	T+P+E−		
イバラモ目	10科	水生	T+P±	Cy±	
ツユクサ亜綱					
ツユクサ目	ツユクサ科	草本　雑草	T±	Fl+	
ホシクサ目	ホシクサ科(?)	水生	?		
レスチオ目	レスチオ科(?)	草本	T+P+		
イグサ目	イグサ科	草本　湿生 塩生	T+P+	Cy±Fl+	
カヤツリグサ目	カヤツリグサ科	草本　塩生　湿生　雑草	T+P+	Al±Fl+	スゲ○
ショウガ亜綱					
パイナップル目	パイナップル科	着生植物	T+P±	Enz Sp±	

注）[a]?=VAMとの関係は未確定部分あり；VAM=VAM共生種もある。
[b]T=タンニン；P=プロアントシアニン；E=Ellagic acid；+=ある；−=ない；±=ある種もある。
[c]Ak=アルカロイド；B=betalains；Sp=sapniferous；Aq=annthraquinone glycosides；Gs=glucoshinolates；St=sterois；Tp=terpinoids；Al=aluminium；Cy=cyasnogenic；Ir=iridoid compounds；Or=orobanchin；Enz=proteolytic enzymes.。

てきたことがうかがわれる。また、水生植物や湿性植物、食虫植物、寄生植物、着生植物など、一見すると根の機能が退化してもよさそうな植物が多い。しかし、よく考えてみると水生植物あるいは湿性植物は自ら根から空気を取り込まなければならず、食虫植物は虫を溶かし、着生植物はやはり岩などを溶かさねばならず、そういう意味では環境に強く働きかけている植物といえる。

これらの植物のもっている高い環境適応性のためか、菌根菌非共生植物には作物となっているものがけっこう多い。例えば、ケシ科のケシ、アブラナ科のナタネや多くの野菜類、アカザ科のキノア、テンサイ、ホウレンソウなど、タデ科のソバ、ヒユ科のアマランサスなどがある。これらの植物の特色あるリン酸吸収能力については、根から有機酸を分泌するようなものではなく、その代わりに水素イオンを放出して土壌を酸性化するというエネルギーコストのかからないものである。また、乾燥や低温などの条件下で養分吸収の優れたものが多い。

これらの植物の中には窒素を有機態として吸収しているものもある。有機態養分の吸収はアブラナ科作物のカブやチングンサイ、カヤツリグサ科のスゲなどが報告されているが、あまりにこれまでの考えと異なるためかまだ一般的な見解となっていない。しかし、食虫植物であるウツボカズラ目やタヌキモ科の植物は有機態窒素を吸収できるはずであり、ウツボカズラ科がアブラナ科に近縁の植物に分類されていることをみると、チンゲンサイやカブが有機態の窒素を吸収するのは不思議なことではないと思える。なにより、北極のスゲの場合のように、この性質は低温適応性と関わっており、アブラナ科植物は乾燥地とともに寒冷地にも適応していることも、その有機態窒素吸収を裏付けているようである。これら菌根菌非共生の作物の生育が早く、低温適応性が高いのは、この有機態窒素吸収能力との関連もあると思われる。また、その生育の早さからか、雑草となっているものも多く、それも、カヤツリグサ、ツユクサ、アカザ、シロザ、タデ、ヒユ、スベリヒユ、ハコベ、ナズナ、イヌガラシ、イヌノフグリなど強害雑草が多く、これらはやはり生育の早さが特徴になっている。

三、環境保全的な作物生産システムにむけて

これまで述べてきたことから明らかなように、菌根菌共生植物には夏作物が多く含まれる。それは稲、トウモロコシ、ソルガム、アワ、ヒエなどのイネ科作物、大豆、アズキ、ラッカセイなどのマメ科作物、ジャガイモ、サツマイモ、ヒマワリなど食用作物の多くを占めている。

これらの菌根菌共生作物の多くは図3にみられるように、春から夏の高温時の作物栽培好適期に栽培され、土壌微生物の活動を利用し、比較的肥沃度の低い土壌からも移動性の小さいリンなどの養分を吸収してじっくり生育し、土壌に有機物などを還元しつつ、比較的単純で土壌微生物のエサになるような有機

図3　菌根菌共生植物と非共生植物の比較
(Brundrett, 1991を改変)

酸を根から分泌したり、根や地上部の残渣を土壌昼夜表面にも残すことにより、土壌の微生物活性を維持するような役割が期待できる。

一方、菌根菌非共生植物には冬作物や寒冷地で栽培される作物が多い。それらはアカザ科のテンサイ、キノア、ホウレンソウ、アブラナ科のナタネ、ダイコン、ハクサイ、キャベツなどの野菜、タデ科のソバ、ヒユ科のアマランサスなどである。これらの作物は移動性の高い養分の吸収に優れており、根の養分吸収能力も高い。また、土壌微生物活動への依存度が低く、低温や乾燥への適応性が高く、かつ生育速度が高い。これらの非共生作物の性質は、秋にかけて土壌中に蓄積してきた硝酸態窒素を、秋から初冬にかけて回収させる目的で栽培する作物の性質として好適なものであると考えられる。また、有機態窒素の吸収も種類によっては期待できるため、有機農業には好適な作物であるかもしれない。しかし、土壌微生物を制御するような複雑な有機物を根から分泌することにより、菌根菌をはじめとする土壌微生物相を貧弱にしてしまう可能性も大きい。

これまで作物の養分吸収機構については作物によって大きな差があるとは考えられてこなかった。ところが、これまで述べてきたように作物の養分吸収機構には大きな違いがあることは確実である。そして、菌根菌との共生関係からみると夏期の高温時に旺盛に生育する夏作物と、夏も生育するが低温時の生育にも優れる冬作物に大まかに区分できるようである。もちろん菌根菌との共生関係だけでは夏作と冬作を区分できないことは、代表的な麦類は共生作物であることからも明瞭である。ただ、輪作試験での私の印象では麦類の菌根菌への依存度は変動が大きいようであり、それがどのような原因によるのかはよくわからないが、夏作のイネ科作物とは養分吸収に関して違いがあるように思えてならない。

このように、現時点では作物の養分吸収にみられる個性についての理解はまだ十分とはいえず、作物を養分吸収機構から区分するといっても極めて不十分である。しかし、すくなくともこれまでのように夏作物と冬作物の養分吸収に違いがないと考えて栽培するのと、夏作物と冬作物がそれぞれにもっている基本的な養分吸収機能の違いを理解して栽培するのでは、畑地からの作物による養分吸収に大きな差が生じるであろうし、さらには畑地での養分循環にも大きく影響していくと思われる。作物の養分吸収機構の研究をさらに進めて、養分吸収に関する作物個々の性質を明らかにできれば、さらに適切な作付体系がつくれるようになると思われる。

これまでは作物の養分吸収機構には大きな差はないと考えられてきたため、農業上非常に重要なことでありながら「作物と土壌の関わり合い」はあまり追求されてこなかった。そして、作物の土壌への適応性、作付体系、有機物施用効果などは軽視されてきたきらいがある。一方、作物栽培農家はこのことの重要性を認識しており、その意識のずれが農業研究への不信につながっていた面があるように思える。このことは守田（一九七六）の著書にもみられ、化学肥料一辺倒への批判のあとで、農法の知恵として「作物を順ぐりにまわしていけば土壌の状態はおおむねいつも正常である。作物に地力を作らせ維持させる。地力は作物にまかせる」（『農業にとって技術とはなにか』〈農文協〉より）と述べている。これまで述べてきたことはつまるところ「作物と土壌の関わり合い」のことであり、それを理解しようということである。もちろん、これは難しいことであるが、ようやく科学的に（データにもとづいて合理的に）考えることができるようになったのではないかと思われる。その理解のうえに新しい輪作が作られていくようになればと思う。

『現代輪作の方法』有原丈二著（農文協）より

あっちの話こっちの話

黒大豆、ポップコーンでヨトウムシを減らす

本田進一郎

千葉県東庄町のTさんは、昭和五十八年から無農薬、無化学肥料栽培に取り組んでいる方です。ほうれん草・小松菜・こかぶ・にんじんを一～四月ごろに、そら豆・キャベツは五～六月に、さつまいもは九～十月に収穫します。

一番困る害虫はヨトウムシで、無農薬栽培のTさんは、手でとるほか方法がありませんでした。そこで、Tさんはひと工夫をして、作型に合ったヨトウムシ対策を試みているのだそうです。

一つは黒大豆との輪作。ほうれん草の後作に緑肥として、四～六月ごろに黒大豆を播きます。種は一反三ℓほどの密播きにします。草丈が一mくらいになる九月ごろにすき込んで、その後にほうれん草・小松菜・こかぶを播種する体系です。黒大豆は腐るのが早く、緑肥になるのはもちろんですが、虫の発生しやすい春から秋にかけて、黒大豆に覆われた地面が冷たくなるせいか、ヨトウムシの発生が少なくなるそうです。

もう一つはポップコーンとの輪作。二年目からの肥効を期待する場合は、腐るのが遅いポップコーンが最適だと言います。四～六月に密植播種して、草丈が二mぐらいになった八月末にすき込みます。さつまいも→ポップコーン→ほうれん草・小松菜・こかぶの順で作付けます。この方法はヨトウムシが防げると同時にセンチユウも減らせるのだそうです。

一九九八年三月号　あっちの話こっちの話

マリーゴールドでアブラナの根こぶ病が減った

宇敷香津美

福島県東村の吾妻昌幸さんは、マリーゴールドをアブラナの根こぶ病対策に活用しています。

まず、桜の咲く頃にマリーゴールドの種を苗床に播き、発芽した苗を、毎年畑の三分の一ずつ植えつけます。

アブラナを播種する（八～九月）一か月前、約一mになった頃に、マリーゴールドをすき込みます。以前はソルゴーを使っていたのですが、マリーゴールドのほうが柔らかいので、一六馬力のトラクタでも軽々。一か月ほど土を落ち着かせたあとアブラナを播くと、「以前は四〇%くらいしおれていたのが、二〇%くらいに減った」とのこと。

マリーゴールドの種は自家採種。自家菜園に植えておいた花が枯れて黒くなってきたら摘んで、乾燥させてから新聞紙の上で手で揉んで種採りします。

マリーゴールドはネグサレセンチュウに効くと聞いたことがありますが、根こぶ病にも効果があるのかもしれませんね。

二〇〇二年四月号　あっちの話こっちの話

土と作物間で起こるさまざまな養分吸収システム

阿江教治・松本真悟・杉山恵（農業環境研究所・島根県農業試験場・農業環境研究所）

土壌養分肥沃度（すなわち養分吸収反応）とは何かを考えるとき、これまで各地の農業試験場で行なわれてきた三要素長期連用試験から、さまざまな面白い反応を垣間見ることができる。ここでは、いろいろな作物種の養分吸収反応を提示し、日本から新たな植物栄養研究の糸口を発信したい。

一、窒素―無機栄養説の疑問

「食品リサイクル法」などの法律が整備され、循環型社会の構築に一歩踏み出した状況に現在はある。近年、食品残渣など有機性廃棄物の循環利用の観点からも、ますます関心が高くなってきた「有機農業」への指向は高くなると思われる。有機物や堆肥に関する試験成果が集められているが、このなかには奇妙な結果がいくつか見受けられる。リービッヒ※の無機栄養説以来、作物が吸収できる窒素は無機態窒素に限られると考えられてきた。それは有機物を施用した場合でも同様で、有機物由来の有機態窒素が無機化されてから作物に吸収されると考えられてきた。ところが、都道府県農試で行なわれている有機物施用に関連した成績書のなかには、この論理に疑問を抱かざるを得ない結果が見受けられる。

※注　リービッヒ（一八〇三―一八七三）はドイツの化学者で、「すべての緑葉植物の栄養手段は、無機物質あるいは鉱物質である」とする植物栄養の鉱物質説を唱えた。

①ニンジンの特異な窒素吸収

豚糞堆肥の施用がニンジンの収量に及ぼす影響について、徳島県農試の結果を紹介しよう。化学肥料区、および化学肥料を四〇％削減しその代わりに豚糞堆肥一t／一〇aを施用した区を設けて、ニ

表1　化学肥料の減肥と堆肥の施用がニンジンの収量に及ぼす影響

（徳島農試，1998から抜粋）

試験区	収量(t/10a)	土壌中の無機能窒素(mgN/kg)			
		2月13日	3月3日	4月21日	5月25日
慣行化学肥料*	8.4	291	207	194	60
40%減肥+豚糞堆肥**	9.3	136	143	51	70

注　*28kgN/10a施用

**1t/10a施用

表2　施用窒素の形態の違いがニンジンの収量および窒素吸収に及ぼす影響

（茨城農試，1998から）

試験区	有機物(kgN/10a)	基肥窒素(kgN/10a)	追肥(kgN/10a)	収量(kg/10a)	窒素吸収量(kg/10a)	窒素利用率(%)
化学肥料区	なし	塩安(9.0)	硫安(8.0+8.0)	3,890	10.5	18.1
堆肥区	豚糞(12.9)+牛糞(16.0)	なし(0)	なし(0)	5,955	14.5	29.5

ンジンを栽培した。栽培期間中の土壌中の無機態窒素量を表1に示した。豚糞堆肥を施用した区の無機態窒素生成量は化学肥料区よりも少なく推移したが、最終的にはニンジンの収量は多かった。この結果は必ずしも無機態窒素だけが主要な窒素源ではないことを示している。

同じニンジンの例が茨城県農試から報告されている（表2）。基肥を塩安で、追肥を硫安で施用した化学肥料区のニンジンの収量は三・九t／一〇aで、その窒素吸収量は一〇・五kgN／一〇aであった。一方、窒素源として豚糞および牛糞堆肥（窒素として二八・九kgN／一〇a）を施用したとき、ニンジンの収量は増収し六t／一〇aとなり、その窒素吸収量は一四・五t／一〇aと多くなった。両区の全窒素施用量は二五kgと二八・九kgでほぼ同程度である。堆肥中の有機態窒素がすべて無機態窒素へと変換するには時間がかかり、そのため土壌中の無機態窒素濃度は堆肥区のほうがいつも少なく経過する。ニンジンが無機態窒素だけを吸収すると考えると、堆肥区のニンジンの収量および窒素吸収量が化学肥料区より多いことが説明できない。この茨城県の例は徳島県農試の事例と同じ現象である。

このような試験成績は、既存の論理と合致しないがゆえに学術論文にはなりにくく、なかなか表面にはでてこない。しかし、学術論文として出版されないがゆえにこれらのデータは圃場からの生の声ではないかと筆者らは考えている。

これまで、植物の養分吸収反応にはその種類により大差は出ないと考えられてきた。しかし、上記のようなデータをみることにより、筆者らはそうした考え方に疑問を持つ。既存の理論と合致しないようなデータは、じつは作物の養分吸収特性の多様性によるものではないかと考え、以下に述べるような一連の研究を行なってきた。

②たんぱく様窒素の吸収

有機態窒素源として菜種油かすを、また、無機態窒素として硫安を培地（火山灰土壌は窒素供給量が多いため土壌量を少なくしてバーミキュライトを添加したものを培地とした）に添加した。そこにリーフレタス、ピーマン、ニンジン、チンゲンサイ、ホウレンソウを栽培し、播種後三五日目に収穫した。収穫後の窒素吸収量（乾物重と高い相関がある）を図1に示した。それによると、作物によっては有機態窒素の施用で生育（窒素の吸収）が促進するもの（ニンジン、チンゲンサイ、ホウレンソウ）と、抑制されるもの（レタスやピーマン）に分かれた。作物の生育期間中の無機態窒素、アミノ酸態窒素、およびたんぱく様窒素、それぞれの最小値～最大値を表3に示した。

それによると、有機物（菜種油かす）を施用した区は、生育期間中の無機態窒素は無機化するまでの時間がかかるため、化学肥料区の無機態窒素よりも低く推移した。リービッヒの無機栄養説にしたがって、無機態窒素

図1　有機態窒素として菜種油かすを施用したときのさまざまな野菜の窒素吸収反応（化学肥料との比較）

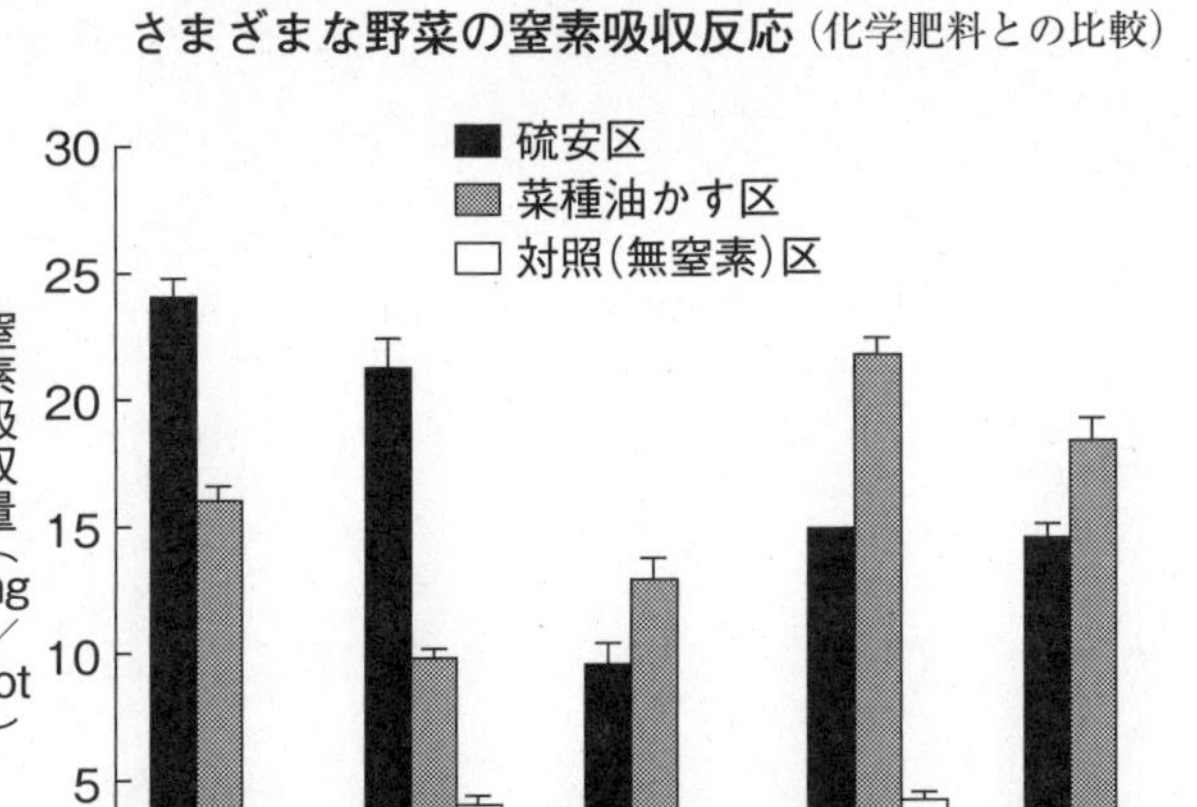

を主たる窒素源としてピーマンやレタスが吸収したと考えると、その生育反応は十分に理解できる。しかし、奇妙なことに、ニンジン、チンゲンサイやホウレンソウは「菜種油かす」からの窒素吸収量が多く、必ずしも無機態窒素を主要な窒素吸収源と考えることはできない。この菜種油かすの効果に関して、①植物ホルモン、②土壌の物理性、③好アンモニア性植物と好硝酸性植物との違い、などの理由があげられるが、どの理由をもってしても完全に説明はできない。

これまで、植物はアミノ酸態窒素を吸収することができるといわれているが、意外にも土壌中の遊離した状態で存在するアミノ酸量は、表3に示すように有機物の施用によっても無機態窒素量やたんぱく様窒素に比べて非常に少ない。したがってアミノ酸が、ニンジン、チンゲンサイ、ホウレンソウの窒素吸収の増加（硫安区と比べて）に寄与しているとは考えにくい。有機態窒素の施用で増加し、比較的大量に存在するのはたんぱく様窒素であり、この窒素を利用していると考えるのが妥当であろう。

このたんぱく様窒素はリン酸緩衝液で抽出され、無機化可給態窒素の本体と考えられるもので、分析の結果、分子量が約八千のきわめて均一なピークとして検出された（図2）。このことは、電気的な性質もきわめて近似した物質であることを示している。このたんぱく様窒素のアミノ酸組成についても、施用有機物の種類にかかわらず培養が経過するにつれて一定の比率を示した。また、菜種油かすを窒素源として栽培したチンゲンサイやニンジンやホウレンソウの導管液を採取し測定したところ、リン酸緩衝液で抽出したたんぱく様窒素と同じところにピークが検出できた。ところが、ピーマンやレタスの導管液からは、このたんぱく様窒素を検出できなかった。この結果は、チンゲンサイやニンジンやホウレンソウはたんぱく様窒素を直接吸収利用できる能力があることを示し、植物によってその吸収には違いがあることを示唆している。

表3　栽培期間中の無機態窒素，アミノ酸態窒素およびタンパク様窒素の濃度変化

施用窒素	無機態窒素 (mgN/kg)	アミノ酸態窒素 (mgN/kg)	タンパク様窒素 (mgN/kg)
無施肥	27.5～50.0	0.1～0.2	18.7～34.7
化学肥料（硫安）	90.5～133.0	0.3～0.4	18.9～31.0
菜種油かす	41.0～82.5	0.4～0.6	34.6～55.9

注　最小値～最大値

図2　中性リン酸緩衝液による黒ボク土からの抽出物の分子篩およびイオン交換HPLCカラムクロマトグラム

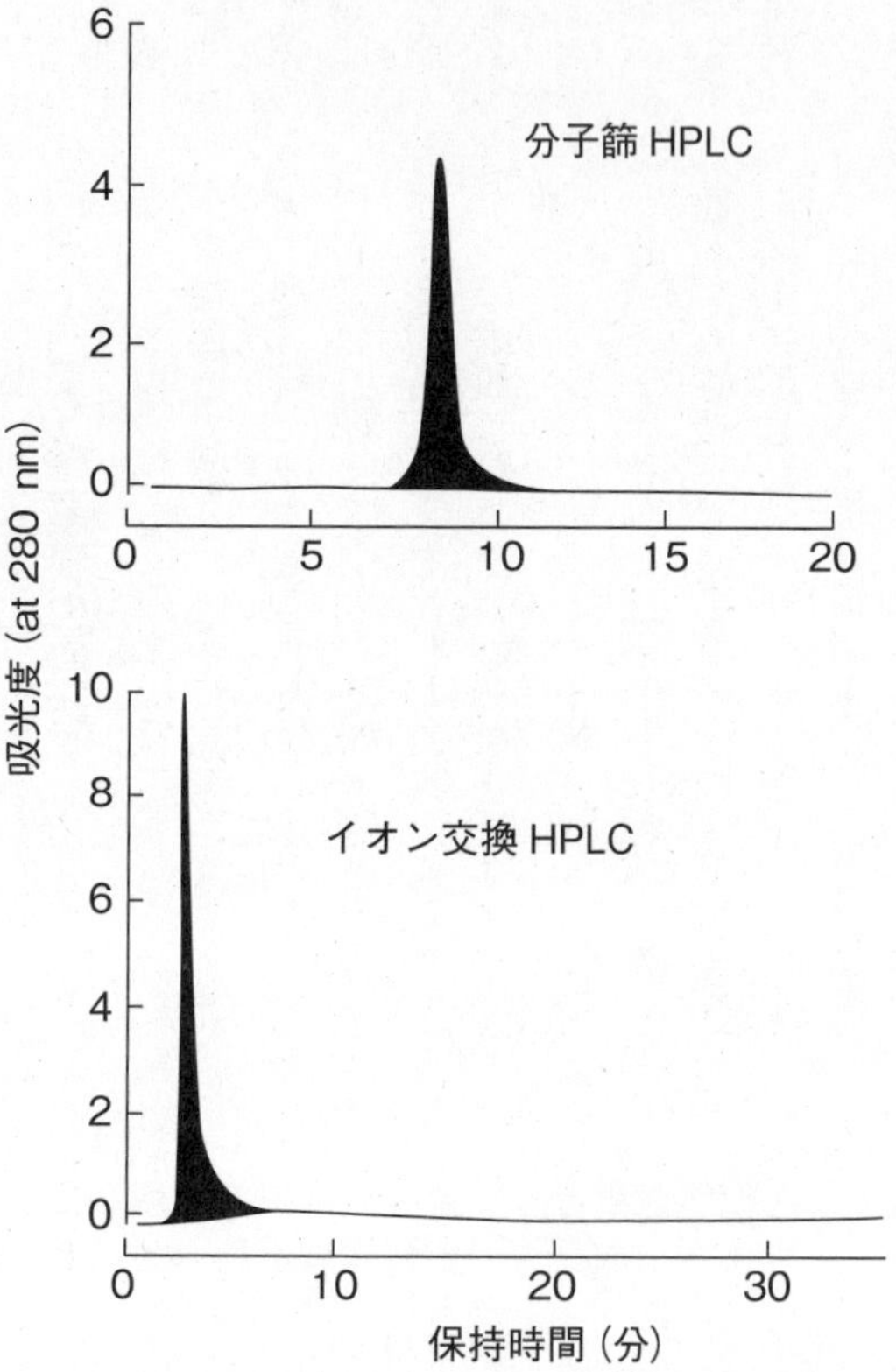

分子量およびイオン的性質がきわめて均一であることを示している

したがって、表1、2で報告されているニンジンの例はたんぱく様窒素の直接吸収機構から説明できる。

「冬ニンジンには堆肥が効く」といわれており、地温が低い秋冬期でもニンジンが栽培されているが、この期間、有機態窒素の無機化速度は地温の高い夏期と比べてきわめて遅い。したがって、有機物施用で土壌中にたんぱく様窒素が長くとどまるのは当然であり、そのたんぱく様窒素をニンジンは効率よく吸収していると考えることができる。図1からニンジンやチンゲンサイによる有機態窒素の吸収割合を考えると（すなわち、化学肥料区の窒素吸収がすべて無機態窒素から供給されると仮定すると）、たんぱく様窒素の吸収割合は三〇～五〇％程度となり、無視できないほどの寄与率と思われる。

最近、樹木の窒素吸収の本体は有機態であろうという報告が「ネイチャー」誌に記載されている。われわれの研究によると、日本の土壌だけでなく、ブラジル、タイ国などの土壌においても、貯蔵態の有機態窒素は分子量八千のたんぱく様窒素であり、これは普遍的に存在し、しかも無機態窒素へ変換しうる貯蔵態窒素である。したがって、森林土壌に存在する窒素の主要形態はこのたんぱく様窒素であり、これを樹木が吸収すると考えることは容易に推察できる。

二、リン酸―難溶性のリン酸を吸収する植物

土壌中のリン酸の形態は、その抽出方法によって、カルシウム型リン酸（Ca－P）、アルミニウム型リン酸（Al－P）、および鉄型リン酸（Fe－P）に分けられ、カルシウム型リン酸は根圏土壌の酸性化で容易に溶ける形態である。鉄型リン酸はもっとも難溶性である。インド半乾燥熱帯のアルフィソル（Alfisol、赤色土壌）でのリン酸は、この難溶性の鉄型リン酸を主要形態としており、そのためリン酸肥沃度は著しく低い。トウモロコシやソルガムをこの土壌で育てても、その収量は低い。しかしキマメは旺盛な生育をするだけでなく、着実に子実収量が得られ、リン酸吸収量もトウモロコシやソルガムよりも高い。そのため、キマメは鉄型の難溶性リン酸を吸収利用できる特異的な能力を有する作物であると考えられた。日本でも難溶性の鉄型リン酸を効率的に利用できる栽培作物としてラッカセイが検索された。ラッカセイのリン酸吸収特性について以下に述べよう。

①ラッカセイのリン酸吸収力

これまで施肥来歴のない火山灰土壌（表4のP_0）に、リン酸無施用で（窒素とカリは施用した）ラッカセイとソバを栽培した（表5）。ソバは、一般に痩せた土壌で栽培できる作物とされていたからである。しかし、この火山灰土壌（P_0）では、ソバの草丈は一〇～一五cmにとどまり、リン酸欠乏のため、収穫はまったく得られなかった（リン酸吸収量：〇・〇一kgP／一〇a）。しかし、ラッカセイは二六九t／一〇aの収穫が得られ、そのリン酸吸収量は〇・八九kgP／一〇aであった。一方、P_0土壌に隣接する同じ火山灰土壌で、三十年以上リン酸施用し続けたP_1土壌でもラッカセイの子実収量は二三六t／一〇a、リン酸吸収量は一・三六kgP／一〇aと高かった（表5）。また、リン酸施肥来歴のあるP_1土壌では、ソバは旺盛な生育を示し、そのリン酸吸収量は〇・五二kgP／一〇aであった。現在、ラッカセイの鉄型リン酸吸収能力は根の細胞壁に存在するキレート活性によると考えられている。

第二次世界大戦後、食糧の増産の目的で関東の火山灰地帯の開発が行なわれ、その時、さまざまな畑作物の導入が図られた。

表4　ラッカセイ，ソバの圃場実験に用いた火山灰黒ボク土の化学的形態

施肥来歴	pH (H_2O)	全リン酸 (mgP/kg)	可給態リン酸(mgP/kg)			無機態リン酸(mgP/kg)		
			トルオーグ	ブレイ2	クエン酸	Ca−P	Al−P	Fe−P
無施用(P_0)	6.1	988	0.5	4.5	3.2	0	255	134
慣行施用(P_1)	6.1	1,472	7.3	25.6	14.6	2.5	563	261

表5　低リン酸火山灰黒ボク土で栽培したラッカセイとソバの生育

施肥来歴	ラッカセイ(千葉半立)				ソバ(アキソバ)		
	乾物重 (kg/10a)	子実重 (kg/10a)	リン吸収量 (kgP/10a)	根長 (m/㎡)	乾物重 (kg/10a)	リン吸収量 (kgP/10a)	根長 (m/㎡)
無施用(P_0)	659	269	0.89	300	24	0.01	484
慣行施用(P_1)	826	236	1.36	424	410	0.52	588

その結果、リン酸固定力の高い火山灰土壌において、土壌改良なしで生産が確保できる作物として陸稲とラッカセイが最終的に残ったと聞いている。陸稲もラッカセイもともに酸性耐性があり、ともに、低リン酸肥沃度に対する耐性が強い作物である。P_0土壌ではラッカセイは旺盛な生育を示しただけでなく、その収量性も著しく高かった。P_0土壌のリン酸肥沃度はトルオーグ法で〇・五mgP／kgであり、ブレイ2法でも四・五mgP／kgにすぎない。

②蓄積したリン酸を利用する

トルオーグ法で用いられている抽出溶液は〇・〇〇一Mの希硫酸であり、これによってカルシウム型リン酸の一部が抽出されている。ブレイ2法ではその抽出溶液に酸性のフッ化アンモニアを含んでおり、これが火山灰土壌中に大量に含まれているアルミニウム型リン酸の一部を主として溶解する。したがって、ラッカセイなどの鉄型リン酸を利用できる作物に関して、これらの土壌リン酸の肥沃度測定法を適用できないことは明らかである。

現在、リン酸が過剰に蓄積した土壌の存在が報告されている。土壌に施用されたリン酸は、土壌中に大量に存在するアルミニウムや鉄と結合して難溶性のリン酸として蓄積するといわれてきた。しかし、これまで施用された畑や水田土壌では、リン酸はコロイドの形態で流亡し環境汚染の原因にもなっている。少なくとも、ラッカセイなどの作物に関しては、ブレイ2法やトルオーグ法は土壌リン酸の肥沃度を過少評価していると考えられる。窒素やカリウムと異なり施肥リン酸の利用率は一〇～二〇％と著しく低く、残りのリン酸は土壌に固定されると考えられているが、リン酸の評価法とともに、今後検討するべき課題であろう。

日本では、リン酸固定力の高い火山灰土壌といえども、十分にリン酸肥料は投入されている。したがって、リン酸の評価法や肥沃度を明らかにすることにより、リン酸の施肥量については、土壌から作物によって収奪されるリン酸量を補完するためのリン酸肥料を施用するだけで、蓄積したリン酸を維持できるものと考えている。

三、カリ―作物によるカリ吸収能力と鉱物崩壊

これまで、カリは環境汚染の原因物質と指摘されることもなく、また、カリウム欠乏での大きな問題もないのが現状である。ところ

が、日本では化学肥料のカリ源はすべて輸入されている。また持続的農業という観点からも、カリについて今一度、考えるよい機会である。

①作物のカリ吸収能力

われわれは農業環境技術研究所（火山灰土壌、表4に示したものと同じ）の三要素試験区の圃場で毎年小麦を栽培している。そこでの生育は、火山灰特有の性質ゆえに、明らかにリン酸欠如区（窒素・カリ施用）の乾物重や収量は皆無である。これはP_0土壌でのソバの結果と同様である。しかし、カリ欠如区（窒素・リン酸施用区）の乾物重は完全区の八〇～九〇％であり、この結果は毎年同じように思われた。したがって、農業環境技術研究所が位置するつくば市観音台の土壌からはカリの供給量はかなりあると結論できた。

北海道農業研究センターで同様の長期連用試験が行なわれている。表六には、これまでの二十四年間のカリ欠如区と完全区における作物の収量とカリ吸収量を示した。二十四年間に栽培されたインゲン、冬小麦、春小麦、テンサイ、トウモロコシ、大豆、ジャガイモのうち、最もカリの要求性の高い作物（完全区におけるカリ吸収量の多い作物）はテンサイで約二四kgK／一〇aで、次いでトウモロコシ二二kgK／一〇aであった。一方、ジャガイモは九・八kgK／一〇aで、大豆は一七kgK／一〇a、冬小麦は五・六kgK／一〇aとその要求量は少なかった。この表の一九八八年から一九九一年にかけてのジャガイモ、冬小麦、テンサイ、トウモロコシ、および大豆のカリ欠如区のカリ吸収量について検討しよう。

カリ欠如区のジャガイモのカリ吸収量は一・八kgK／一〇aであり、ジャガイモのカリウム要求性は、先に述べたように九・八kgK／一〇aである。明らかにカリ欠乏であり、そのため収量はNPK完全区の三二％に過ぎない。しかし、このジャガイモ跡地に栽培された冬小麦は、カリ欠如区のジャガイモで吸収されたカリ量を超える六kgK／一〇aのカリを吸収した。さらに、その後作のテンサイは、カリ欠如区の冬小麦の

表6　カリ欠如試験区における作物のカリ吸収量

年次	作物	カリウム吸収量(kgK/10a)		
		無肥料 0	カリ欠如区 −K（NP）	完全区 NPK
1976	インゲン	0.7	2.6	3.2
1977	冬コムギ	1.3	5.2	4.6
1978	テンサイ	4.9	15.9	23.1
1979	インゲン	0.3	1.9	3.3
1980	冬コムギ	1.0	4.9	4.3
1981	テンサイ	0.8	9.5	29.6
1982	ダイズ	3.0	11.9	18.2
1983	ジャガイモ	1.7	2.4	12.6
1984	冬コムギ	0.8	6.0	6.8
1985	テンサイ	3.0	8.0	29.6
1986	トウモロコシ	3.8	4.5	21.0
1987	ダイズ	3.0	8.2	15.7
1988	ジャガイモ	1.7	1.9	11.3
1989	冬コムギ	0.8	6.0	6.8
1990	テンサイ	1.7	8.9	28.8
1991	トウモロコシ	4.2	10.0	23.7
1992	ダイズ	4.4	5.7	14.8
1993	ジャガイモ	1.4	1.6	7.2
1994	春コムギ	1.8	1.8	4.1
1995	テンサイ	3.8	7.6	16.7
1996	トウモロコシ	2.6	8.6	16.0
1997	ダイズ	6.9	4.9	15.2
1998	ジャガイモ	1.6	1.4	7.6
1999	テンサイ	1.5	6.2	17.3

表7　作物のケイ酸吸収量とその栽培跡地土壌の2.5％酢酸抽出ケイ酸（カリ欠如で栽培）

	無作付	ダイズ	陸稲	トウモロコシ	ヒマワリ
作物によるケイ酸吸収量（mgSiO_2/ポット）	0	32	521	62	13
跡地土壌のケイ酸*（mgSiO_2/ポット）	682	778	618	710	730

注　*2.5％酢酸抽出

カリ吸収量をこえるカリを吸収していた（八・九kgK／一〇a）。一九九一年のトウモロコシはカリ欠如区にかかわらず、一〇kgK／一〇aのカリウムを獲得できた。一九九二年の大豆のカリ欠如区でのカリ吸収は五・七kgK／一〇aと少なくなった。以上の結果は、トウモロコシは土壌中のカリを吸収利用できる能力が高く、ジャガイモのカリ吸収力が劣っていることを示す。この表からカリ吸収能力はトウモロコシ＞テンサイ＞冬小麦＞大豆＞ジャガイモという順序になる。

②鉱物崩壊によるカリとケイ酸の溶出

土壌のカリ供給は、カリを含んだ一次鉱物が風化作用で崩壊し、その際に生じたカリウムイオンが粘土鉱物へイオン吸着し、その粘土鉱物から酢酸アンモニウム溶液で交換されて溶出されるカリウム量（交換態カリ）によって決められている。したがって、同一土壌から供給される可給態カリは作物栽培年によって影響を受けることは少ない。しかし、表6の結果からは、作物種によりカリウムの供給量が異なることが明らかであり、いいかえれば、交換態カリでは評価できないことを示している。すなわち、作物根の作用により鉱物を崩壊させる能力が異なると考えるのが妥当であろう。

火山灰土壌に大豆、陸稲、トウモロコシ、ヒマワリをカリ無施用で栽培し、その跡地土壌のケイ酸（二・五％酢酸で抽出する溶けやすい形態）を測定した（表7）。無栽培区のケイ酸は六八二mg SiO_2／potであったが、大豆栽培跡地では、七七八mg SiO_2／potと増大した。また、トウモロコシ、ヒマワリの跡地土壌のケイ酸量は無栽培区より多くなった。トウモロコシ、ヒマワリ、大豆と比較して陸稲は圧倒的な量のケイ酸を体内に取り込み蓄積するため、たとえケイ酸が鉱物から溶解したのであっても、跡地土壌におけるケイ酸の富化現象は認められなかった。むしろ、陸稲跡地のケイ酸含量は無栽培区よりも低下した。いずれにしても、陸稲を除く四作物の栽培跡地のケイ酸は無栽培区よりも増大した。このことは、作物根によってカリ含有鉱物が崩壊しカリが溶出し、それに伴って鉱物の主要な構成元素であるケイ酸が溶出した証拠と理解できる。

古くから、作付体系の基本はイネ科とマメ科作物の輪作である。このことは疑う余地もないことであるが、イネ科作物のケイ酸吸収量は多く、一方、マメ科作物のケイ酸吸収量は少ない。したがって、マメ科作物の栽培跡地では、鉱物の風化でカリは利用されるがケイ酸は利用されずに土壌に富化され、後作のイネ科作物がこのケイ酸を利用吸収すると考えると、「マメ＝イネ輪作体系の基本」が理解しやすくなる。ただしこれには、多少とも「ほら」の要素が含まれており、今後の検討が必要であることはいうまでもない。

農業技術大系土壌施肥編　第二巻　土と作物間で起こるさまざまな養分吸収システム　二〇〇二年

あっちの話こっちの話

パセリの収量一・五倍!その秘密はえん麦?

中沢健司

長野県塩尻市の高橋一男さんは四〇年間同じ畑でパセリをつくり、化学肥料は普通の半分くらいしか使わないのに、人の一・五倍くらいの収量をあげているそうです。

その秘密は丁寧な管理と、緑肥のえん麦をすき込むこと。えん麦は連作障害の予防になるし、根っこが畑を耕してもくれます。これで、土が花用の鉢土のような、ほわんとした土になるのです。

露地なら三月下旬にえん麦の種を播き、五月と六月の二回、三〇cmに伸びたところで、下一〇cmほどを残して草刈り機で刈り取ります。その後七月に小型の管理機ですき込み、翌春四月のパセリの定植まで、ゆっくり分解させます。

以前は同じ畑に三月、六月、八月と三回えん麦の種を播き、あまり伸びないうちにすき込んでいました。えん麦の丈が長くなりすぎると、ロータリにからんで、すき込みが大変になるからです。でも、手間も種代もかかる上、何よりえん麦の芽が出るのよりも先に、雑草の芽が出てくるのに困っていました。

刈り込むようにしてから、作業はらく、雑草も生えてこなくてうんと助かっているそうです。

二〇〇二年八月号　あっちの話こっちの話

センチュウ害はからし菜で防ぐ

黒須祥

宮城県東松島市の阿部誠さん、聡さん親子は、からし菜を使ってトマトやキュウリのセンチュウ害を予防しています。これが簡単なうえ効果テキメン、何より農薬より断然安い!

阿部さんは、作物の定植約四五日前に緑肥用のからし菜を播種します。播種量は反当たり三kgくらい、種代は三〇〇〇円ちょっとです。播種後約二五日でからし菜が三〇cmくらいになったら、花が咲く前にロータリで一五cmくらいの深さにすき込みます。すき込んだ後、土の表面に水が浮くくらいたっぷりかん水し、発酵を促進するのがこつ。

約一〇日後、定植準備のため再度耕耘すると、発酵したからし菜から出る辛味成分で目がショボショボするほど。これが効くのか、以前阿部さんはネコブセンチュウ害で困ったそうですが、今や土壌消毒なしで被害はほとんど出ないそうです。

二〇〇七年九月号　あっちの話こっちの話

本書は『別冊 現代農業』2008年7月号を単行本化したものです。
編集協力　本田進一郎

著者所属は、原則として執筆いただいた当時のままといたしました。

農家が教える
混植・混作・輪作の知恵
病害虫が減り、土がよくなる

2009年12月15日　第１刷発行
2021年６月15日　第11刷発行

農文協　編

発行所　一般社団法人　農山漁村文化協会
郵便番号 107-8668 東京都港区赤坂7丁目6-1
電話 03(3585)1142(営業)　03(3585)1147(編集)
FAX 03(3589)1387　振替 00120-3-144478
URL http://www.ruralnet.or.jp/

ISBN978-4-540-09283-1　DTP製作／ニシ工芸㈱
〈検印廃止〉　印刷・製本／凸版印刷㈱